21世纪高等学校土木建筑类
创新型应用人才培养规划教材

建筑力学

主　编　李香兰
副主编　李　琪　李曼曼　刘方华　仇丽梅　刘志宏

WUHAN UNIVERSITY PRESS
武汉大学出版社

图书在版编目(CIP)数据

建筑力学/李香兰主编．—武汉：武汉大学出版社，2014.12
21世纪高等学校土木建筑类创新型应用人才培养规划教材
ISBN 978-7-307-14951-9

Ⅰ．建…　Ⅱ．李…　Ⅲ．建筑力学—教材　Ⅳ．TU311

中国版本图书馆CIP数据核字(2014)第291161号

责任编辑：谢文涛　　责任校对：汪欣怡　　版式设计：韩闻锦

出版发行：**武汉大学出版社**　(430072　武昌　珞珈山)
(电子邮件：cbs22@whu.edu.cn 网址：www.wdp.com.cn)
印刷：湖北金海印务有限公司
开本：787×1092　1/16　印张：13.75　字数：330千字
版次：2014年12月第1版　2014年12月第1次印刷
ISBN 978-7-307-14951-9　定价：29.00元

版权所有，不得翻印；凡购买我社的图书，如有质量问题，请与当地图书销售部门联系调换。

前　　言

本书根据教育部高等学校力学教学指导委员会发布的《理工科非力学专业力学基础课程教学基本要求》，并兼顾到学生继续学习和深造的需要编写而成。本书可作为高等学校工程管理、工程造价、建筑工程技术专业建筑力学课程的教材。

本书放宽了对建筑力学深度和难度的要求，注重基本理论、基本方法和基本计算的训练，注重创新能力的培养和工程概念的学习。在内容的选取上，借鉴了国内外的优秀教材，并考虑到建筑力学与很多工程问题密切相关的情况，在例题和习题的选择上涉及大量工程实例。

本书共分12章，另有3个附录。正文部分的内容包括：绪论、静力学基础知识、平面汇交力系、力矩与平面力偶系、平面一般力系、材料力学的基本概念、轴向受力构件、受扭构件、受弯构件、组合变形、几何组成分析、静定结构的受力分析。

本书由江西科技学院李香兰任主编，由江西科技学院李琪、李曼曼、刘方华任副主编。具体编写分工如下：李香兰编写第1、2、3、4、7章和附录A、B、C，刘方华编写第5、6章，李琪编写第8、10、11、12章，李曼曼编写第9章。全书由李香兰负责统稿和定稿。江西科技学院土木工程学院领导及学院岩土与力学教研室全体老师对本书编写工作给予了全力支持，在此深表感谢！

由于编者水平有限，书中疏漏和不妥之处在所难免，恳请广大读者多提宝贵意见。

编　者

2014年6月

目　录

第1章 绪 论

1.1 建筑力学的研究对象

建筑物中由若干构件连接而成的能承受“作用”的平面或空间体系称为建筑结构，在不致混淆时可简称结构。

作用分为直接作用和间接作用。直接作用习惯上称为荷载，系指施加在结构上的集中力或分布力系，如结构的自重、楼面荷载、风荷载、雪荷载等；间接作用指引起结构外加变形或约束变形的原因，如地基变形、混凝土收缩等。

组成结构的各单独部分统称为构件，在实际工程中，构件的形状可以是各种各样的，但经过适当的简化，一般可以归纳为四类，即杆、板、壳和块。所谓杆件，是指长度远大于其他两个方向尺寸的构件。杆件的形状和尺寸可由杆的横截面和轴线两个主要几何元素来描述。杆的各个截面形心的连线称为轴线，垂直于轴线的截面称为横截面。轴线为直线、横截面相同的杆称为等值杆。我们主要研究等值杆的变形。

1.2 学习建筑力学的意义

建筑力学是一门基础课程，为土木工程等结构设计以及解决施工现场中的受力问题提供必要的理论依据，为进一步学习相关专业课程打下基础。

建筑施工的主要任务是将设计图变成实际建筑物，作为施工技术及施工管理人员，应该懂得所施工结构物中各种构件的作用，知道它们会受到哪些力的作用，各种力的传递途径，以及构件在这些力的作用下会发生怎样的破坏等。只有这样，才能很好地理解设计图纸的意图和要求，科学地组织施工，保证施工质量，避免发生工程事故。同时，懂得力学知识，也更容易采取既便于施工而又保证构件承载能力的改进措施。

在施工现场有很多临时设施和机具，修建这些临时设施也要进行结构设计，如对一些重要的结构梁板施工时，为了保证梁板的形状、尺寸和位置的正确性，必须对安装的模板及其支架系统进行设计或验算，而这些工作都应由施工技术人员完成。懂得力学知识，才可能合理、经济地完成设计任务，否则不但不经济，还有可能酿成事故；机具和设备也需要施工技术人员具备力学知识，才能合理进行使用。

建筑施工中工程事故时有发生，其中很多是由于施工者缺少或者不懂力学知识而造成的。例如，由于不懂力矩的平衡要求，造成阳台的倾覆；不懂梁的内力分布，将钢筋配置错误而引起楼梯折断；不懂结构的几何组成规则，缺少必要的支撑而导致结构发生“几何可变”，甚至倒塌等。

因此，建筑力学知识是建筑工程设计人员和施工技术人员必不可少的基础知识，学好这门知识是现代施工所必需的。

1.3 建筑力学的学习要求

1. 注意建筑力学各部分的学习重点

建筑力学包括理论力学、材料力学两部分。理论力学部分主要对物体进行受力分析，正确理解平衡的概念；材料力学部分主要研究材料的力学性能，深刻理解变形和内力的概念。

2. 注意理论联系实际

本课程的理论来源于实践，是大量建筑实践的经验总结。因此，在学习中一方面要通过课堂学习和各个实践环节结合身边的建筑物实例进行学习；另一方面要有计划、有针对性地到施工现场进行学习，增加感性认识、积累实践经验。

3. 注意建筑力学和后续课程的关系

建筑力学是后续课程建筑结构设计的基础，只有通过力学分析才能得出内力，而内力是结构设计的依据。但是，力学中的理论和公式在建筑结构设计中不能直接应用，因此应该注意。

第2章 静力学基础知识

2.1 力的基本概念

2.1.1 力的基本概念

力是物体间的一种相互机械作用，力的作用将使物体发生运动效应和变形效应。力的运动效应又称外效应，力的作用改变物体的运动状态，即产生加速度；力的变形效应又称内效应，力的作用使物体发生形状和尺寸的改变。

力按照作用方式不同有超距力和接触力；按照作用空间位置分，有分布力和集中力；按力的性质分，有静力和动力。

2.1.2 力系和平衡

我们把这种在力的作用下不产生形变的物体称为刚体。刚体是对实际物体经过科学抽象和简化的一种理想模型。但当变形对于物体分析影响很大时，就不能再把物体看成刚体，它就是变形体。

力学中研究的运动是物体机械运动，机械运动是指随时间推移物体空间位置的变动。在本书中，一般以地面为参考系，当物体相对于地面保持静止状态或者匀速直线运动状态时，称为物体处于平衡状态。

作用在同一物体或物体系统上的一组力称为力系。根据构成力系各力的作用线间的关系，可以将力系分为如下几种情形：

当构成力系各力的作用线不在同一平面时，该力系称为空间力系或空间一般力系。

当构成力系各力的作用线在同一平面时，该力系称为平面力系或平面一般力系。

当构成力系各力的作用线汇交同一点时，该力系称为汇交力系。

当构成力系各力的作用线相互平行时，该力系称为平行力系。

当力系是由两个及两个以上力偶组成时，该力系称为力偶系。

2.2 静力学基本公理

静力学公理是人们从实践中总结得出的最基本的力学规律，这些规律的正确性已为实践反复证明，是符合客观实际的。它阐述了力的一些基本性质，是静力学分析的基础。

2.2.1 二力平衡公理

作用于刚体上的两个力，使物体平衡的充分与必要条件是：这两个力大小相等、方向相反，且作用在同一条直线上。

这一结论是显而易见的。如图2.1所示直杆，在杆的两端施加一对大小相等的拉力(F_1、F_2)或压力(F_1、F_2)，均可使杆平衡。

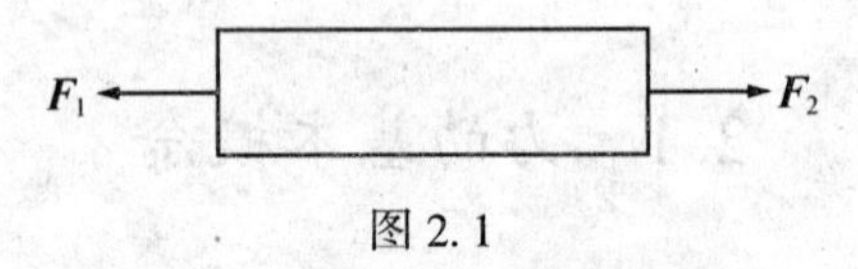

图2.1

应当指出，该条件对于刚体来说是充分而且必要的；而对于变形体，该条件只是必要的而不充分。如当受到两个等值、反向、共线的压力作用时柔索就不能平衡。

在两个力作用下处于平衡的物体称为二力体；若为杆件，则称为二力杆。根据二力平衡公理可知，作用在二力体上的两个力，它们必通过两个力作用点的连线(与杆件的形状无关)且等值、反向。

2.2.2 加减平衡力系公理

在作用于刚体上的已知力系上，加上或减去任意平衡力系，不会改变原力系对刚体的作用效应。这是因为平衡力系中，诸力对刚体的作用效应相互抵消，力系对刚体的效应等于零。根据这个原理，可以进行力系的等效变换。

推论：力的可传性原理。

作用于刚体上某点的力，可沿其作用线任意移动作用点而不改变该力对刚体的作用效应。利用加减平衡力系公理，很容易证明力的可传性原理。如图2.2所示，设力F作用于刚体上的A点。现在其作用线上的任意一点B加上一对平衡力系F_1、F_2，并且使$F_2=-F_1=F$，根据加减平衡力系公理可知，这样做不会改变原力F对刚体的作用效应，再根据二力平衡条件可知，F_1和F亦为平衡力系，可以撤去。所以，剩下的力F_2与原力F等效。力F_2即可看成力F沿其作用线由A点移至B点的结果。同样必须指出，力的可传性原理也只适用于刚体而不适用于变形体。因此，对刚体来说，力作用三要素为：大小、方向、作用线。

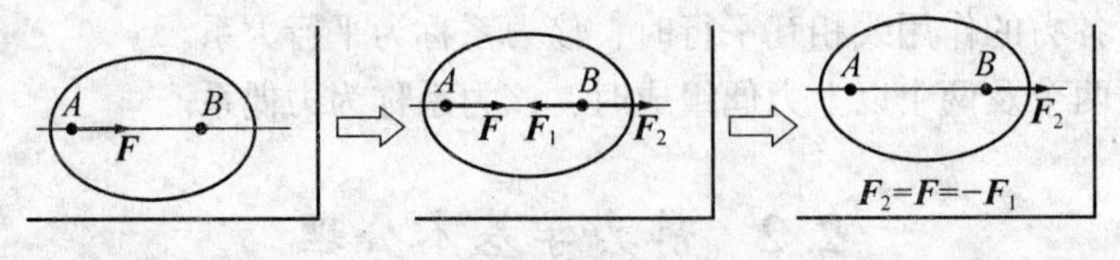

图2.2 力的可传性

2.2.3 力的平行四边形法则

作用在物体上同一点的两个力，可合成为一个合力。此合力也作用于该点，合力的大小和方向，由这两力矢为邻边所构成的平行四边形的对角线确定。即合力矢等于这两个分力矢的矢量和，如图 2.3(a)所示。其矢量表达式为

$$\boldsymbol{R}=\boldsymbol{F}_1+\boldsymbol{F}_2$$

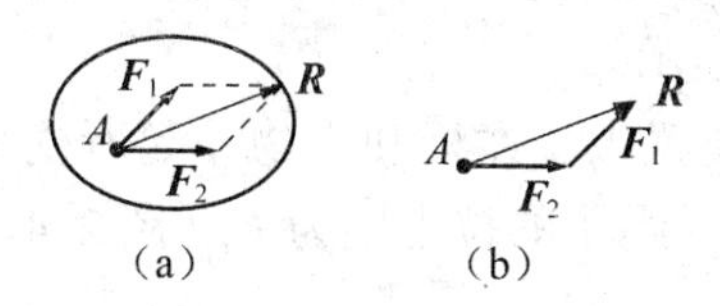

图 2.3　力的合成

在求两共点力的合力时，为了作图方便，只需画出平行四边形的一半，即三角形便可。如图 2.3(b)所示，其方法是自任意点 A 开始，先画出一矢量 $\boldsymbol{F}_2$，然后再由 $\boldsymbol{F}_2$ 的终点画另一矢量 $\boldsymbol{F}_1$，最后由 $\boldsymbol{A}$ 点至力矢 $\boldsymbol{F}_1$ 的终点作一矢量 $\boldsymbol{R}$，它就代表 $\boldsymbol{F}_1$、$\boldsymbol{F}_2$ 的合力矢。合力的作用点仍为 $\boldsymbol{F}_1$、$\boldsymbol{F}_2$ 的汇交点 A。这种作图法称为力的三角形法则。显然，若改变 $\boldsymbol{F}_1$、$\boldsymbol{F}_2$ 的顺序，其结果不变。

三力平衡汇交定理：作用于刚体上平衡的三个力，如果其中两个力的作用线交于一点，则第三个力必与前面两个力共面，且作用线通过此交点，构成平面汇交力系。这是物体上作用的三个不平行力相互平衡的必要条件。

应当指出，三力平衡汇交定理只说明了不平行的三力平衡的必要条件，而不是充分条件。它常用来确定刚体在不平行三力作用下平衡时，其中某一未知力的作用线。

2.2.4　作用力与反作用力公理

两个物体间相互作用的一对力，总是大小相等、方向相反、作用线相同，并分别而且同时作用于这两个物体上。

这个公理概括了任何两个物体间相互作用的关系。有作用力，必定有反作用力；反过来，没有反作用力，也就没有作用力。两者总是同时存在，又同时消失。因此，力总是成对地出现在两个相互作用的物体上的。

要区别二力平衡公理和作用力与反作用力公理之间的关系，前者是对一个物体而言，而后者则是对物体之间而言。

2.3　约束与约束反力

一个物体的运动受到周围物体的限制时，这些周围物体就称为该物体的约束。物体受到的力一般可以分为两类：一类是使物体运动或使物体有运动趋势，称为主动力，如重力、水压力等，主动力在工程上称为荷载；另一类是对物体的运动或运动趋势起限制作用的力，称为被动力。约束对物体运动的限制作用是通过约束对物体的作用力来实现的，通常将约束对物体的作用力称为约束反力，简称反力，约束反力的方向总是与约束所能限制的运动方向相反。通常主动力是已知的，约束反力是未知的。

2.3.1 柔体约束

由柔软的绳子、链条或胶带所构成的约束称为柔体约束。由于柔体约束只能限制物体沿柔体约束的中心线离开约束的运动，所以柔体约束的约束反力必然沿柔体的中心线而背离物体，即拉力，通常用 F_T 表示。

如图 2.4(a)所示的起重装置中，桅杆和重物一起所受绳子的拉力分别是 F_{T1}、F_{T2} 和 F_{T3}(图 2.4(b))，而重物单独受绳子的拉力则为 F_{T4}(图 2.4(c))。

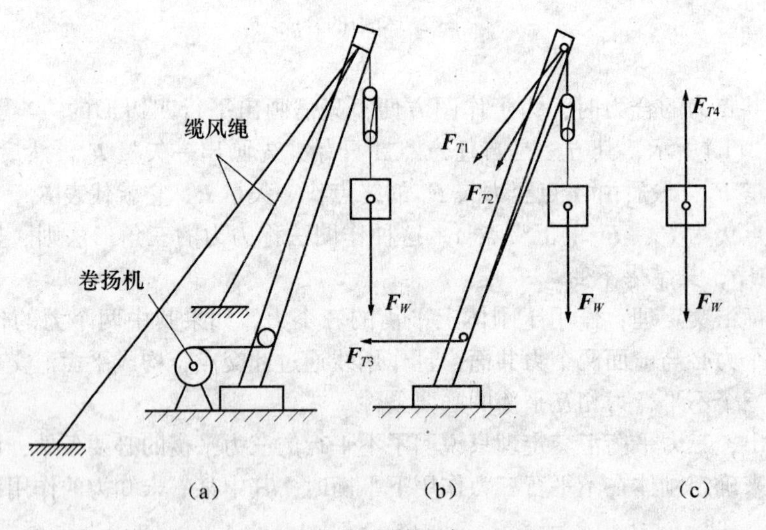

图 2.4 柔体约束

2.3.2 光滑接触面约束

当两个物体直接接触，而接触面处的摩擦力可以忽略不计时，两物体彼此的约束称为光滑接触面约束。光滑接触面对物体的约束反力一定通过接触点，沿该点的公法线方向指向被约束物体，即为压力或支持力，通常用 F_N 表示，如图 2.5 所示。

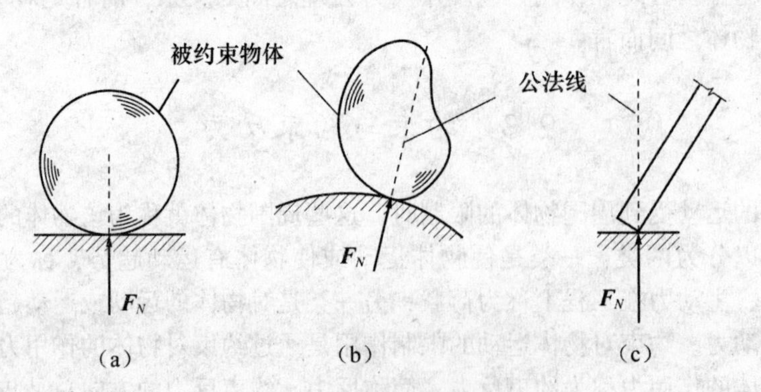

图 2.5 光滑接触面约束

2.3.3 光滑圆柱铰链约束

圆柱铰链约束是由圆柱形销钉插入两个物体的圆孔构成的，如图 2.6(a)、(b)所示，且认为销钉与圆孔的表面是完全光滑的，计算简图如图 2.6(c)所示。

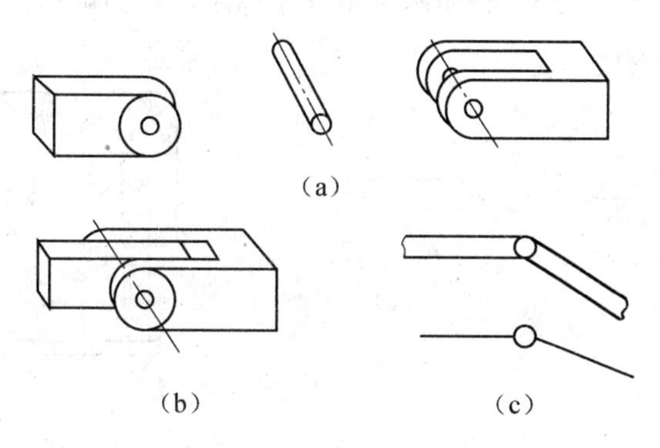

图 2.6 圆柱铰链约束

圆柱铰链约束只能限制物体在垂直于销钉轴线平面内的任何移动，而不能限制物体绕销钉轴线的转动。如图 2.7 所示，其约束反力在垂直于铰链轴线的平面内，过销钉中心，方向不确定(图 2.7(a))。一般情况下可用图 2.7(b)所示的两个正交分力表示。

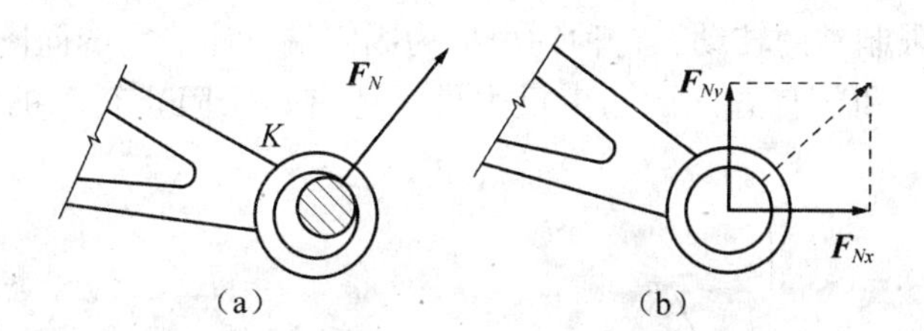

图 2.7 圆柱铰链约束及约束反力

2.3.4 固定铰支座

用光滑圆柱铰链将物体与支承面或固定机架连接起来，称为固定铰支座，如图 2.8(a)所示，计算简图如图 2.8(b)所示。

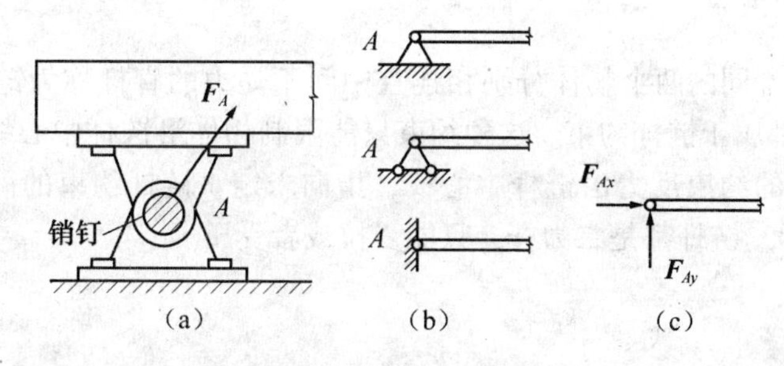

图 2.8 固定铰支座及约束反力

2.3.5 可动铰支座

在固定铰支座的座体与支承面之间加辊轴就成为可动铰支座，其简图如图2.9(a)、(b)所示，其约束反力必垂直于支承面，如图2.9(c)所示。在房屋建筑中，梁通过混凝土垫块支承在砖柱上，如图2.9(d)所示，不计摩擦时可视为可动铰支座。

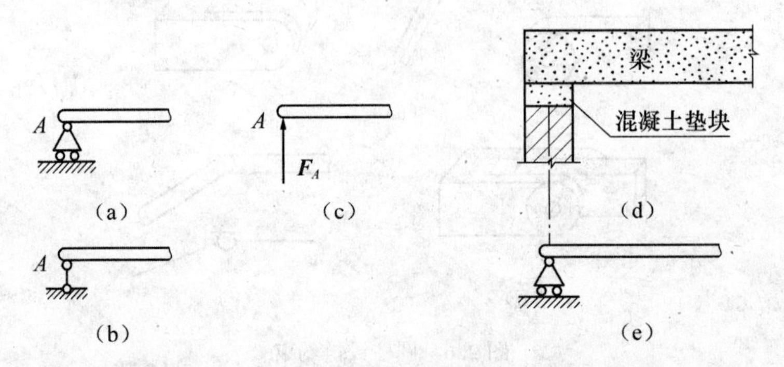

图2.9 可动铰支座

2.3.6 固定端支座

如房屋的雨篷、挑梁，其一端嵌入墙里(图2.10(a))，墙对梁的约束既限制它沿任何方向移动，同时又限制它的转动，这种约束称为固定端支座。它的简图可用图2.10(b)表示，它除了产生水平和竖直方向的约束反力外，还有一个阻止转动的约束反力偶，如图2.10(c)所示。

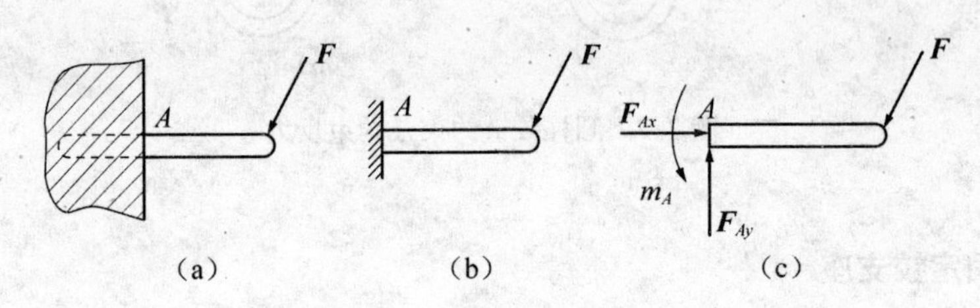

图2.10 固定端支座

2.3.7 链杆约束

两端用铰链与不同的两个物体分别相连且中间不受力的直杆称为链杆，图2.11(a)、(b)中AB、BC杆都属于链杆约束。这种约束只能限制物体沿链杆中心线趋向或离开链杆的运动。链杆约束的约束反力沿链杆中心线，指向未定。链杆约束的简图及其反力如图2.11(c)、(d)所示。链杆都是二力杆，只能受拉或者受压。

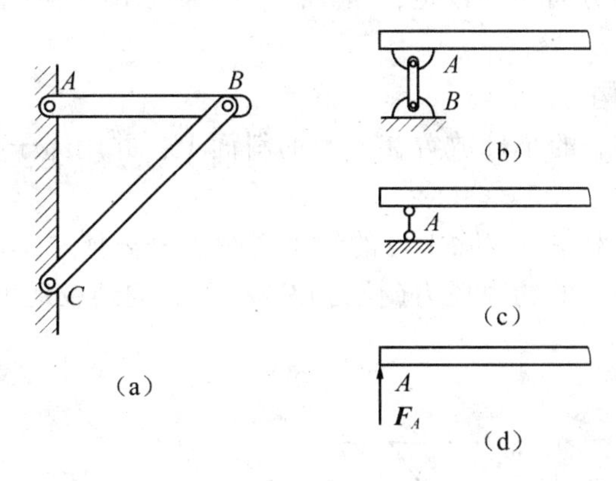

图 2.11 链杆约束

2.4 物体的受力分析和受力图

在进行受力分析时，当约束被人为地解除时，即人为地撤去约束时，必须在接触点上用一个相应的约束反力来代替。在物体的受力分析中，通常把被研究物体的约束全部解除后单独画出，称为脱离体。把全部主动力和约束反力用力的图示表示在分离体上，这样得到的图形，称为受力图。

作用在物体上的力有：一类是主动力，如重力、风力、气体压力等；一类是约束反力，为未知的被动力。注意，凡图中未画出重力的就是不计重力，凡不提及摩擦时视为光滑。画受力图的步骤如下：

(1)明确分析对象，取出分离体；

(2)在分离体上画出全部主动力；

(3)在分离体上画出全部的约束反力，注意约束反力与约束应一一对应。

画受力图应注意的问题：

(1)不要漏画力：除重力、电磁力外，物体之间只有通过接触才有相互机械作用力。分析时要分清研究对象(受力体)都与周围哪些物体(施力体)相接触，只有接触处才会有约束反力，约束反力的方向由约束类型决定，不要漏画力。

(2)不要多画力：要注意力是物体之间的相互机械作用，因此对于受力体所受的每一个力，都应能明确地指出它是哪一个施力体施加的，不要多画力。

(3)不要画错力的方向：约束反力的方向必须严格按照约束的类型来画，不能单凭直观或根据主动力的方向来简单推想。在分析两物体之间的作用力与反作用力时，要注意，作用力的方向一旦确定，反作用力的方向一定要与之相反，不要把箭头方向画错。

(4)受力图上不能再带约束：即受力图一定要画在分离体上。

(5)受力图上只画外力，不画内力：一个力属于外力还是内力，因研究对象的不同，有可能不同。当物体系统拆开来分析时，原系统的部分内力，就成为新研究对象的外力。

(6)同一系统各研究对象的受力图必须整体与局部一致，相互协调，不能相互矛盾，对于某一处约束反力的方向一旦设定，在整体、局部或单个物体的受力图上要与之保持一致。

(7)正确判断二力构件。

【例2.1】重量为 F_W 的小球放置在光滑的斜面上，并用绳子拉住，如图2.12(a)所示。画出此球的受力图。

解：以小球为研究对象，解除小球的约束，画出分离体、小球受重力(主动力) F_W，并同时画出小球受到绳子的约束反力(拉力) F_{TA} 和斜面的约束反力(支持力) F_{NB}(图2.12(b))。

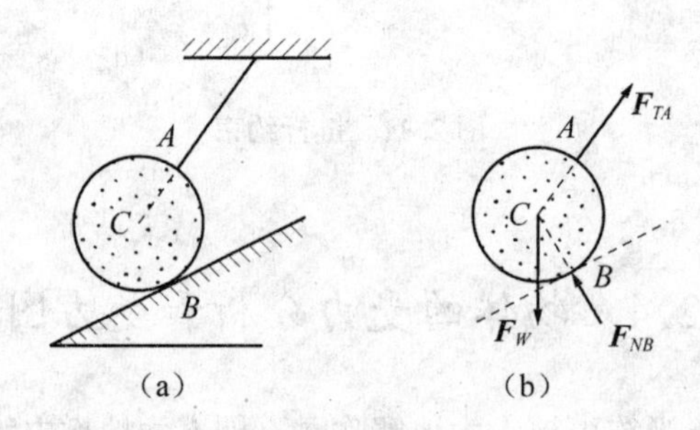

图2.12 例2.1图

【例2.2】水平梁 AB 受已知力 F 作用，A 端为固定铰支座，B 端为移动铰支座，如图2.13(a)所示。梁的自重不计，画出梁 AB 的受力图。

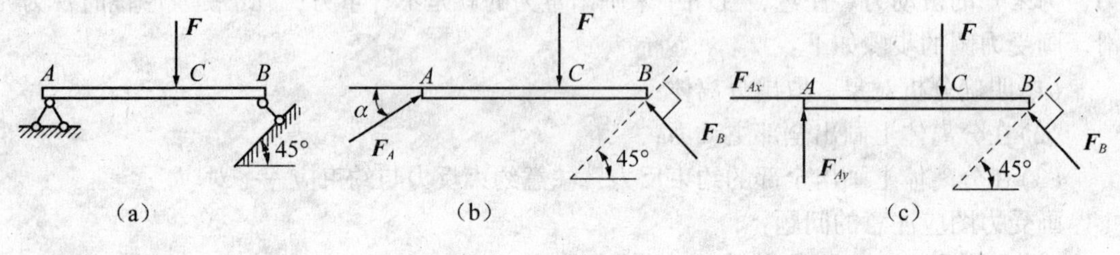

图2.13 例2.2图

解：取梁为研究对象，解除约束，画出分离体，画主动力 F；A 端为固定铰支座，它的反力可用方向、大小都未知的力 F_A，或者用水平和竖直的两个未知力 F_{Ax} 和 F_{Ay} 表示；B 端为移动铰支座，它的约束反力用 F_B 表示，但指向可任意假设，受力图如图2.13(b)、(c)所示。

【例2.3】如图2.14(a)所示，梁 AC 与 CD 在 C 处铰接，并支承在三个支座上，画出梁 AC、CD 及全梁 AD 的受力图。

解：取梁 CD 为研究对象并画出分离体，如图2.14(b)所示。

取梁 AC 为研究对象并画出分离体，如图2.14(c)所示。

以整个梁为研究对象，画出分离体，如图2.14(d)所示。

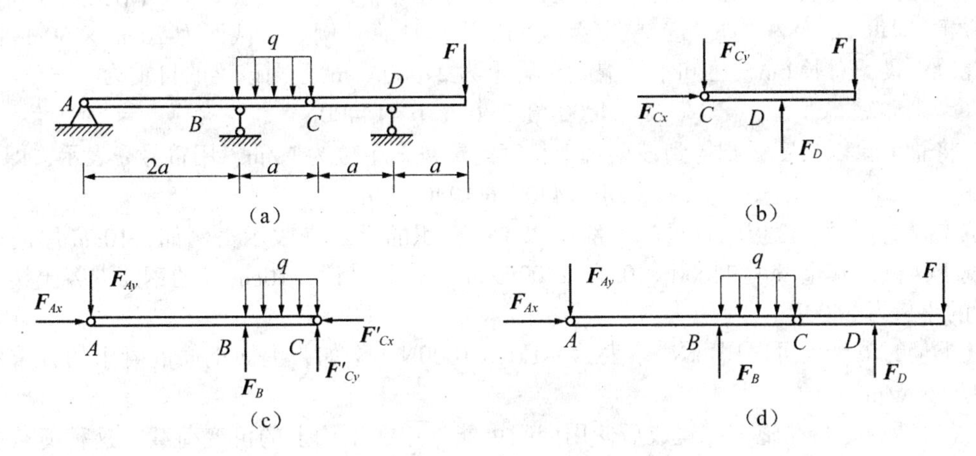

图 2.14 例 2.3 图

2.5 结构计算简图及荷载分类

2.5.1 结构计算简图

在选取结构的计算简图时，应当遵循如下两个原则：

(1)尽可能正确地反映结构的主要受力情况，使计算的结果接近实际情况，有足够的精确性；

(2)要忽略对结构受力情况影响不大的次要因素，使计算工作尽量简化。

2.5.2 结构的简化

(1)将空间杆件结构简化为平面杆件结构。

(2)用杆件的轴线代替杆件。

(3)用符号表示杆件之间理想化的结点及支座。

①铰结点：用小圆圈作为符号。

②刚结点：用深色小块作为符号，也可以用线段相接的形状表示。

③固定铰支座：用两根相交的链杆作为符号。

④可动铰支座：用一根垂直于支承面的链杆作为符号。

⑤固定端支座：被支承的部分在该处完全被固定。

2.5.3 荷载分类

在工程实际中，作用在结构上的荷载是多种多样的。为了便于力学分析，需要从不同的角度，将它们进行分类。

1. 荷载按其作用在结构上的时间久暂分为恒载和活载

(1)恒载是指作用在结构上的不变荷载，即在结构建成以后，其大小和作用位置都不再发生变化的荷载。例如，构件的自重、土压力等等。构件的自重可根据结构尺寸和材料的容重(即每 $1m^3$体积的重量，单位为 N/m^3)进行计算。例如，截面为 20cm × 50cm 的钢筋混凝土梁，总长 6m，已知钢筋混凝土容重为 $24000N/m^3$，则该梁的自重为

$$G = 24000 \times 0.2 \times 0.5 \times 6 = 14400N$$

如果将总重除以长度，则得到该梁每米长度的重量，单位为 N/m，用符号 q 表示，即

$$q = 14400/6 = 2400N/m$$

建筑工程上，对于楼板的自重，一般是以 $1m^2$面积的重量来表示。例如，10cm 厚的钢筋混凝土楼板，其重量为 $24000 \times 0.1 = 2400N/m^2$，也就是说，10cm 厚的钢筋混凝土楼板每 $1m^2$的重量为 2400N。

重量的单位也可以用“kN”来表示，1kN = 1000N。例如，上面钢筋混凝土的容重可表示为 $24kN/m^3$。

(2)活载是指在施工或建成后使用期间可能作用在结构上的可变荷载，这种荷载有时存在，有时不存在，它们的作用位置和作用范围可能是固定的(如风荷载、雪荷载、会议室的人群荷载等)，也可能是移动的(如吊车荷载、桥梁上行驶的汽车荷载等)。不同类型的房屋建筑，因其使用情况的不同，活荷载的大小也就不同。在现行《工业与民用建筑结构荷载规范》中，各种常用的活荷载，都有详细的规定。例如，住宅、办公楼、托儿所、医院病房等一类民用建筑的楼面活荷载，目前规定为 $1.5kN/m^2$；而教室、会议室的活荷载，则规定为 $2.0kN/m^2$。

2. 荷载按其作用在结构上的分布情况分为分布荷载和集中荷载

(1)分布荷载是指满布在结构某一表面上的荷载，根据其具体作用情况还可以分为均布荷载和非均布荷载。如果分布荷载在一定的范围内连续作用、且其大小在各处都相同，这种荷载称为均布荷载。例如，上面所述梁的自重按每米长度均匀分布，为线均布荷载；上面所述的楼面荷载，按每单位面积均匀分布，为面均布荷载。反过来，如果分布荷载不是均布荷载，则称为非均布荷载，如水压力，其大小与水的深度有关(成正比)，荷载为按照三角形规律变化的分布荷载，即荷载虽然连续作用，但其各处大小不同。

(2)集中荷载是指作用在结构上的荷载总是分布在一定的面积上，因为分布的面积远远小于结构的尺寸，所以将此荷载认为是作用在结构的某点上，故称为集中荷载。上面所述的吊车轮压，即认为是集中荷载，其单位一般用 N 或 kN 表示。

3. 荷载按作用在结构上的性质分为静力荷载和动力荷载

(1)当荷载从零开始，逐渐缓慢地、连续均匀地增加到最后的确定数值后，其大小、作用位置以及方向都不再随时间而变化，这种荷载称为静力荷载。例如，结构的自重、一般的活荷载等。静力荷载的特点是，该荷载作用在结构上时，不会引起结构产生振动这样的效果。

(2)如果荷载的大小、作用位置、方向都可以随时间的变化而发生改变，这种荷载称为动力荷载。例如，动力机械产生的荷载、地震力等。这种荷载的特点是，该荷载作用在结构上时，会产生惯性力，从而引起结构产生振动，对结构的破坏效果比静力荷载明显。

思 考 题

2-1 什么是力？力的作用效果取决于哪些因素？

2-2　二力平衡公理与作用力和反作用力有何不同？

2-3　什么叫二力构件？分析二力构件受力时与构件的形状有无关系？

习　题

2-1　重量为 G 的梯子 AB，放置在光滑的水平地面上并靠在铅直墙上，在 D 点用一根水平绳索与墙相连，如图 2.15 所示。试画出梯子的受力图。

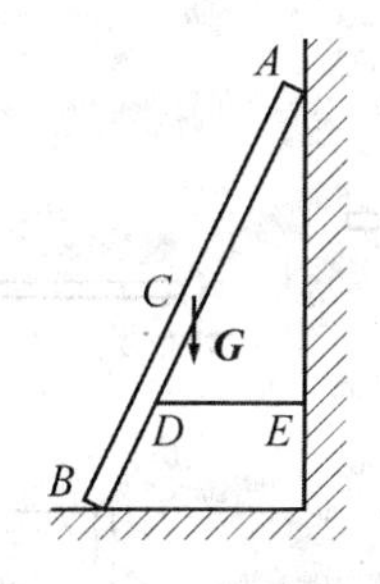

图 2.15　习题 2-1 图

2-2　重量为 P 的小球如图 2.16 所示放置，接触面光滑。画出此球的受力图。

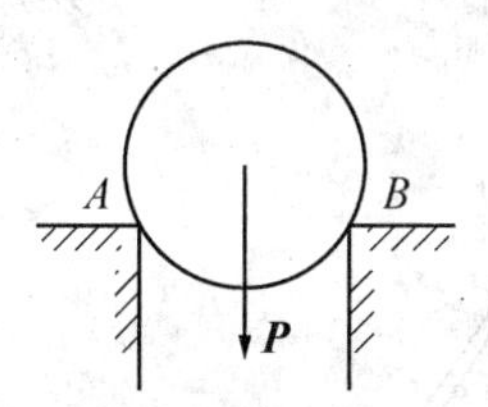

图 2.16　习题 2-2 图

2-3　画出图 2.17 所示各物体的受力图。凡未特别注明者，物体的自重均不计，且所有的接触面都是光滑的。

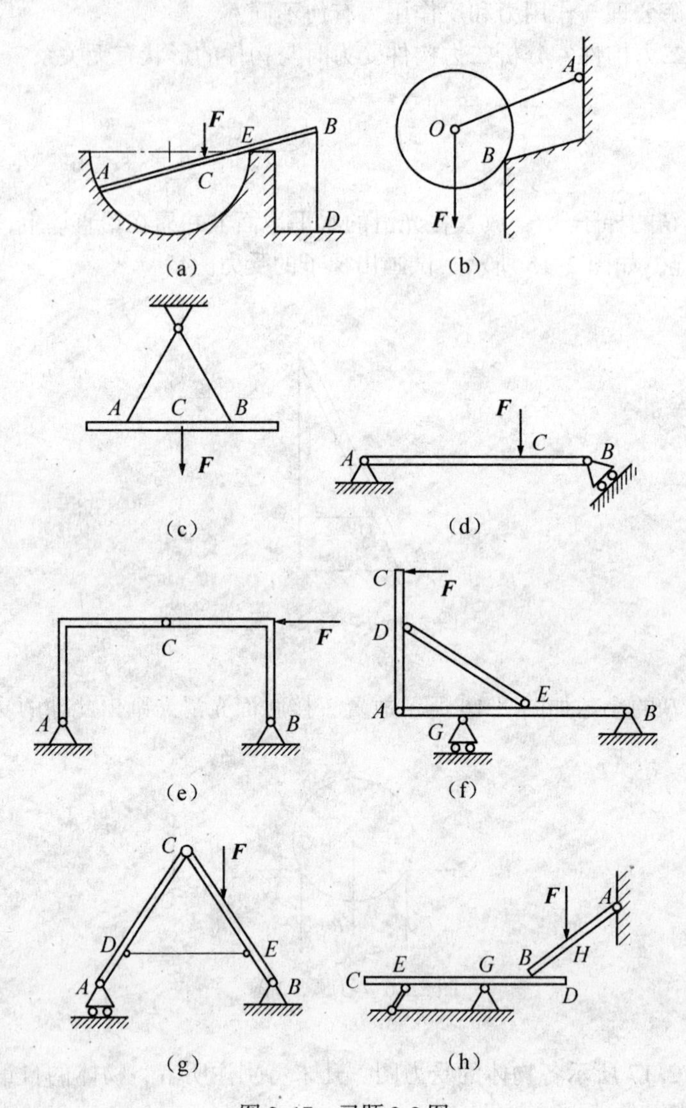
F
E
B
A
C
D
(a)
A
O
B
F
(b)
A
C
B
F
(c)
F
C
A
B
(d)
C
F
A
B
(e)
C
F
D
E
A
B
G
(f)
C
F
D
E
A
B
(g)
F
A
E
G
B
H
C
D
(h)

图 2.17 习题 2-3 图

第3章 平面汇交力系

3.1 平面汇交力系合成的几何法

平面汇交力系的合成方法可以分为几何法与解析法，其中几何法是应用力的平行四边形法则(或力的三角形法则)，用几何作图的方法，研究力系中各分力与合力的关系，从而求力系的合力；而解析法则是用列方程的方法，研究力系中各分力与合力的关系，然后求力系的合力。下面分别介绍。

3.1.1 两力汇交的合成

设在物体上作用有汇交于一点的两个力，根据力的平行四边形法则或者三角形法则合成力。如图3.1(a)所示，设在物体上作用有汇交于O点的两个力$\boldsymbol{F}_1$和$\boldsymbol{F}_2$，根据力的平行四边形法则，可知合力$\boldsymbol{R}$的大小和方向是以两个力$\boldsymbol{F}_1$和$\boldsymbol{F}_2$为邻边的平行四边形的对角线来表示，合力$\boldsymbol{R}$的作用点就是这两个力的汇交点O。也可以取平行四边形的一半即利用力的三角形法则求合力，如图3.1(b)所示。

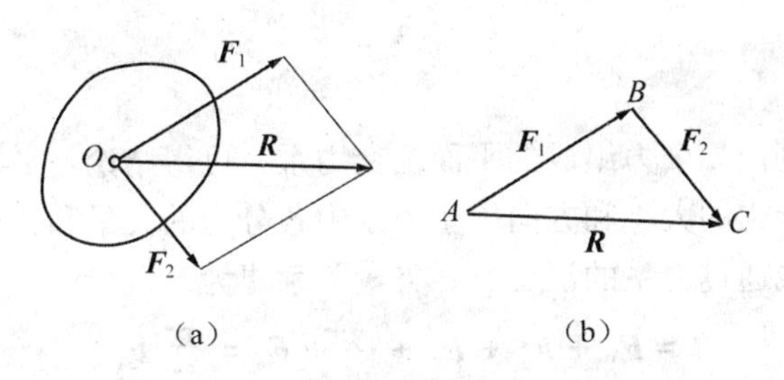

图3.1 二力合成

3.1.2 多个汇交力的合成

对于由多个力组成的平面汇交力系，可以连续应用力的三角形法则进行力的合成。设作用于物体上O点的力$\boldsymbol{F}_1$、$\boldsymbol{F}_2$、$\boldsymbol{F}_3$、$\boldsymbol{F}_4$组成平面汇交力系，现求其合力，如图3.2(a)所示。应用力的三角形法则，首先将$\boldsymbol{F}_1$与$\boldsymbol{F}_2$合成得$\boldsymbol{R}_1$，然后把$\boldsymbol{R}_1$与$\boldsymbol{F}_3$合成得$\boldsymbol{R}_2$，最后将$\boldsymbol{R}_2$与$\boldsymbol{F}_4$合成得$\boldsymbol{R}$，力$\boldsymbol{R}$就是原汇交力系$\boldsymbol{F}_1$、$\boldsymbol{F}_2$、$\boldsymbol{F}_3$、$\boldsymbol{F}_4$的合力，图3.2(b)所示即是此汇交力系合成的几何示意图，矢量关系的数学表达式为

$$\boldsymbol{R}=\boldsymbol{F}_1+\boldsymbol{F}_2+\boldsymbol{F}_3+\boldsymbol{F}_4 \tag{3-1}$$

实际作图时，可以不必画出图中虚线所示的中间合力$\boldsymbol{R}_1$和$\boldsymbol{R}_2$，只要按照一定的比例

将表达各力矢的有向线段首尾相接，形成一个不封闭的多边形，如图 3.2(c)所示。然后再画一条从起点指向终点的矢量 $\boldsymbol{R}$，即为原汇交力系的合力，如图 3.2(d)所示。把由各分力和合力构成的多边形 *abcde* 称为力多边形，合力矢是力多边形的封闭边。按照与各分力同样的比例，封闭边的长度表示合力的大小，合力的方位与封闭边的方位一致，指向则由力多边形的起点至终点，合力的作用线通过汇交点。这种求合力矢的几何作图法称为力多边形法则。

从图 3.2(e)还可以看出，改变各分力矢相连的先后顺序，只会影响力多边形的形状，但不会影响合成的最后结果。

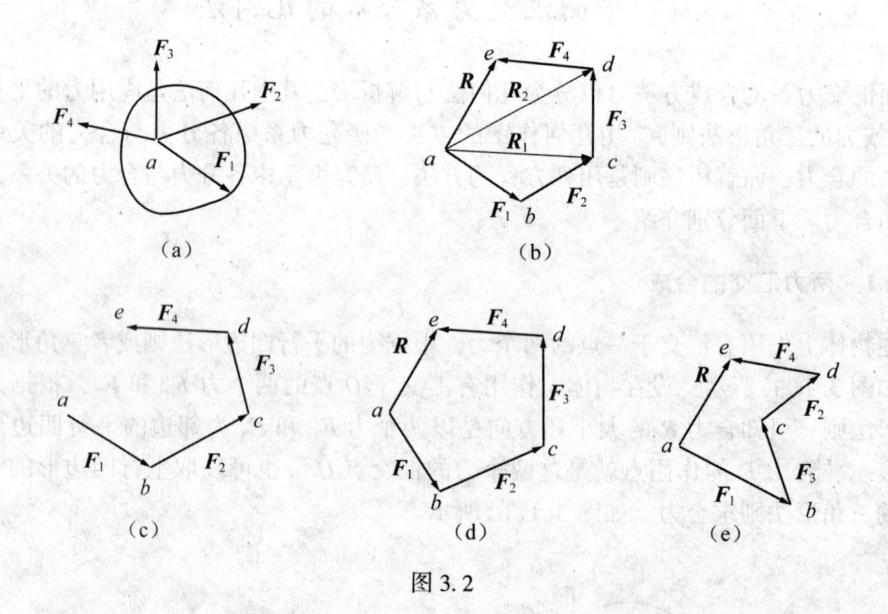

图 3.2

将这一作法推广到由 n 个力组成的平面汇交力系，可得结论：平面汇交力系合成的最终结果是一个合力，合力的大小和方向等于力系中各分力的矢量和，可由力多边形的封闭边确定，合力的作用线通过力系的汇交点。矢量关系式为

$$\boldsymbol{R} = \boldsymbol{F}_1 + \boldsymbol{F}_2 + \boldsymbol{F}_3 + \cdots + \boldsymbol{F}_n = \sum \boldsymbol{F}_i \tag{3-2}$$

或简写为

$$\boldsymbol{R} = \sum \boldsymbol{F} \quad (\text{矢量和}) \tag{3-3}$$

若力系中各力的作用线位于同一条直线上，在这种特殊情况下，力多边形变成一条直线，合力为

$$R = \sum F \quad (\text{代数和}) \tag{3-4}$$

需要指出的是，利用几何法对力系进行合成，对于平面汇交力系，并不要求力系中各分力的作用点位于同一点，因为根据力的可传性原理，只要它们的作用线汇交于同一点即可。另外，几何法只适用于平面汇交力系，而对于空间汇交力系来说，由于作图不方便，用几何法求解是不适宜的。

对于由多个力组成的平面汇交力系，用几何法进行简化的优点是直观、方便、快捷，画出力多边形后，按与画分力同样的比例，用尺子和量角器即可量得合力的大小和方向。但是，这种方法要求画图精确、准确，否则误差会较大。

3.2 平面汇交力系平衡的几何条件

从上面讨论可知。平面汇交力系合成的结果是一个合力。显然物体在平面汇交力系的作用下保持平衡，则该力系的合力应等于零；反之，如果该力系的合力等于零，则物体在该力系作用下，必然处于平衡。所以，平面汇交力系平衡的必要和充分条件是平面汇交力系的合成等于零，$\overline{\boldsymbol{R}} = \sum \overline{\boldsymbol{F}} = 0$。

设有平面汇交力系，当几何法求合力其最后一个力的终点与起点相重合时，则表示该力系的力多边形的封闭边变为一点，即合力构成一个封闭的力多边形。因此，平面汇交力系平衡的必要和充分的几何条件是：力多边形自行闭合。

3.3 平面汇交力系合成的解析法

求解平面汇交力系合成的另一种常用方法是解析法。这种方法是以力在坐标轴上的投影为基础建立方程的。

3.3.1 力在直角坐标轴上的投影

设力 F 用矢量 $\overrightarrow{AB}$ 表示如图 3.3 所示。取直角坐标系 xOy，使力 F 在 xOy 平面内。过力矢 $\overrightarrow{AB}$ 的两端点 A 和 B 分别向 x、y 轴作垂线，得垂足 a、b 及 a'、b'，带有正负号的线段 ab 与 $a'b'$分别称为力 F 在 x、y 轴上的投影，记作 F_x、F_y。并规定：当力始端的投影到终端的投影的方向与投影轴的正向一致时，力的投影取正值；反之，当力始端的投影到终端的投影的方向与投影轴的正向相反时，力的投影取负值。

力的投影的值与力的大小及方向有关，设力 F 与 x 轴的夹角为 α，则从图 3.3 可知：

$$\begin{aligned} F_x &= F\cos\alpha \\ F_y &= -F\sin\alpha \end{aligned} \tag{3-5}$$

一般情况下，若已知力 F 与 x 和 y 轴所夹的锐角分别为 α、β，则该力在 x、y 轴上的投影分别为

$$\begin{aligned} F_x &= \pm F\cos\alpha \\ F_y &= \pm F\cos\beta \end{aligned} \tag{3-6}$$

即：力在坐标轴上的投影，等于力的大小与力和该轴所夹锐角余弦的乘积。当力与轴垂直时，投影为零；当力与轴平行时，投影大小的绝对值等于该力的大小。

反过来，若已知力 F 在坐标轴上的投影 F_x、F_y，亦可求出该力的大小和方向角：

$$F = \sqrt{F_x^2 + F_y^2} \tag{3-7}$$

式中：α 为力 F 与 x 轴所夹的锐角，其所在的象限由 F_x、F_y 的正负号来确定。

在图 3.3 中，若将力沿 x、y 轴进行分解，可得分力 F_x 和 F_y。应当注意，力的投影和分力是两个不同的概念：力的投影是标量，它只有大小和正负；而力的分力是矢量，有大

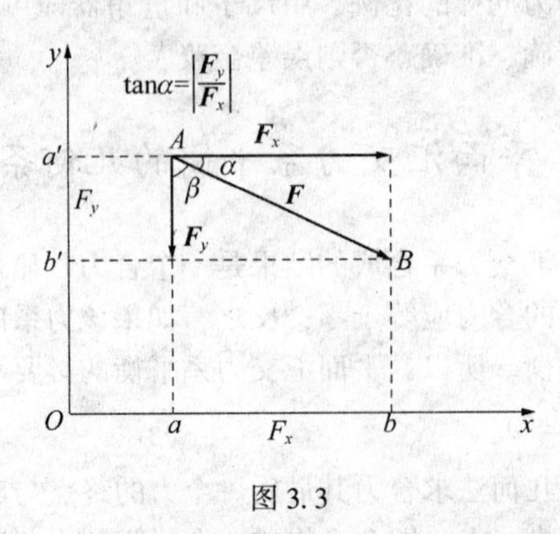

图 3.3

小和方向。它们与原力的关系各自遵循自己的规则。在直角坐标系中，分力的大小和投影的绝对值是相同的。

3.3.2 合力投影定理

为了用解析法求平面汇交力系的合力，必须先讨论合力及其分力在同一坐标轴上投影的关系。证明可得，合力在任一轴上的投影，等于力系中各分力在同一轴上投影的代数和。这就是合力投影定理。

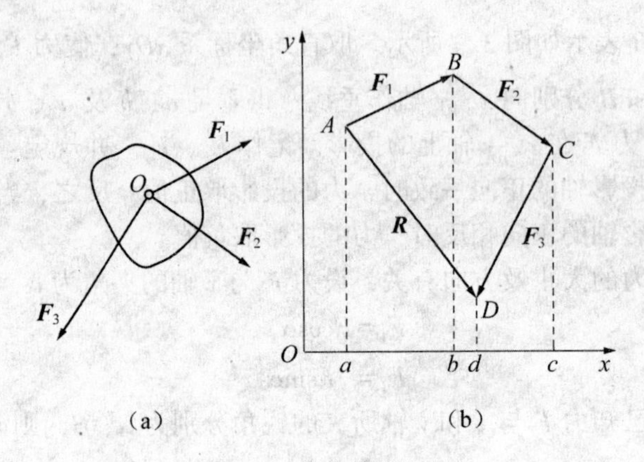

图 3.4 合力投影定理

如图 3.4(a)所示，设有一平面汇交力系 F_1、F_2、F_3 作用在物体的 O 点。从任一点 A 作力多边形 $ABCD$，如图 3.4(b)所示。则矢量 $\overrightarrow{AD}$ 就表示该力系的合力 R 的大小和方向。取任一轴 x 如图示，把各力都投影在 x 轴上，并且令 F_{x1}、F_{x2}、F_{x3} 和 R_x 分别表示各分力 F_1、F_2、F_3 和合力 R 在 x 轴上的投影，由图 3.4(b)可见

$$F_{x1}=ab,\ F_{x2}=bc,\ F_{x3}=-cd,\ R_x=ab$$

而
$$ad=ab+bc-cd$$

因此可得
$$R_x=F_{x1}+F_{x2}+F_{x3}$$

这一关系可推广到任意个汇交力的情形，即

$$R_x = F_{x1}+F_{x2}+\cdots+F_{xn} = \sum F_x \tag{3-8}$$

由此可见，合力在任一轴上的投影，等于各分力在同一轴上投影的代数和。这就是合力投影定理。

3.3.3 用解析法求解汇交力系的合力

当平面汇交力系为已知时，如图3.5所示，我们可选直角坐标系，先求出力系中各力在x轴和y轴上的投影，再根据合力投影定理求得合力R在x、y轴上的投影R_x、R_y，从图3.5中的几何关系可知合力R的大小和方向由下式确定：

$$\begin{aligned} R &= \sqrt{R_x^2 + R_y^2} = \sqrt{\left(\sum F_x\right)^2 + \left(\sum F_y\right)^2} \\ \tan\alpha &= \frac{|R_y|}{|R_x|} = \frac{\left|\sum F_y\right|}{\left|\sum F_x\right|} \end{aligned} \tag{3-9}$$

式中：α为合力R与x轴所夹的锐角，R在哪个象限由$\sum F_x$和$\sum F_y$的正负号来确定，具体详见图3.6所示。合力的作用线通过力系的汇交点O。

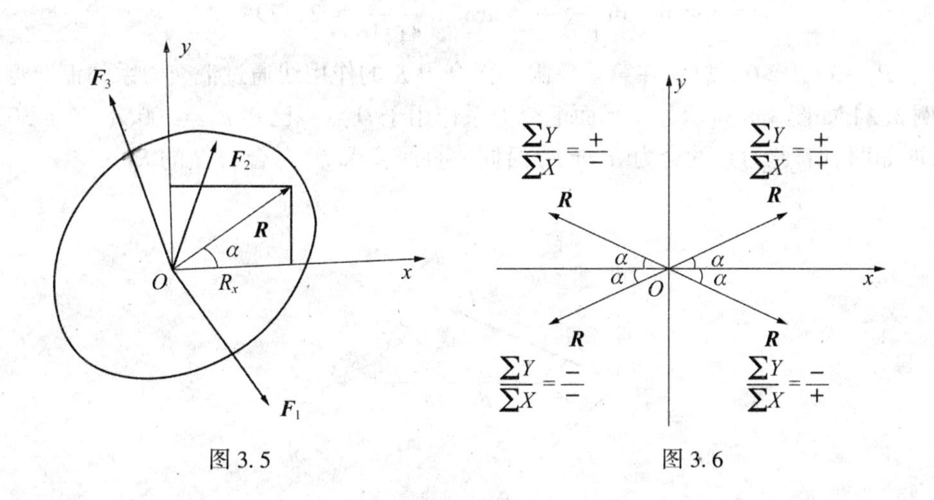

图3.5　　图3.6

下面举例说明如何求平面汇交力系的合力。

【例3.1】 如图3.7(a)所示，固定的圆环上作用着共面的三个力，已知$F_1=10\text{kN}$，$F_2=20\text{kN}$，$F_3=25\text{kN}$，三力均通过圆心O。试求此力系合力的大小和方向。

解：运用两种方法求解合力。

1. 几何法

取比例尺为：1cm代表10kN，画力多边形如图3.7(b)所示，其中$ab=|F_1|$，$bc=|F_2|$，$cd=|F_3|$。从起点a向终点d作矢量$\overrightarrow{ad}$，即得合力R。由图上量得，$ad=4.4\text{cm}$，根据比例尺可得，$R=44\text{kN}$；合力R与水平线之间的夹角用量角器量得$\alpha=22°$。

2. 解析法

取如图3.7(a)所示的直角坐标系xOy，则合力的投影分别为

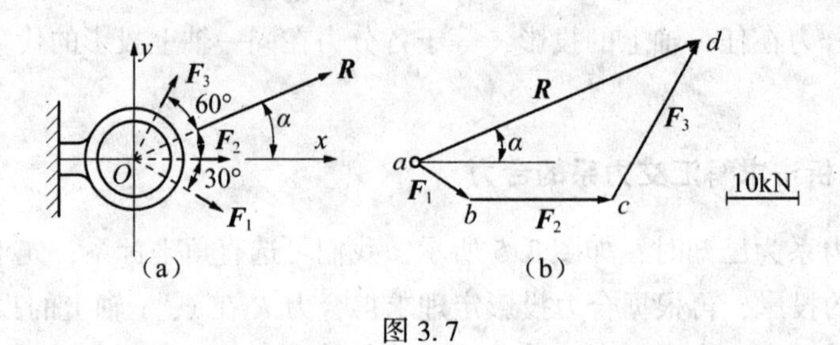

图 3.7

$$R_x = F_1\cos30° + F_2 + F_3\cos60° = 41.16\text{kN}$$
$$R_y = -F_1\sin30° + F_3\sin60° = 16.65\text{kN}$$

则合力 R 的大小为

$$R = \sqrt{R_x^2 + R_y^2} = \sqrt{41.16^2 + 16.65^2} = 44.40\text{kN}$$

合力 R 的方向为
$$\tan\alpha = \frac{|R_y|}{|R_x|} = \frac{16.65}{41.16}$$
$$\alpha = \arctan\frac{|R_y|}{|R_x|} = \arctan\frac{16.65}{41.16} = 21.79°$$

由于 $R_x>0$，$R_y>0$，故 α 在第一象限，而合力 R 的作用线通过汇交力系的汇交点 O。

【例 3.2】 如图 3.8 所示，一平面汇交力系作用于 O 点。已知 $F_1 = 200\text{N}$，$F_2 = 300\text{N}$，各力方向如图。若此力系的合力 R 与 F_2 沿同一直线，求 F_3 与合力 R 的大小。

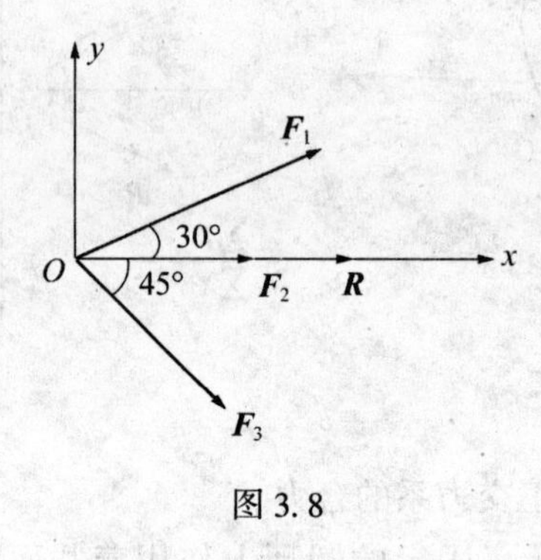

图 3.8

解：运用两种方法求解合力。

1. 几何法

取比例尺如图 3.9 所示。取任一点 a 开始作力多边形，$\overrightarrow{ab} = F_1 = 100\text{N}$，由 b 点作 $\overrightarrow{bc} = F_2 = 300\text{N}$，得折线 abc，再从折线上的 c 点和 a 点分别作 F_3 和 R 的平行线，它们相交于 d 点。多边形 $abcd$ 即为力多边形。根据比例尺量得 $R=573\text{N}$，$F_3=141\text{N}$，合力 R 的作用线通过汇交点 O。

2. 解析法

取如图 3.9 所示的坐标系。由题可知 R 沿 x 轴正向，则

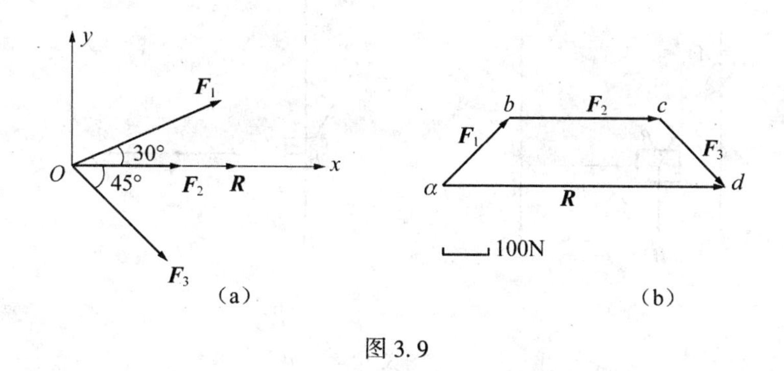

图 3.9

$$R_y = \sum F_y$$

则得

$$F_1 \sin 30° - F_3 \cdot \sin 45° = 0$$

$$200 \times \frac{1}{2} - F_3 \cdot \sin 45° = 0$$

即

$$F_3 = \frac{200}{\sqrt{2}} = 141.4\text{N}$$

又由

$$R_x = \sum F_x = R$$

得

$$F_1 \cos 30° + F_2 + F_3 \cos 45° = R$$

即

$$R = 200 \times \frac{\sqrt{3}}{2} + 300 + 141.4 \times \frac{\sqrt{2}}{2} = 573.2\text{N}$$

3.4 平面汇交力系平衡的解析条件

从前述可知：平面汇交力系平衡的必要与充分条件是该力系的合力为零。即

$$R = 0 \text{ 或} \sqrt{R_x^2 + R_y^2} = 0$$

因此，平面汇交力系平衡的必要和充分的解析条件是

$$R_x = \sum X = 0$$

$$R_y = \sum Y = 0 \tag{3-10}$$

力系中各力在任意两个坐标轴上的投影的代数和分别等于零，式(3-10)称为平面汇交力系的平衡方程。它们相互独立，应用这两个独立的平衡方程可求解两个未知量。

解题时未知力指向有时可以预先假设，若计算结构为正值，表示假设力的指向就是实际的指向；若计算结果为负值，表示假设力的指向与实际指向相反。在实际计算中，适当地选取投影轴，可使计算简化。

【例 3.3】一物体重为 30kN，用不可伸长的柔索 AB 和 BC 悬挂于如图 3.10(a)所示的平衡位置，设柔索的重量不计，AB 与铅垂线的夹角 $\alpha = 30°$，BC 水平。求柔索 AB 和 BC 的拉力。

解：(1)受力分析：取重物为研究对象，画受力图如图 3.10(b)所示。根据约束特

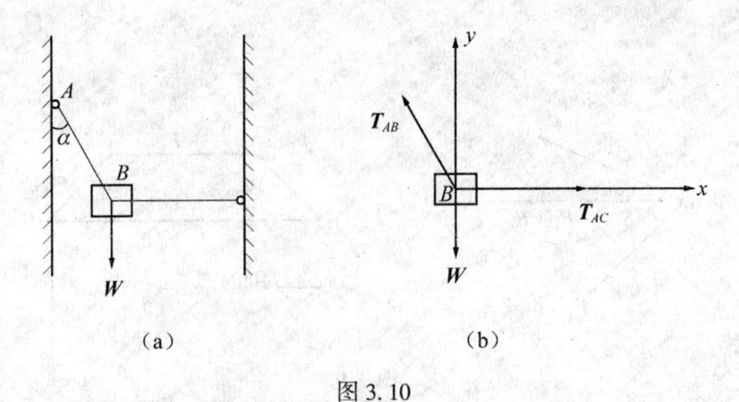

图 3.10

点，绳索必受拉力。

(2)建立直角坐标系 xOy，如图 3.10(b)所示，根据平衡方程建立方程求解：

$$\sum F_y = 0,\ T_{BA}\cos 30° - W = 0,\ T_{BA} = 34.64\text{kN}$$

$$\sum F_x = 0,\ T_{BC} - T_{BA}\sin 30° = 0,\ T_{BC} = 17.32\text{kN}$$

【例 3.4】简易起重机如图 3.11(a)所示。B、C 为铰链支座。钢丝绳的一端缠绕在卷扬机 D 上，另一端绕过滑轮 A 将重为 $W=20\text{kN}$ 的重物匀速吊起。杆件 AB、AC 及钢丝绳的自重不计，各处的摩擦不计。试求杆件 AB、AC 所受的力。

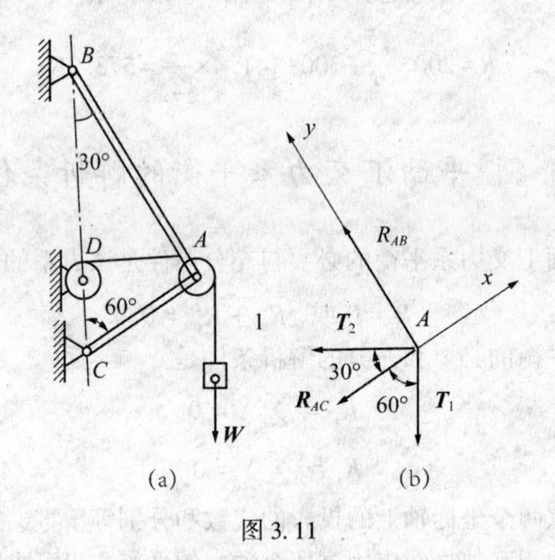

图 3.11

解：取滑轮 A 为研究对象进行受力分析：杆件 AB 及杆件 AC 仅在其两端受力且处于平衡，因此都是二力杆，设都为受拉；由于不计摩擦，钢丝绳两端的拉力应相等，都等于物体的重量 W。如果不考虑滑轮的尺寸，则滑轮的受力图如图 3.11(b)所示。

取坐标轴 xAy 如图 3.11(b)所示，利用平衡方程，得

$$\sum F_x = 0,\quad -R_{AC} - T_1\cos 60° + T_2\cos 30° = 0$$

由于 $T_1=T_2=W=20\text{kN}$，代入上式即得

$$R_{AC}=-27.32\text{kN}$$

R_{AC}为负值，说明 AC 杆受压力。

$$\sum F_y=0,\ R_{AB}+T_2\sin 30°-T_1\sin 60°=0$$

解得
$$R_{AB}=7.321\text{kN}$$

R_{AB}为正值，说明 AB 杆受拉力。

思 考 题

3-1　按力多边形法则求平面汇交力系的合力时，各分力矢按首尾相接的顺序画出，合力矢则由始点指向终点。这种说法是否正确？

3-2　平面汇交力系平衡的几何条件是力多边形自行封闭。这种说法是否正确？

3-3　合力投影定理的数学表达式是怎样的？其力学含义是什么？

习　　题

3-1　在平面刚架 $ABCD$ 的 B 点作用一水平力 F，如图 3.13 所示。已知 $F=20\text{kN}$，不计刚架自重。用几何法求支座 A、D 处的约束反力。

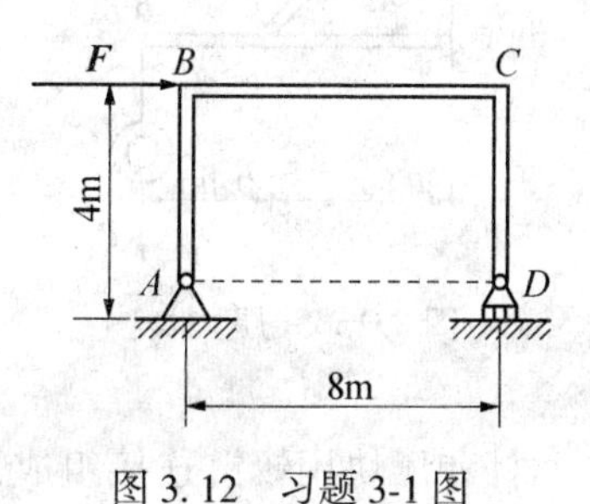

图 3.12　习题 3-1 图

3-2　已知压路机碾子重 $P=20\text{kN}$，$r=60\text{cm}$，欲拉过 $h=8\text{cm}$ 的障碍物(图 3.13)。求：在中心作用的水平力 F 的大小和碾子对障碍物的压力。

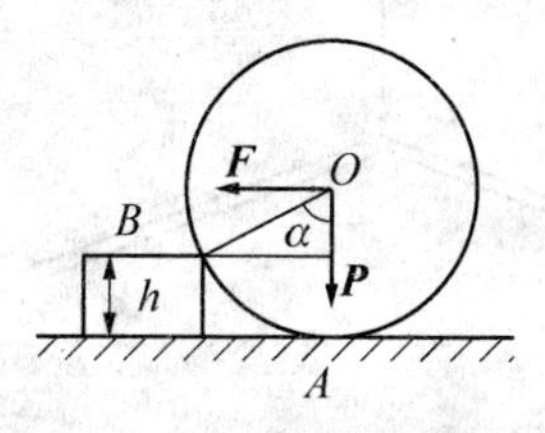

图 3.13　习题 3-2 图

3-3　已知 $F_1=200\text{N}$，$F_2=300\text{N}$，$F_3=100\text{N}$，$F_4=250\text{N}$。求图 3-4 所示平面汇交力系的合力。

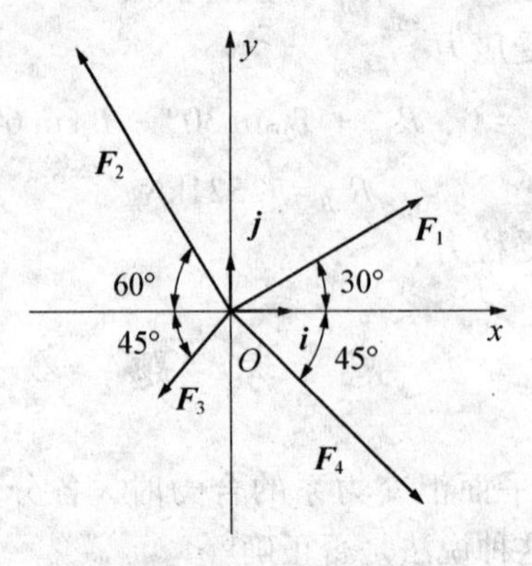

图3.14 习题3-3图

3-4 已知 $P=2\text{kN}$，杆件 CD 和 AB 受力如图3.15所示，求杆件 CD 和 AB 所受力的大小。

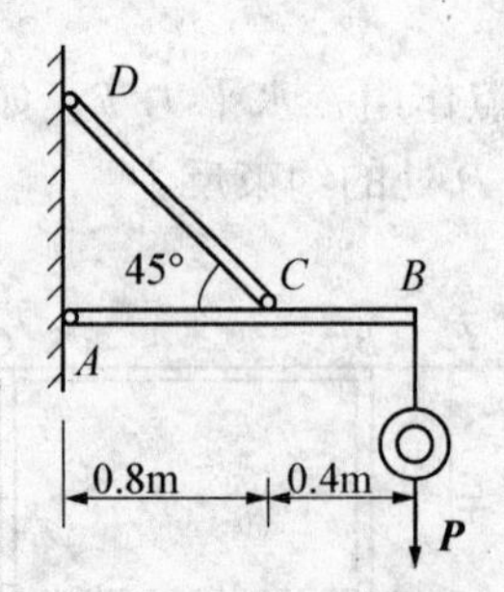

图3.15 习题3-4图

3-5 压榨机构由 AB、BC 两杆和压块用铰链连接组成，A、C 两铰位于同一水平线上（图3.16）。试求当在 B 处作用有铅垂力 $F=0.3\text{kN}$，且 $\alpha=8°$时，被压榨物 D 所受的压榨力。不计压块与支承面间的摩擦及杆的自重。

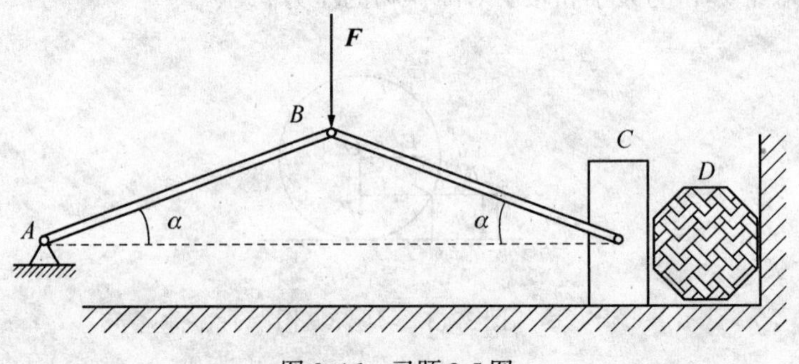

图3.16 习题3-5图

第4章 力矩与平面力偶系

4.1 力对点之矩与合力矩定理

4.1.1 力对点的矩

力对点的矩是很早以前人们在使用杠杆、滑车、绞盘等机械搬运或提升重物时所形成的一个概念。现以扳手拧螺母为例来说明。如图4.1所示，在扳手的A点施加一力F，将使扳手和螺母一起绕螺钉中心O转动，这就是说，力有使物体(扳手)产生转动的效应。实践经验表明，扳手的转动效果不仅与力F的大小有关，而且还与点O到力作用线的垂直距离d有关。当d保持不变时，力F越大，转动越快；当力F不变时，d值越大，转动也越快。若改变力的作用方向，则扳手的转动方向就会发生改变，因此，我们用F与d的乘积再冠以适当的正负号来表示力F使物体绕O点转动的效应，并称为力F对O点之矩，简称力矩，以符号$M_O(F)$表示，即

$$M_O(F) = \pm Fd \tag{4-1}$$

O点称为转动中心，简称矩心。矩心O到力作用线的垂直距离d称为力臂。

式中的正负号表示力矩的转向。通常规定：力使物体绕矩心作逆时针方向转动时，力矩为正，反之为负。在平面力系中，力矩或为正值，或为负值，因此，力矩可视为代数量。

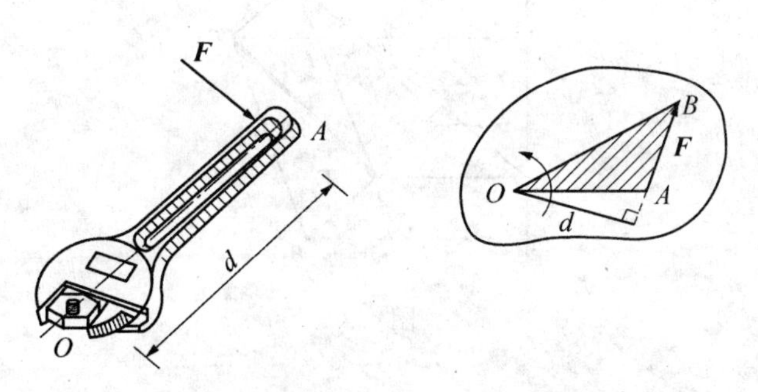

图4.1 力对点之矩

由图可以看出，力对点之矩还可以用以矩心为顶点，以力矢量为底边所构成的三角形的面积的两倍来表示。即

$$M_O(F) = \pm 2S_{\triangle OAB} \tag{4-2}$$

显然，力矩在下列两种情况下等于零：①力等于零；②力的作用线通过矩心，即力臂

等于零。力矩的单位是牛顿·米(N·m)或千牛顿·米(kN·m)。

【例4.1】 分别计算图4.2所示的 F_1、F_2 对 O 点的力矩。

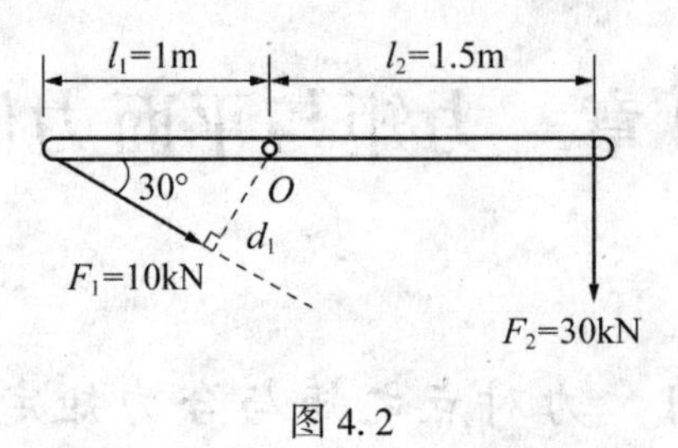

图4.2

解：由式(4-1)，有

$$M_O(F_1)=F_1d_1=10\times1\times\sin30°=5\text{kN}\cdot\text{m}$$
$$M_O(F_2)=-F_2d_2=-30\times1.5=-45\text{kN}\cdot\text{m}$$

4.1.2 合力矩定理

我们知道平面汇交力系对物体的作用效应可以用它的合力 R 来代替。这里的作用效应包括物体绕某点转动的效应，而力使物体绕某点的转动效应由力对该点之矩来度量，因此，平面汇交力系的合力对平面内任一点之矩等于该力系的各分力对该点之矩的代数和。合力矩定理是力学中应用十分广泛的一个重要定理，现用两个汇交力系的情形给以证明。

证明：如图4.3所示，设在物体上的 A 点作用有两个汇交的力 F_1 和 F_2，该力系的合力为 R。在力系的作用面内任选一点 O 为矩心，过 O 点并垂直于 OA 作为 y 轴。从各力矢的末端向 y 轴作垂线，令 Y_1、Y_2 和 R_y 分别表示力 F_1、F_2 和 R 在 y 轴上的投影。

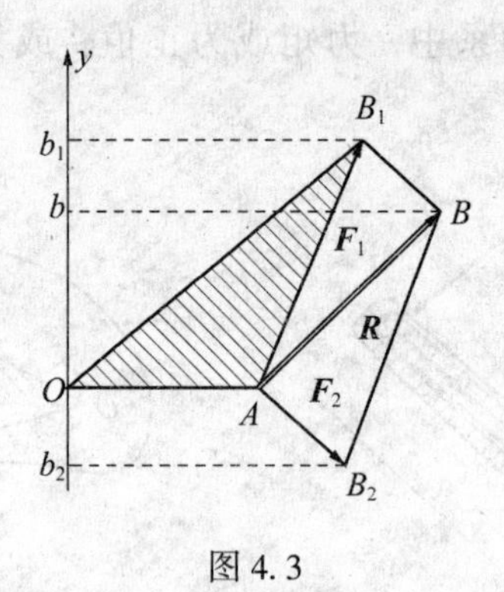

图4.3

由图可见

$$Y_1=Ob_1 \qquad Y_2=-Ob_2 \qquad R_y=Ob$$

各力对 O 点之矩分别为

$$\left.\begin{aligned}M_O(F_1)&=2\triangle AOB_1=Ob_1\cdot OA=Y_1\cdot OA\\M_O(F_2)&=-2\triangle AOB_2=-Ob_2\cdot OA=Y_2\cdot OA\\M_O(R)&=2\triangle AOB=Ob\cdot OA=R_y\cdot OA\end{aligned}\right\}$$

根据合力矩定理有

$$R_y=Y_1+Y_2$$

上式两边同乘以 OA 得

$$R_y\cdot OA=Y_1\cdot OA+Y_2\cdot OA$$

将(a)式代入得

$$M_O(R)=M_O(F_1)+M_O(F_2)$$

以上证明可以推广到多个汇交力的情况。用式子可表示为

$$M_O(R)=M_O(F_1)+M_O(F_2)+\cdots+M_O(F_n)=\sum M_O(F) \tag{4-3}$$

虽然这个定理是从平面汇交力系推证出来，但可以证明这个定理同样适用于有合力的其他平面力系。

【例 4.2】 图所示每 1m 长挡土墙所受土压力的合力为 R，它的大小 $R=200$kN，方向如图 4.4 所示，求土压力 R 使墙倾覆的力矩。

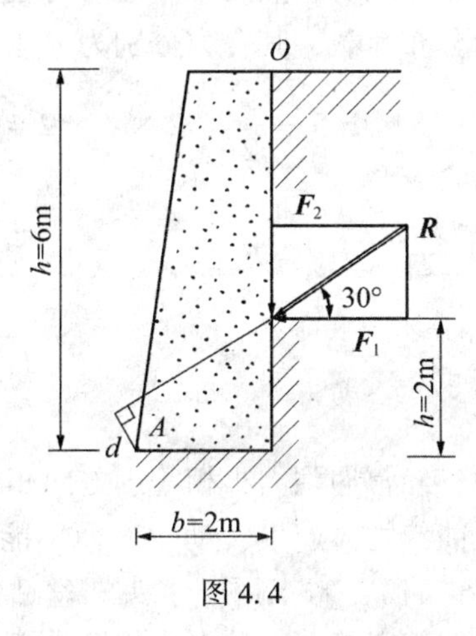

图 4.4

解：土压力 R 可使挡土墙绕 A 点倾覆，求 R 使墙倾覆的力矩，就是求它对 A 点的力矩。由于 R 的力臂求解较麻烦，但如果将 R 分解为两个分力 F_1 和 F_2，则两分力的力臂是已知的。为此，根据合力矩定理，合力 R 对 A 点之矩等于 F_1、F_2 对 A 点之矩的代数和。则

$$\begin{aligned}M_A(R)&=M_A(F_1)+M_A(F_2)=F_1\cdot\frac{h}{3}-F_2\cdot b\\&=200\cos30°\times2-200\sin30°\times2\\&=146.41\text{kN}\cdot\text{m}\end{aligned}$$

【例 4.3】 求如图 4.5 所示各分布荷载对 A 点的矩。

解：沿直线平行分布的线荷载可以合成为一个合力。合力的方向与分布荷载的方向相

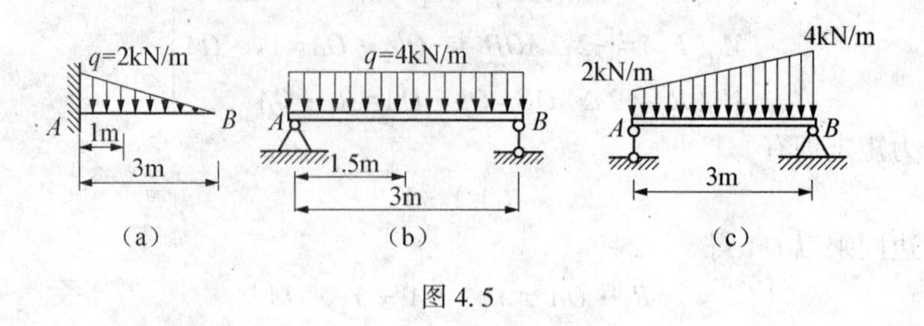

图 4.5

同，合力作用线通过荷载图的重心，其合力的大小等于荷载图的面积。

根据合力矩定理可知，分布荷载对某点之矩就等于其合力对该点之矩。

(1)计算图4.5(a)三角形分布荷载对A点的力矩为

$$M_A(q)=-\frac{1}{2}\times 2\times 3\times 1=-3\text{kN}\cdot\text{m}$$

(2)计算图4.5(b)均布荷载对A点的力矩为

$$M_A(q)=-4\times 3\times 1.5=-18\text{kN}\cdot\text{m}$$

(3)计算图4.5(c)梯形分布荷载对A点之矩。此时为避免求梯形形心，可将梯形分布荷载分解为均布荷载和三角形分布荷载，其合力分别为R_1和R_2，则有

$$M_A(q)=-2\times 3\times 1.5-\frac{1}{2}\times 2\times 3\times 2=-15\text{kN}\cdot\text{m}$$

4.2 力偶及其基本性质

4.2.1 力偶及力偶矩

在生产实践和日常生活中，经常遇到大小相等、方向相反、作用线不重合的两个平行力所组成的力系。这种力系只能使物体产生转动效应而不能使物体产生移动效应。例如，司机用双手操纵方向盘(图4.6(a))，木工用丁字头螺丝钻钻孔(图4.6(b))，以及用拇指和食指开关自来水龙头或拧钢笔套等。这种大小相等、方向相反、作用线不重合的两个平行力称为力偶。用符号(F，F')表示。力偶的两个力作用线间的垂直距离d称为力偶臂，力偶的两个力所构成的平面称为力偶作用面。

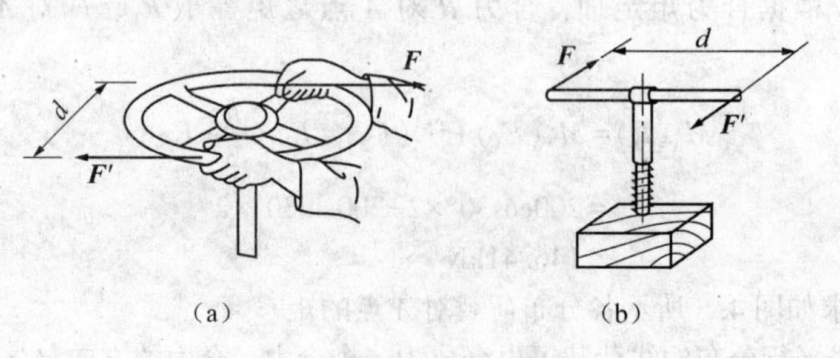

图 4.6

实践表明，当力偶的力 F 越大，或力偶臂越大，则力偶使物体的转动效应就越强；反之就越弱。因此，与力矩类似，我们用 F 与 d 的乘积来度量力偶对物体的转动效应，并把这一乘积冠以适当的正负号称为力偶矩，用 m 表示，即

$$m = \pm Fd$$

式中正负号表示力偶矩的转向。通常规定：若力偶使物体作逆时针方向转动时，力偶矩为正；反之为负。在平面力系中，力偶矩是代数量，其单位与力矩相同。

4.2.2 力偶的基本性质

力偶不同于力，它具有一些特殊的性质，现分述如下：

(1)力偶没有合力，不能用一个力来代替。

由于力偶中的两个力大小相等、方向相反、作用线平行，如果求它们在任一轴 x 上的投影，如图 4.7 所示。

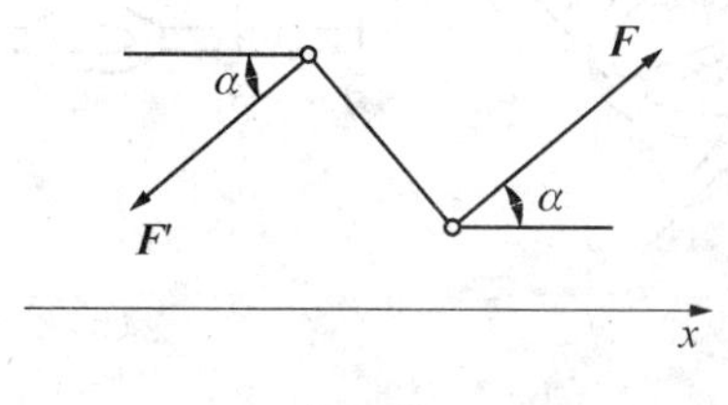

图 4.7

设力与 x 轴的夹角为 α，由图可得 $\sum X = F\cos\alpha - F'\cos\alpha = 0$。这说明，力偶在任一轴上的投影等于零。

既然力偶在轴上的投影为零，那么力偶对物体只能产生转动效应，而一个力在一般情况下，对物体可产生移动和转动两种效应。

力偶和力对物体的作用效应不同，说明力偶不能用一个力来代替，即力偶不能简化为一个力，因而力偶也不能和一个力平衡，力偶只能与力偶平衡。

(2)力偶对其作用面内任一点之矩都等于力偶矩，与矩心位置无关。

力偶的作用是使物体产生转动效应，所以力偶对物体的转动效应可以用力偶的两个力对其作用面某一点的力矩的代数和来度量。

如图 4.8 所示，力偶(F, F')，力偶臂为 d，逆时针转向，其力偶矩为 $m=Fd$，在该力偶作用面内任选一点 O 为矩心，设矩心与 F' 的垂直距离为 x。显然力偶对 O 点的力矩为

$$M_O(F, F') = F(d + x) - F'x = Fd = m$$

此值就等于力偶矩。这说明力偶对其作用面内任一点的矩恒等于力偶矩，而与矩心的位置无关。

(3)同一平面内的两个力偶，如果它们的力偶矩大小相等、转向相同，则这两个力偶等效，称为力偶的等效性。(其证明从略)

从以上性质还可得出两个推论：

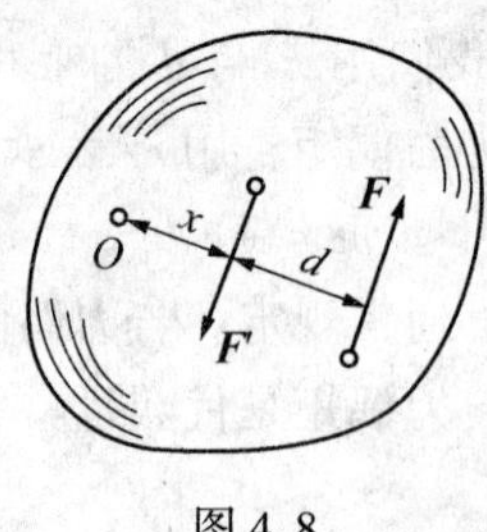

图 4.8

①用面内任意移转，而不会改变它对物体的转动效应。

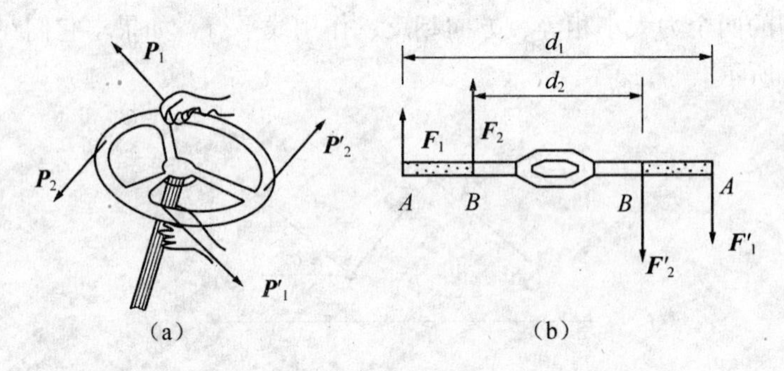

图 4.9

例如图 4.9(a)作用在方向盘上的两个力偶(P_1，P_1')与(P_2，P_2')只要它们的力偶矩大小相等，转向相同，作用位置虽不同，但转动效应是相同的。

②在保持力偶矩大小和转向不变的条件下，可以任意改变力偶的力的大小和力偶臂的长短，而不改变它对物体的转动效应。例如图 4.9(b)所示，在攻螺纹时，作用在纹杆上的(F_1，F_1')或(F_2，F_2')虽然 d_1 和 d_2 不相等，但只要调整力的大小，使力偶矩 $F_1d_1 = F_2d_2$，则两力偶的作用效果是相同的。由以上分析可知，力偶对于物体的转动效应完全取决于力偶矩的大小、力偶的转向及力偶作用面，即力偶的三要素。因此，在力学计算中，有时也用一带箭头的弧线表示力偶，其中箭头表示力偶的转向，m 表示力偶矩的大小。

4.3 平面力偶系的合成与平衡

4.3.1 平面力偶系的合成

作用在同一平面内的一群力偶称为平面力偶系。平面力偶系合成可以根据力偶等效性来进行。合成的结果是：平面力偶系可以合成为一个合力偶，其力偶矩等于各分力偶矩的代数和。即 $M = m_1 + m_2 + \cdots + m_n = \sum m_i$。

【**例 4.4**】如图 4.10 所示，在物体同一平面内受到三个力偶的作用，设 $F_1 = 200\text{N}$，

$F_2=400\text{N}$，$m=150\text{N}\cdot\text{m}$，求其合成的结果。

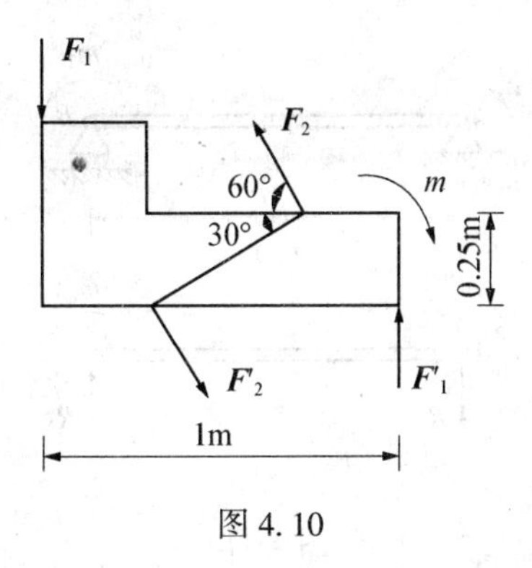

图 4.10

解：三个共面力偶合成的结果是一个合力偶，各分力偶矩为

$$m_1 = F_1 d_1 = 200 \times 1 = 200\text{N}\cdot\text{m}$$

$$m_2 = F_2 d_2 = 400 \times \frac{0.25}{\sin 30^\circ} = 200\text{N}\cdot\text{m}$$

$$m_3 = -m = -150\text{N}\cdot\text{m}$$

合力偶为

$$M = \sum m_i = m_1 + m_2 + m_3 = 200 + 200 - 150 = 250\text{N}\cdot\text{m}$$

即合力偶矩的大小等于 250N·m，转向为逆时针方向，作用在原力偶系的平面内。

4.3.2 平面力偶系的平衡条件

平面力偶系可以合成为一个合力偶，当合力偶矩等于零时，则力偶系的各力偶对物体的转动效应相互抵消，物体处于平衡状态。因此，平面力偶系平衡的必要和充分条件是：力偶系中所有各力偶矩的代数和等于零，其表达式为

$$M = m_1 + m_2 + \cdots + m_n = \sum_{i=1}^{n} m_i = 0$$

【例 4.5】在梁的两端各作用一力偶，其力偶矩的大小分别为：$m_1=120\text{kN}\cdot\text{m}$，$m_2=360\text{kN}\cdot\text{m}$，转向如图 4.11(a)所示。梁跨度 $l=6\text{m}$，重量不计，求 A、B 处的支座反力。

解：取梁 AB 为研究对象，作用在梁上的力有：两个已知力偶 m_1，m_2 和支座 A、B 的反力 R_A 和 R_B，如图 4.11(b)所示。B 处为可动铰支座，其反力的方位是铅垂方向，指向假定向上；A 处为固定铰支座，其反力的方向不能确定，但因梁上只受力偶作用，故 R_A 必须与 R_B 组成一个力偶才能与梁上的力偶平衡，所以 R_A 的方向为铅垂方向，指向向下。

由平衡条件可得

$$\sum m = 0,\ m_1 - m_2 + R_A \times l = 0$$

故

$$R_A = \frac{m_2 - m_1}{l} = \frac{360-120}{6} = 40\text{kN}$$

$$R_B = 40\text{kN}$$

求得结果为正值，说明假设 R_A 和 R_B 的指向是力的实际指向。

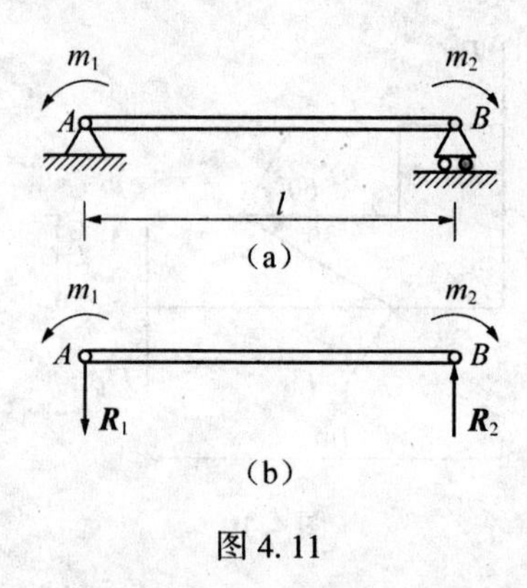

图 4.11

习　　题

4-1　计算图 4.12 的各图中力 F 对 O 点的矩。

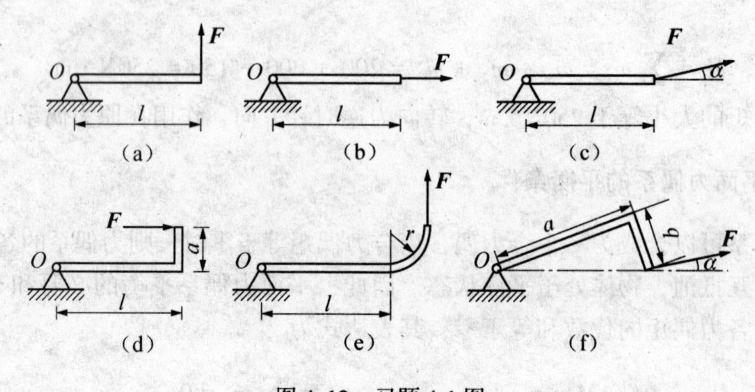

图 4.12　习题 4-1 图

4-2　求图 4.13 中梁上分布荷载对 B 点之矩。

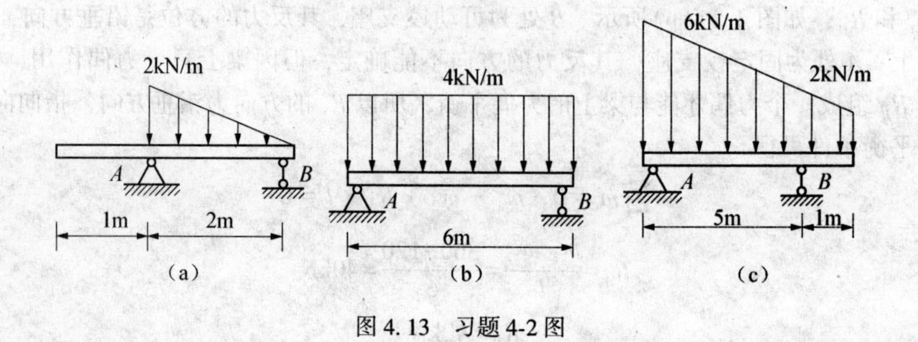

图 4.13　习题 4-2 图

4-3　求图 4.14 中各梁的支座反力。

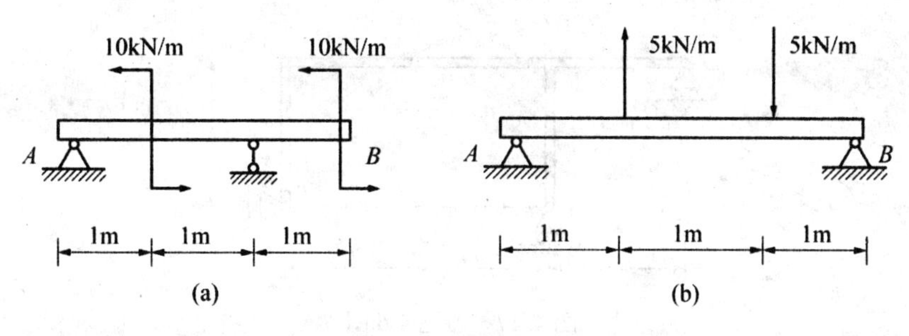

图 4.14　习题 4-3 图

4-4　一力偶矩为 M 的力偶作用在直角曲杆 ACB 上。如果此曲杆用两种不同的方式支承，不计杆重，尺寸如图 4.15 所示，求每种支座 A、B 对杆的约束反力。

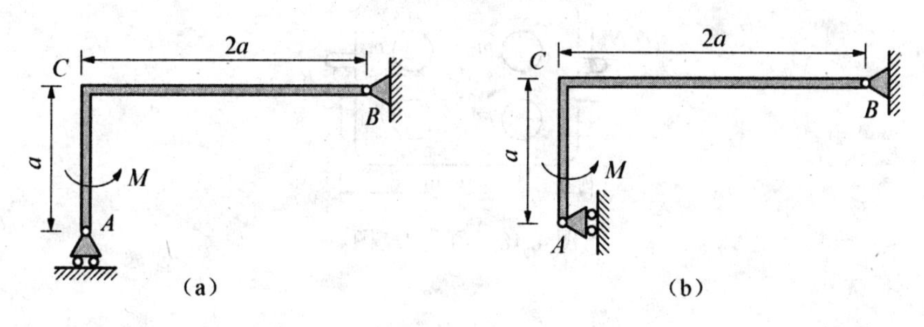

图 4.15　习题 4-4 图

4-5　杆 AB 长 l，在其中点 C 处由曲杆 CD 支承如图 4.16 所示，若 $AD=AC$，不计各杆自重及各处摩擦，且受矩为 M 的平面力偶作用，试求支座 A、D 处反力的大小。

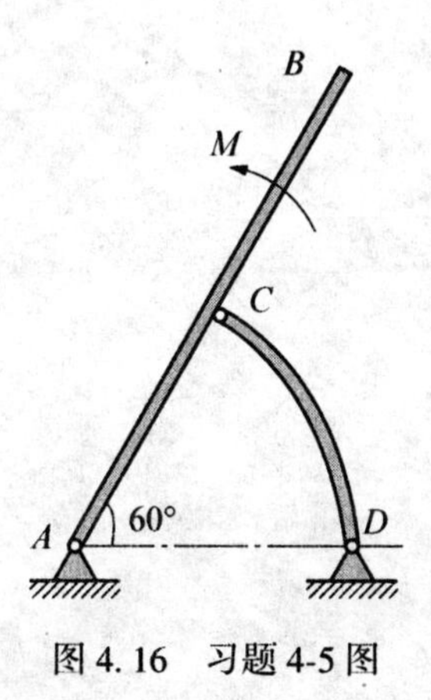

图 4.16　习题 4-5 图

4-6　在图 4.17 所示结构中，各构件的自重略去不计，在构件 BC 上作用已知力偶矩

为 M 的力偶，各尺寸如图4.17所示。求支座 A 的约束力。

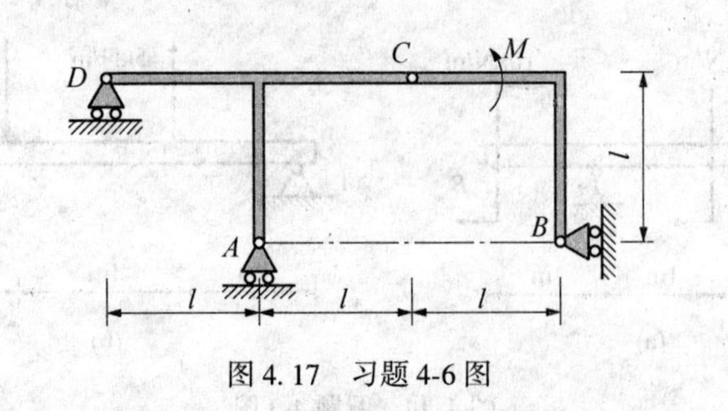

图4.17 习题4-6图

4-7 在一钻床上水平放置工件(图4.18)，在工件上同时钻四个等直径的孔，每个钻头的力偶矩为 $m_1=m_2=m_3=m_4=15\text{kN}\cdot\text{m}$。求工件的总切削力偶矩和 A、B 端水平反力？

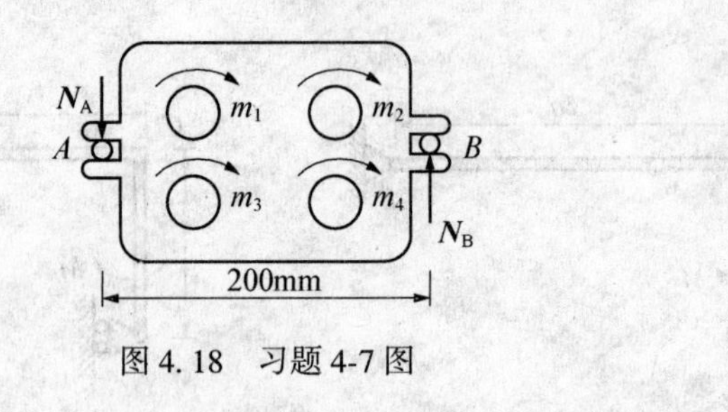

图4.18 习题4-7图

第5章 平面一般力系

5.1 力的平移定理

在之前学习了平面汇交力系和平面力偶系，实际上这两种力系是属于平面一般力系的特殊情况。在研究平面一般力系时，我们能否将平面一般力系简化成这两种力系呢？要使平面一般力系各力的作用线都汇交与一点，这就需要将力的作用线平移。

为了使平面力系的讨论简化，先讨论力平行于本身的移动问题。如图5.1(a)所示，设F是作用于刚体上A点的一个力，B是力作用平面内的任意一点。如果须将力平移到B点，我们在B点加两个大小相等、方向相反，在同一直线且平行于力F的作用力F'、F''. 并令$F'=-F''=F$，如图5.1(b)所示。显然，F'与F''为一对平衡力，加上这对力并不改变原力F对物体的作用。由于F'与F''可组成一对力偶，因此新的力系就由力F'和力偶(F'、F'')组成。其中力F'平行且等于原已知力F，力偶(F'、F'')的力偶$M=Fd$，即力F对B点的矩。根据力偶的性质，我们可在B点用一个力偶代替F'、F''的作用，如图5.1(c)所示。由上述过程可知，图5.1(c)所示的作用于B点的力F和一个力偶与图5.1(a)所示的作用于A点的一个力等效。

由此可得出如下结论：作用于刚体上的力，可以平移到力的作用平面内的任一点，但必须附加一力偶才能保持与原作用力等效，该附加力偶的力偶矩等于原作用力对新作用点之矩。这就是力的平移定理。

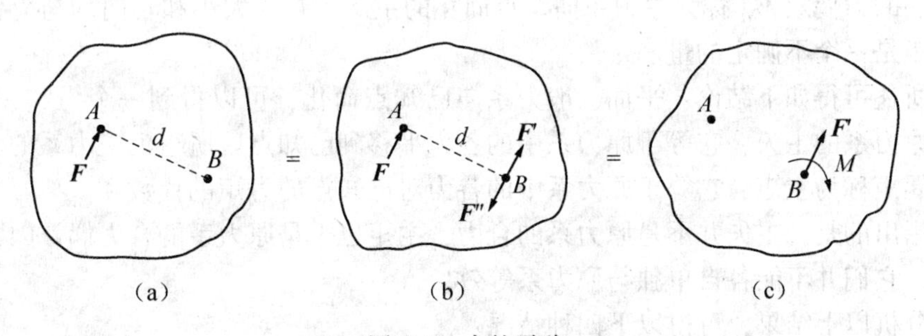

图5.1 力的平移

5.2 平面一般力系向作用面内任一点的简化

平面一般力系是指作用在同一平面内的各力，既不相交于一点，也不互相平行。如图

5.2(a)所示，O 是平面一般力系作用平面内任一已知点，现将组成该力系的各力向 O 点简化。

由力的平移定理，我们可将各力 F_1，F_2，…，F_n 平移至 O 点，同时还应加上 n 个相应的力偶如图 5.2(b)，其力偶矩分别为 $M_1=M_O(F_1)$，$M_2=M_O(F_2)$，…，$M_n=M_O(F_n)$。即原力系可以用作用在 O 点的汇交力系 F_1，F_2，…，F_n 和力偶系 M_1，M_2，…，M_n 代替。O 点称为简化中心。

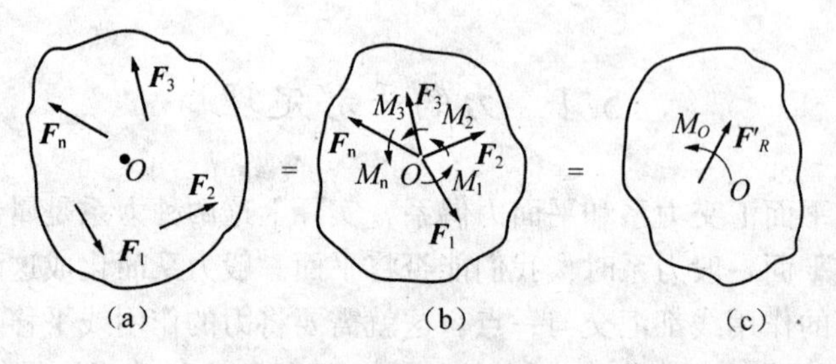

图5.2 力的合成

将汇交于 O 点的力系 F_1，F_2，…，F_n 继续合成，可得其合力 F'_R 为

$$\left.\begin{aligned} F'_R &= \sqrt{\left(\sum F_x\right)^2+\left(\sum F_y\right)^2} \\ \tan\alpha &= \left|\frac{\sum F_y}{\sum F_x}\right| \end{aligned}\right\} \tag{5-1}$$

式中，合力 F'_R 称为原力系向 O 点简化的主矢，它只取决于原力系中各力的大小和方向，是一个常量，与简化中心无关。α 为主矢 F'_R 与 x 轴(正向或负向)所夹的锐角。

同理，将力偶系 M_1，M_2，…，M_n 继续合成，可得其合力偶的力偶矩为

$$M_O=M_1+M_2+\cdots+M_n=M_O(F_1)+M_O(F_2)+\cdots+M_O(F_n)=\sum M_O(F_i) \tag{5-2}$$

合力偶的力偶矩 M_O 称为原力系向。点简化的主矩。它的大小和转向均与简化中心有关，即主矩是一个不确定的量。

综上所述可得如下结论：平面一般力系向已知点简化，可以得到一个力和一个力偶。该力称为原力系的主矢，它等于原力系中的各力平移到已知点后所得汇交力系的合力；该力偶的力偶矩称为主矩，它等于原力系中的各力对已知点的力矩的代数和。

应该指出的是，主矢并不是原力系的合力，主矩也不是原力系的合力偶。因为作为一单独的量，它们并不能各自单独与原力系等效。

详细分析以上结果，可得以下四种情况：

(1) $F'_R=0$，$M_O\neq0$，原力系简化为一个力偶，其力偶矩等于原力系对简化中心的主矩，原力系与一个力偶等效。由力偶的性质可以推知，在这种情况下，主矩与简化中心的选择无关。

(2) $F'_R\neq0$，$M_O=0$，此时附加力偶互相平衡，原力系简化的最后结果是一个力，该力即为原力系的合力，它的作用线通过选定的简化中心 O。

(3) $F'_R\neq0$，$M_O\neq0$，如图5.3(a)所示，原力系可以进一步简化为一个合力。为此，

只要将力偶 M_O 用一对等值、反向、不共线的平行力 F''_R 和 F_R 表示，且使 $F_R = F'_R = -F''_R$ 和 F_R 两力的力偶臂为 h，$F_R \cdot h = M_O$，这样图 5.3(a)中主矢量 F'_R、主矩 M_O 与图 5.3(b)力系 F_R、F'_R、F''_R 等价。由于 F'_R 与 F''_R 是互相平衡的一对力，故可去掉，而只留下图 5.3(c)中所示的合力 F_R。

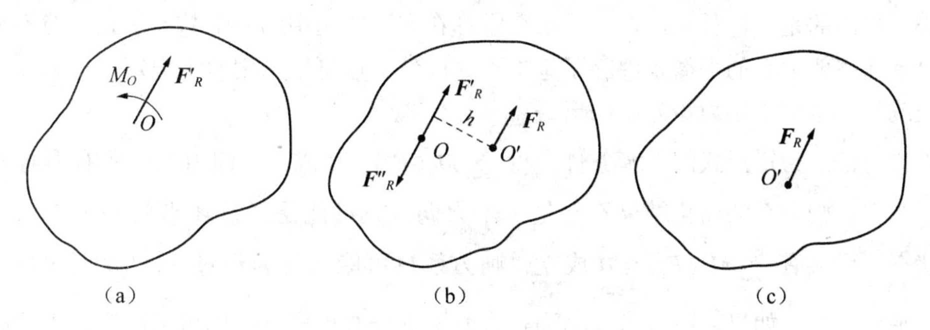

图 5.3 力的合成

由图 5.3(c)可知，作用于 O' 点的力 F_R 是原力系的合力，F_R 对 O 点的矩应为

$$M_O(F_R) = F_R \cdot h = M_O$$

由式(5-2)可得：

$$M_O(F_R) = \sum M_O(F_i) \tag{5-3}$$

由于简化中心 O 是任意选定的，故上式具有普遍意义，可得结论：平面内任意力系的合力对作用面内任意一点的矩等于力系中各力对同一点之矩的代数和。这就是合力矩定理。

(4) $F'_R = 0$，$M_O = 0$，原力系平衡。

从平面一般力系推广到空间一般力系，也是同样类似的简化流程。空间任意力系向空间任意一点简化的结果是一个力和一个力偶。这个力作用在简化中心，它的矢量称为原力系的主矢，并等于该力系中各力的矢量和；这个力偶的力偶矩称为原力系对于简化中心的主矩，并等于原力系中各力对简化中心之矩的矢量和，即

$$F = \sum_{i=1}^{n} F_i^O, \quad M = \sum_{i=1}^{n} M_O(F_i) \tag{5-4}$$

上述讨论表明，任意一个复杂的力系通过平移和合成，最后都可以简化为一力附加一个力偶矩的形式，这一点是非常令人满意的。

5.3 平面一般力系的平衡条件及其应用

5.3.1 平面一般力系的平衡条件

由之前的学习可知，平面一般力系都可以简化为平面内任意一点的主矢 F_R 和主矩 M_O 的形式。归纳起来，我们就得到平面一般力系的平衡定理，即平面一般力系平衡的充分必要条件是：力系的主矢和力系对任意一点的主矩均为零。

实际应用中，这个定理又可以改写为如下更为实用的形式。平面一般力系平衡的充分必要条件是：对于任意坐标系，力系中所有各力在 x、y 两个坐标轴中每一轴上投影的代数和为零，所有力对平面内任意一点 A 的矩的代数和为零，即

$$\sum_i F_{ix} = 0; \quad \sum_i F_{iy} = 0; \quad \sum_i M_A(F_i) = 0 \tag{5-5}$$

必须指出的是，这种平衡形式是平衡定理在实际应用中的一个基本形式，但不是唯一形式。平面一般力系的平衡条件除了基本形式以外，还可以采用两个力矩方程和一个投影方程，或三个全部采用力矩方程的形式。

首先讨论二力矩形式的平衡条件。设 $\sum M_A(F_i) = 0$ 成立，即力系中所有力对 A 点的合力矩为零，则力系的简化结果不会是一个力偶，只可能是经过 A 点的一个力，或处于平衡状态。设又有 $\sum M_B(F_i) = 0$ 成立，则力系只可能简化为经过 A、B 两点的一个力，或处于平衡状态。如果 x 轴与 AB 不垂直，而 $\sum F_x = 0$ 也成立，则可以断定，力系必处于平衡状态。因为在 x 轴与 AB 互不垂直的前提下，一个力不可能既经过 A、B 两点而又垂直于 x 轴。因此，平面任意力系的平衡方程可表为二力矩形式：

$$\left.\begin{aligned} \sum_i F_{ix} = 0 \\ \sum_i M_A(F_i) = 0 \\ \sum_i M_B(F_i) = 0 \end{aligned}\right\} \tag{5-6}$$

式中：x 轴不垂直于 AB 连线。

现在再来讨论三力矩形式的平衡方程。与上述讨论一样，设 $\sum M_A(F_i) = 0$ 和 $\sum M_B(F_i) = 0$ 同时成立，则力系的简化结果只可能是经过 A、B 两点的一个力，或处于平衡状态。如果 $\sum M_C(F_i) = 0$ 也成立，且 C 点不在 AB 连线上，则可以断定，力系必处于平衡状态。因为一个力不可能经过不在一直线上的三点。因此，平面任意力系的平衡方程又可表示为三力矩形式：

$$\left.\begin{aligned} \sum_i M_A(F_i) = 0 \\ \sum_i M_B(F_i) = 0 \\ \sum_i M_C(F_i) = 0 \end{aligned}\right\} \tag{5-7}$$

式中：A、B、C 三点不在一直线上。

这样，平面任意力系的平衡方程可以有三种不同的形式，即基本形式(式(5-5))、二力矩形式(式(5-6))及三力矩形式(式(5-7))。在实际应用中，选取何种形式，完全取决于计算是否方便。通常尽量写出只含有一个未知量的平衡方程，以避免解联立方程的麻烦。但不论采用何种形式，都只能写出三个独立的平衡方程，任何第四个方程都必定是前三个方程的同解方程，不具有独立性。

5.3.2 平面平行力系的平衡条件

平面力系中还有一种特殊情况，就是所有力的作用线相互平行。这种力系中所有力的作用线相互平行的平面力系称为平面平行力系。平面平行力系作为平面一般力系的特殊情况，其平衡条件当然要满足式(5-5)的三个条件。但必须指出的是，对于平面平行力系，式(5-5)的前两个方程是同解方程，也就是说，它们两者中只要有一个满足，另一个也就自然满足。所以，和平面汇交力系一样，平面平行力系也只有两个独立方程。所不同的是，平面汇交力系保留的是平面一般力系三个平衡条件中的两个投影平衡条件，而平面平行力系保留的是三个平衡条件中的一个投影平衡条件(两个中的任意一个)和力矩平衡条件。

由于平面平行力系的分析方法和平面一般力系的分析方法几乎没有什么差别，所以在此就不赘述了。

5.3.3 平面一般力系的平衡条件的应用

【例 5.1】 如图 5.4(a)所示，一小车重量为 60kN(重心在 C 处)。用缆索沿铅直导轨(摩擦不计)匀速吊起。已知 $a=30\text{cm}$，$b=60\text{cm}$，$\alpha=10°$。求每对导轮 A 与 B 上的压力及缆索中的拉力。

解：以小车为研究对象，取隔离体作示力图，如图 5.4(b)所示。小车上受有车轮给车的反力 F_{NA} 和 F_{NB} 、小车的重力 F_W 、拉力 F_T 。小车上的所有这些作用力构成了一平面一般力系。

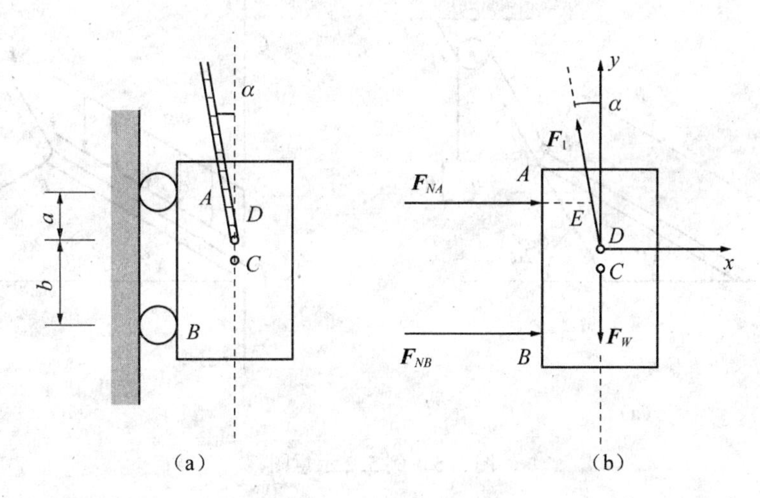

图 5.4 例 5.1 示意图

如图 5.4(b)建立 xDy 坐标系。本例中，小车匀速上升，运动状态没有变化，所以，小车上的作用力应满足如下平面一般力系的平衡条件：

$$\left.\begin{aligned}\sum F_x &= F_{NA} + F_{NB} - F_T\sin\alpha = 0 \quad &(a)\\ \sum F_y &= F_T\cos\alpha - F_W = 0 \quad &(b)\\ \sum M_E &= (a+b)F_{NB} - (a\tan\alpha)F_W = 0 \quad &(c)\end{aligned}\right\}$$

式(a)、(b)分别为 x 和 y 轴方向的投影平衡方程。式(c)为以力 F_{NA} 与 F_T，的作用线交点 E 为矩心的力矩平衡方程。

将已知条件 $F_W=60\text{kN}$，$a=30\text{cm}$，$b=60\text{cm}$，$\alpha=10°$。代入式(a)、(b)、(c)，可解得

$$\left.\begin{aligned} F_T &= \frac{F_W}{\cos\alpha} = \frac{60}{0.985} = 60.9\text{kN} && \text{(d)} \\ F_{NB} &= \left(\frac{a\tan\alpha}{a+b}\right)F_W = \frac{30\times 0.1763}{30+60}\times 60 = 3.53\text{kN} && \text{(e)} \\ F_{NA} &= F_T\sin\alpha - F_{NB} = \frac{b\tan\alpha}{a+b}F_W = \frac{60\times 0.1763}{30+60}\times 60 = 7.05\text{kN} && \text{(f)} \end{aligned}\right\}$$

F_T、F_{NA}、F_{NB} 均为正值，说明其实际方向和图 5.4(b)中原设定的方向相同。

【例 5.2】一均质杆 AB 的质量线密度为 m，长为 $2l$，置于水平面和斜面上，其上端系一绳子，绳子绕过滑轮 C 吊起一重量为 W 的物体，如图 5.5(a)所示。各处摩擦均不计，求杆平衡时的 W 值及 A、B 两处的作用力，其中 α 为已知。

解：以均质杆 AB 为研究对象，取隔离体作示力图，如图 5.5(b)所示。杆 AB 所受力包括：平面和斜面对杆的作用力 F_{NA} 和 F_{NB} 绳子的拉力 F_T，杆的自重为 $2mgl$。杆上的所有的这些作用力构成一平面一般力系。

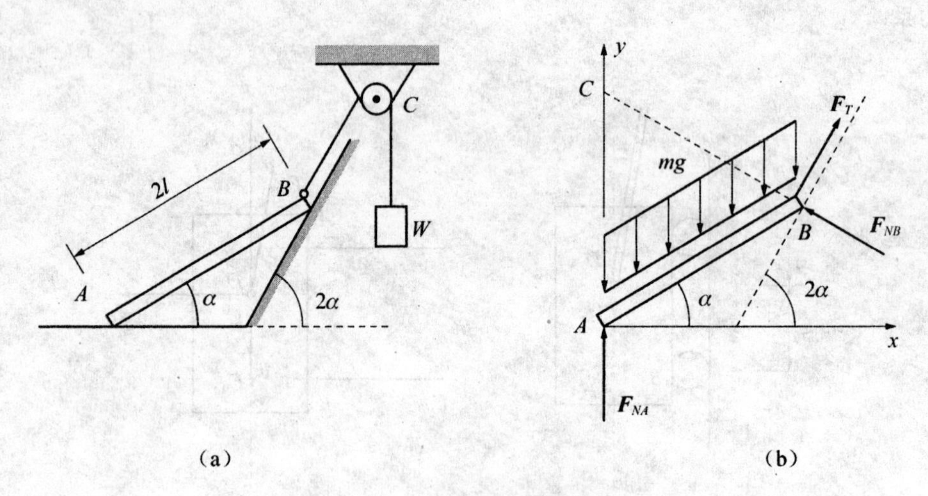

图 5.5 例 5.2 示意图

如图 5.2(b)建立 xAy 坐标系。杆上的所有作用力应满足如下平面一般力系的平衡条件：

$$\left.\begin{aligned} \sum F_x &= F_T\cos 2\alpha - F_{NB}\sin 2\alpha = 0 && \text{(a)} \\ \sum F_y &= F_T\sin 2\alpha + F_{NB}\cos 2\alpha + F_{NA} - 2mgl = 0 && \text{(b)} \\ \sum M_C &= \left(2l\frac{\cos\alpha}{\sin 2\alpha}\right)F_T - (l\cos\alpha)2mgl = 0 && \text{(c)} \end{aligned}\right\}$$

式(a)、(b)分别为 x 和 y 轴方向的投影平衡方程。式(c)为以力 F_{NA} 与 F_{NB} 。的作用线交点 C 为矩心的力矩平衡方程。

解(a)、(b)、(c)可得

$$\left.\begin{aligned} F_T &= mgl\sin2\alpha \\ F_{NB} &= \frac{F_T\cos2\alpha}{\sin2\alpha} = mgl\cos2\alpha \\ F_{NA} &= 2mgl - F_T\sin2\alpha - F_{NB}\cos2\alpha = mgl \end{aligned}\right\} \quad \begin{aligned}&(d)\\&(e)\\&(f)\end{aligned}$$

最后由定滑轮的性质可得

$$W = F_T = mgl\sin2\alpha \tag{g}$$

所有力的实际方向和图 5.5(b)中原设定的方向相同。

5.4 物体系统的平衡

在实际工程中，经常遇到几个物体通过一定方式连接在一起，这种系统称为物体系统。当整个物体系统处于平衡状态时，其中的每一部分也必然处于平衡状态。

研究物体系统的平衡问题，不仅要求解支座反力，还需要计算系统内各物体之间的相互作用力。在研究物体系统的平衡方程时，要求合理选取研究对象寻求解题的最佳方法，一般有以下两种方法：

(1)先取整个物体系统作为研究对象，求得某些未知力，然后再取其中某部分作为研究对象，求出其他未知量。

(2)先取某部分物体作为研究对象，再取其他部分作为研究对象，逐步求得所有未知量。

在计算过程中，在画受力图时需要注意以下几点：

(1)同一约束反力的方向和字母标记要注意前后一致；

(2)内部约束拆开后相互作用力要符合作用力与反作用力规律；

(3)不要把一个物体上的力移到另一物体上去；

(4)正确判断二力杆，以简化计算；

(5)当反力方向未定时，可先假设其方向，求出的结果为正，则此力方向与假设的相同；求出的结果为负，则此力方向与假设方向相反。

【例 5.3】三铰刚架尺寸以及所受荷载如图 5.6(a)所示，其中 $P=10\text{kN}$、$q=4\text{kN/m}$、$a=2\text{m}$，求支座 A、B 及铰 C 处的约束反力。

解：任意单个部分上的未知力的数目都超过所能列出方程数，如图 5.6(c)、(d)所示，整体上的未知力虽然也是四个但有三个汇交于一点，如图 5.6(b)所示，以汇交点为矩形列力矩方程，求出部分未知量。

(1)先取三铰刚架整体为研究对象，受力如图 5.6(b)所示，列平衡方程：

$$\sum M_B = 0, \qquad -Y_A \times 8 + P \times 2 + q \times 8 \times 4 = 0$$

$$Y_A = \frac{1}{8}(10 \times 2 + 4 \times 8 \times 4) = 18.5\text{kN}(\uparrow)$$

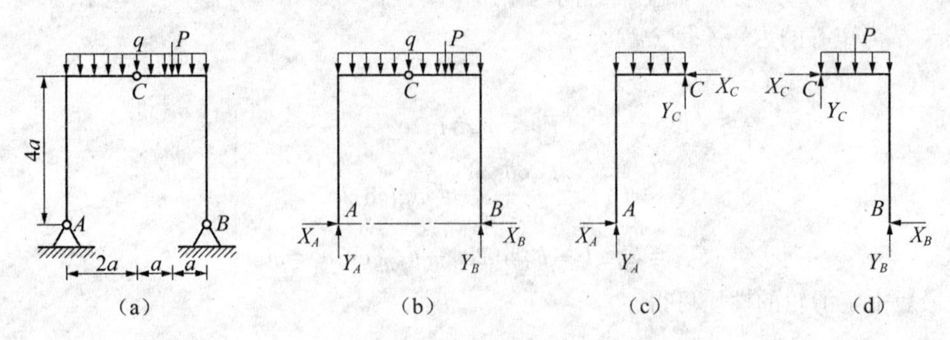

图5.6 例5.3示意图

$$\sum M_A = 0, \qquad -Y_B \times 8 - P \times 6 - q \times 8 \times 4 = 0$$

$$Y_B = \frac{1}{8}(10 \times 6 + 4 \times 8 \times 4) = 23.5\text{kN}(\uparrow)$$

$$\sum X = 0, \quad X_A - X_B = 0, \quad X_A = X_B$$

(2)再取左半刚架为研究对象，Y_A 已求出，未知力的数目与方程相等，如图5.6(c)所示。

$$\sum M_C = 0, \; X_A \times 8 + q \times 4 \times 2 - Y_A \times 4 = 0$$

$$X_A = \frac{1}{8}(-4 \times 4 \times 2 + 18.5 \times 4) = 5.25\text{kN}(\rightarrow)$$

$$X_B = X_A = 5.25\text{kN}(\leftarrow)$$

思 考 题

5-1 设平面一般力系向某一点简化得到一个合力。若另选适当的点为简化中心，问力系能否简化为一力偶？为什么？

5-2 在任一平面上存在 A、B、C、D 四点，作用在四点上存在四个力 F_A 、F_B 、F_C 、F_D ，这四个力画出的力的多边形刚好首尾相接，试问该力系是否平衡？若不平衡，简化结果是什么？

5-3 平面一般力系平衡方程的二矩式和三矩式为什么要有限制条件？平面汇交力系的平衡方程式能否用一个或两个力矩方程来代替？平面平行力系能否用两个力矩方程代替？若能，各应有何限制条件？

5-4 从哪些方面去理解平面一般力系只有三个独立的平衡方程？为什么说任何第四个方程只是前三个方程的线性组合？

习　题

5-1　梁 AB 一端为固定端支座，另一端无约束，这样的梁称为悬臂梁。它承受均布荷载 q 和一集中力 P 的作用，如图 5.7 所示。已知 $P=10\text{kN}$，$q=2\text{kN/m}$，$l=4\text{m}$，$\alpha=45°$，梁的自重不计，求支座 A 的反力。

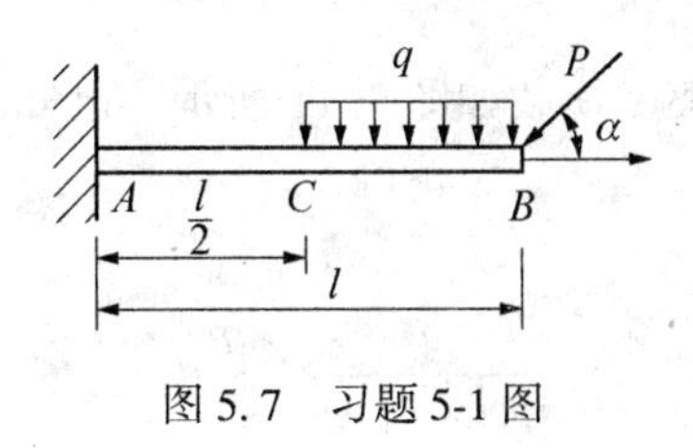

图 5.7　习题 5-1 图

5-2　如图 5.8 所示一伸臂梁。受到荷载 $P=2\text{kN}$，三角形分布荷载 $q=1\text{kN/m}$ 作用。如果不计梁重，求支座 A 和 B 的反力。

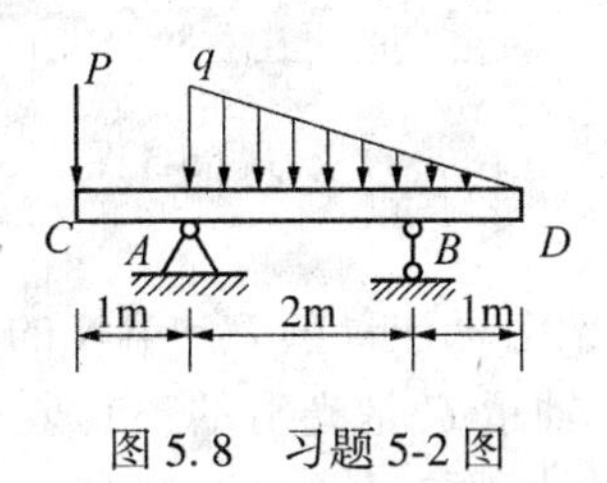

图 5.8　习题 5-2 图

5-3　一水平托架承受重 $G=20\text{kN}$ 的重物，如图 5.9 所示，A、B、C 各处均为铰链连接。各杆的自重不计，求托架 A、B 两处的约束反力。

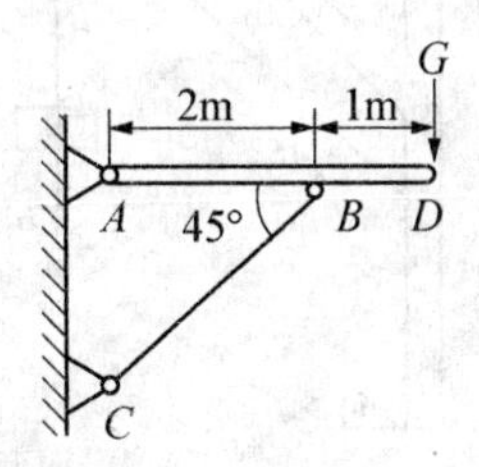

图 5.9　习题 5-3 图

5-4　组合梁受荷载如图 5.10 所示。已知 $P_1=16\text{kN}$，$P_2=20\text{kN}$，$m=8\text{kN}\cdot\text{m}$，梁自重不计，求支座 A、C 的反力。

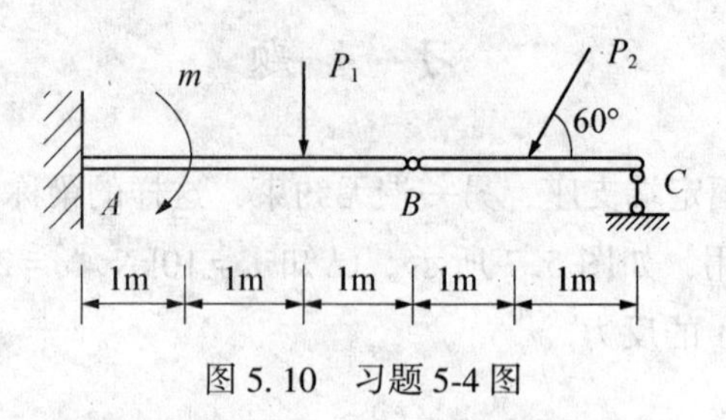

图5.10 习题5-4图

5-5 钢筋混凝土三铰刚架受荷载如图5.11所示，已知 $q=16\text{kN/m}$，$P=24\text{kN}$，求支座 A、B 和铰 C 的约束反力。

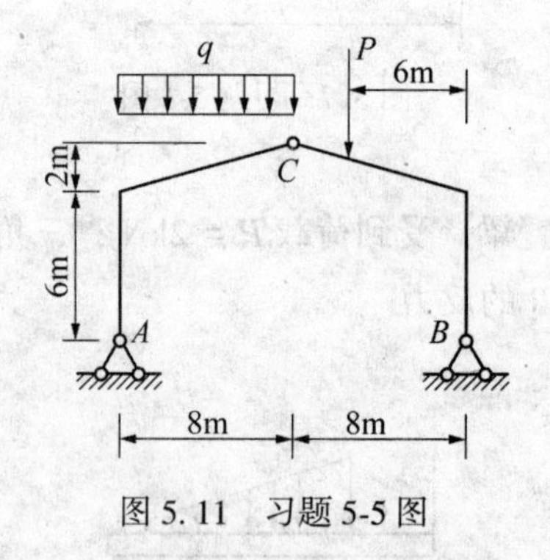

图5.11 习题5-5图

5-6 如图5.12所示，在支架上悬挂着重 $P=4\text{kN}$ 的重物，B、E、D 为铰接，A 为固定端支座，滑轮直径为300mm，轴承 C 是光滑的，其余尺寸如图示。各杆和滑轮、绳子重量不计，求 A、B、C、D、E 各处的反力。

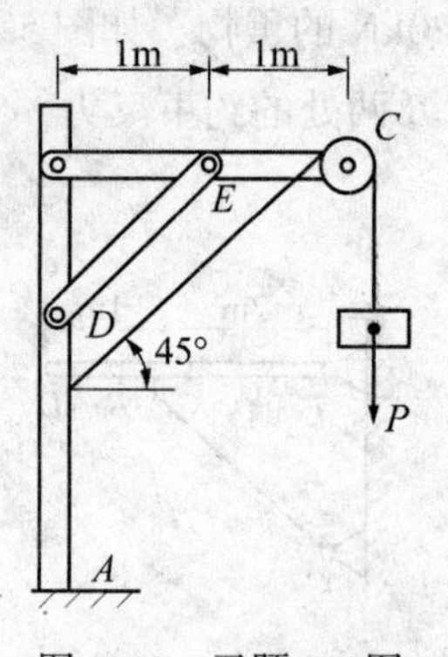

图5.12 习题5-6图

5-7 在水平的外伸梁上载荷如图5.13所示，已知：$F=20\text{kN}$，$q=20\text{kN/m}$，$M=8\text{kN}\cdot\text{m}$，$a=0.8\text{m}$。试求支座 A、B 的约束反力。

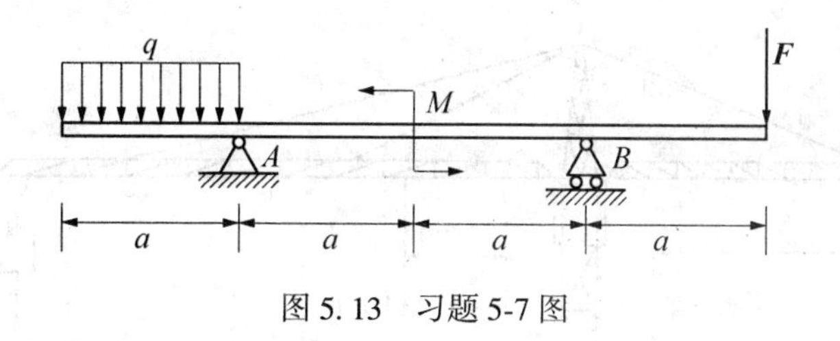

图 5.13　习题 5-7 图

5-8　平面悬臂桁架所受的载荷如图 5.14 所示。求杆 1、2、3 的内力。

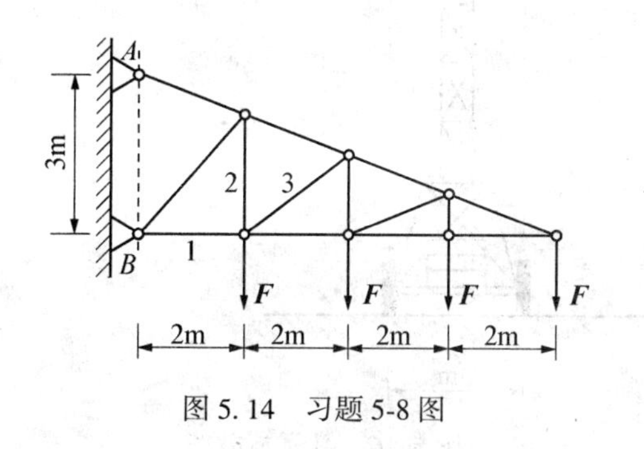

图 5.14　习题 5-8 图

5-9　如图 5.15 所示结构，已知载荷 $F=20\text{kN}$，$q=10\text{kN/m}$，不计杆重，尺寸如图。求支座 A、D 处的反力及 BC 杆受力。

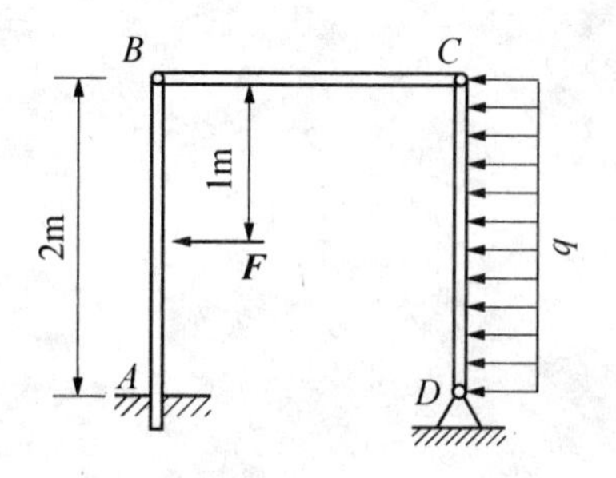

图 5.15　习题 5-9 图

5-10　如图 5.16 所示，行动式起重机(不计平衡锤)的重量 $G_1=500\text{kN}$，其重力作用线距右轨 1.5m。起重机的起重重量 $G_2=250\text{kN}$，起重臂伸出离右轨 10m。要使跑车满载和空载时在任何位置起重机都不会翻倒，求平衡锤的最小重量 G_3 以及平衡锤到左轨的最大距离 x，跑车重量略去不计。

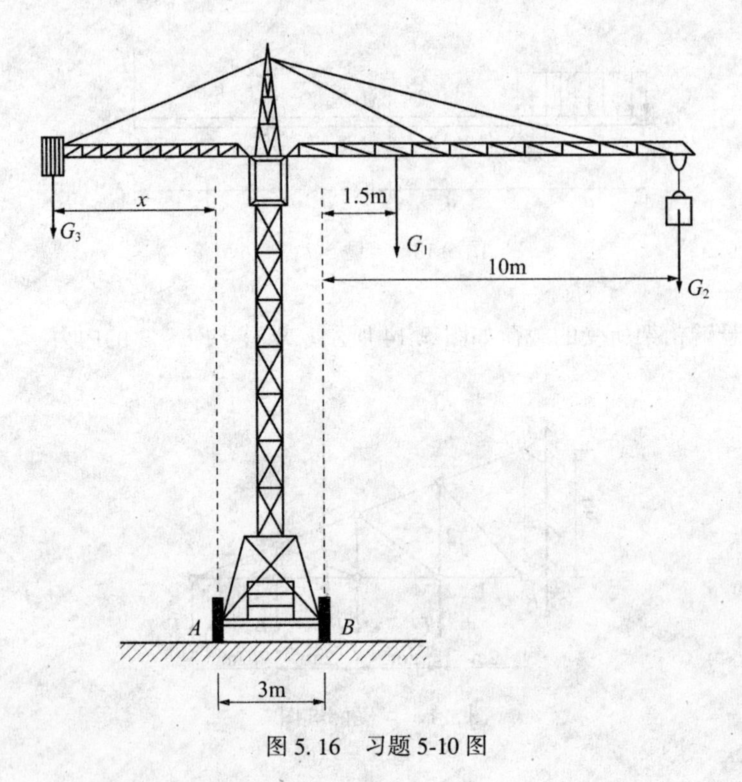

图5.16 习题5-10图

第6章 材料力学的基本概念

6.1 变形固体及其基本假设

构件是各种工程结构组成单元的统称。机械中的轴、杆件，建筑物中的梁、柱等均称为构件。当工程结构传递运动或承受载荷时，各个构件都要受到力的作用。为了保证机械或建筑物的正常工作，构件应满足以下要求：

(1)强度要求。所谓强度，是指构件抵抗破坏的能力。

(2)刚度要求。所谓刚度，是指构件抵抗变形的能力。

(3)稳定性要求。所谓稳定性，是指构件保持其原有平衡形态的能力。在工程设计中，构件不仅要满足强度、刚度和稳定性要求，同时还必须符合经济方面的要求。前者往往要求加大构件的横截面，多用强度高的材料；而后者却要求节省材料，避免大材小用、优材劣用等，尽量降低成本。因此，安全与经济之间是存在矛盾的。材料力学是研究构件强度、刚度和稳定性的学科。它的任务是在满足强度、刚度和稳定性要求的前提下，选用适宜的材料，确定合理的截面形状和尺寸，为构件设计提供基本理论和计算方法。

6.1.1 变形固体的概念

工程实践中制造结构构件及机械零件所用的材料很多，如砖石、金属、钢筋混凝土、工业陶瓷、高分子聚合物等。在这些材料之间的化学成分及物质结构各不相同，但这些材料之间也有一些相同之处：其一都是固体；其二都是变形体——在外力作用下都会发生物体形状和尺寸的改变。因此，将这些材料统称为变形固体。

变形固体在外力作用下的变形可分为弹性变形和塑性变形。当作用在变形固体上的荷载不超过一定的范围时，绝大多数的变形固体在卸除荷载后均可恢复原状。当荷载超过一定范围时，则变形固体在卸除荷载后只能部分地恢复原形而残留一部分变形不能消失。在卸除荷载后能完全消失的那一部分变形，称为弹性变形，不能消失而残留下来的一部分变形，称为塑性变形。在外力作用下形状或尺寸发生改变的固体称为变形固体。

6.1.2 变形固体的基本假设

1. 连续性假设

假定构成变形固体的物质完全填满了固体所占的整个几何空间而无孔隙存在。

2. 均匀性假设

假定在物体体积内，各处的力学性质完全相同。假设物体在整个体积内毫无空隙地充满着物质，是密实、连续的，且任何部分都具有相同的力学性质。有了这一假设，就可以从被研究物体中取出任一部分来进行研究，都具有与材料整体相同的性质。还因为假定了材料是密实、连续的，材料内部在变形前和变形后都不存在任何空隙。也不允许产生重叠，故在材料发生破坏之前，其变形必须满足几个协调条件。

3. 各向同性假设

假定变形固体沿各个方向的力学性质均相同。这样的材料称为各向同性材料。因为材料的晶粒尺寸很小且随机排列，故从宏观以及统计平均的意义上看，大多数工程材料都可以接受这一假设。这一假设使力与变形间物理关系讨论得以大大简化，即在物体中沿任意方位选取一部分材料研究时，其力与变形间的物理关系相同。对于金属材料和玻璃材料从宏观上可以看成是各向同性的。

当然，有一些材料沿着不同方向具有不可忽视的不同的力学性质，力与变形间的物理关系与材料取向有关，这样的材料称为各向异性材料，如天然木材、胶合板等。

4. 小变形假设

在实际工程中，构件在荷载作用下，其变形与构件的原尺寸相比通常很小，可以忽略不计，这一类变形称为小变形。

就是假设物体受力后处于平衡状态时的形状和尺寸的改变相对受力前是很小的。假设物体受力后的变形很小，在分析力的平衡时用受力前物体的几何尺寸计算就不至于引起大的误差，这样的问题称为小变形问题。研究小变形问题时，结合刚化定律可知，可以将变形体看成刚体，应用刚体的平衡方程求解问题，实际上忽略了变形对约束反力、对内力的影响。

在工程实际中，有些活构件受力后的变形一般很小，相对于其原始尺寸而言，变形后的尺寸改变影响往往可以忽略不计；反之，当变形较大，其变形不可以忽略时的问题，称为大变形问题，如弹簧受力、悬索受力、压杆稳定就属于这类问题。大变形问题就不可以忽略变形对约束反力、内力的影响。

6.2 杆件变形的基本形式

按照几何特征，构件可分为杆件、板壳和实体。

(1)杆件：杆件的几何特征是长条形，长度远大于其他两个尺度(横截面的长度和宽度)。

(2)板壳：板壳的厚度远小于其他两个尺度(长度和宽度)，板的几何特征为平面形，壳的几何特征为曲面形。

(3)实体：实体的几何特征为块状，长、宽、高三个尺度大体相近，内部大多为实体。

建筑力学的研究对象：由上述三种基本构件以及由它组成的构件系统，即结构。本书只以杆件及杆件结构为研究对象。

作用在杆上的外力是多种多样的，因此杆件的变形也是多种多样的。但不外乎是下列四种基本变形之一，或者是几种基本变形形式的组合。

1. 轴向拉伸和轴向压缩

在一对大小相等、方向相反、作用线与杆轴线重合的外力作用下，杆件的主要变形是长度改变，这种变形称为轴向拉伸(图 6.1(a))或轴向压缩(图 6.1(b))。

在这种力的作用下，其变形特点是：杆件的长度发生伸长或缩短。起吊重物的钢索、桁架的杆件、液压油缸的活塞杆等的变形，都属于拉伸或压缩变形。

2. 剪切

在一对相距很近、大小相等、方向相反的横向外力作用下，杆件的主要变形是横截面沿外力作用方向发生错动，这种变形形式称为剪切(图 6.1(c))。

在这种外力作用下，其变形特点是：两力间的横截面发生相对错动，这种变形称为剪切变形。工程实际中常用的连接件，如键、销钉、螺栓等都会产生剪切变形。

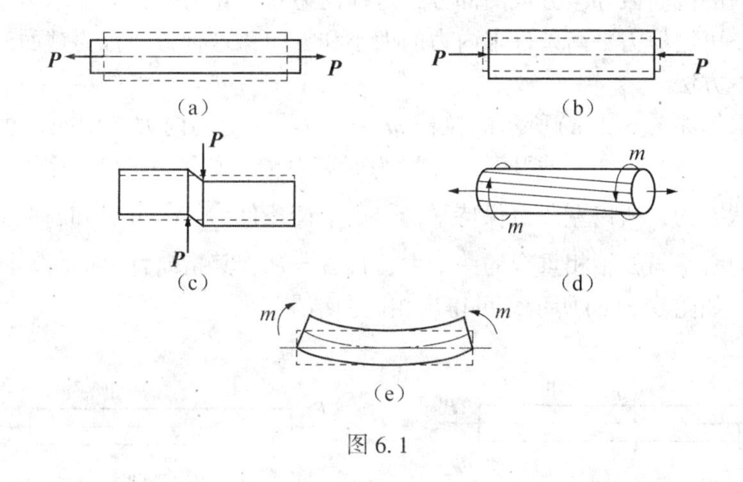

图 6.1

3. 扭转

在一对大小相等、方向相反、位于垂直于杆轴线的两平面内的外力偶作用下，杆的任意横截面将绕轴线发生相对转动，而轴线仍维持直线，这种变形形式称为扭转(图 6.1(d))。

在这样一对力偶作用下，其变形特点是：各横截面绕轴线发生相对转动，这种变形称为扭转变形。此时，任意两横截面间有相对角位移，这种角位移称为转角。以扭转变形为主要变形的杆件称为轴。

4. 弯曲

在一对大小相等、方向相反、位于杆的纵向平面内的外力偶作用下，杆件的轴线由直线弯曲成曲线，这种变形形式称为弯曲(图 6.1(e))。

在这样的外力作用下，其变形特点是：杆件的轴线将弯曲成一条曲线，如图虚线所示。这种变形形式称为弯曲变形。以弯曲为主要变形的杆件称为梁。

在工程实际中，杆件可能同时承受不同形式的荷载而发生复杂的变形，但却可看做是上述基本变形的组合。由两种或两种以上基本变形组成的复杂变形称为组合变形。

6.3 内力、截面法、应力

1. 内力的概念

我们知道，物体是由质点组成的，物体在没有受到外力作用时，各质点间本来就有相互作用力。物体在外力作用下，内部各质点的相对位置将发生改变，其质点的相互作用力也会发生变化。这种相互作用力由于物体受到外力作用而引起的改变量，称为“附加内力”，简称为内力。

对于材料和截面形状一定的杆件，内力越大，变形也就越大。当内力超过一定限度时，杆件就会发生破坏。所以，内力的计算及其在杆件内的变化情况，是分析和解决杆件强度、刚度和稳定性等问题的基础。

2. *截面法*

由于内力存在于杆件内部。为了求出杆件某一截面上的内力，就必用一假想平面，将杆件沿欲求内力的截面截开，分成两部分，这样内力就转化为外力而显示出来。任取一部分为研究对象，可用静力平衡条件求内力的大小和方向，这种方法称为截面法。截面法是计算内力的基本方法。

下面通过求解如图6.2(a)所示的拉杆 $m—m$ 横截面上的内力来阐明这种方法。假想用一横截面将杆沿截面 $m—m$ 截开，取左段为研究对象，如图6.2(b)所示。由于整个杆件是处于平衡状态的，所以左段也保持平衡，由平衡条件 $\sum X=0$ 可知，截面 $m—m$ 上的分布内力的合力必是与杆轴相重合的一个力，且 $N=P$，其指向背离截面。同样，若取右段为研究对象，如图6.2(c)所示，可得出相同的结果。

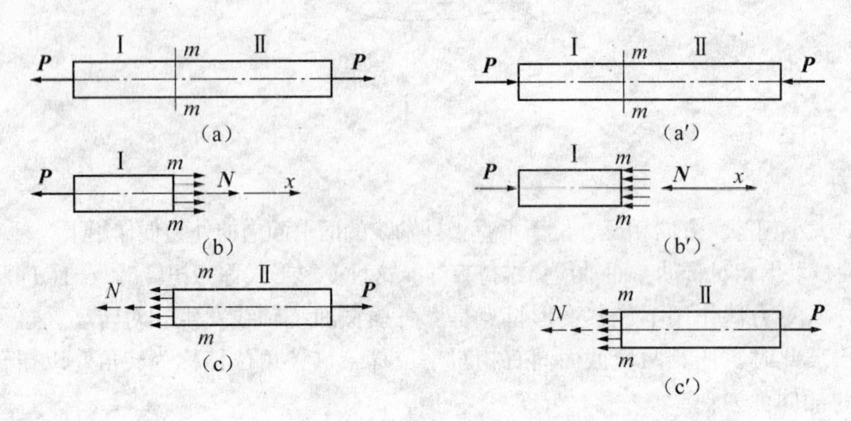

图6.2

对于压杆，也可通过上述方法求得其任一横截面 $m—m$ 上的轴力 N，其指向如图6.2所示。把作用线与杆轴线相重合的内力称为轴力，用符号 N 表示。背离截面的轴力称为拉力，指向截面的轴力称为压力。通常规定：拉力为正，压力为负。轴力的单位为牛顿(N)或千牛顿(kN)。

3. *应力*

应力指的是受力杆件某一截面上某一点处的内力集度，即单位面积上的内力。

$$p=\lim_{\Delta A\to 0}(\Delta F/\Delta A)=\mathrm{d}F/\mathrm{d}A$$

定义为点 M 处的内力集度，即点 M 处的内力。

通常应力 p 与截面不垂直，我们把应力 p 分解为两个量，一个分量垂直于截面(正应力，用 σ 表示；方向规定：若正应力方向与截面的外法线方向一致，则为正，反之为负，即拉正压负)，另一个分量与截面相切(正应力，用 τ 表示；方向规定：对所取研究对象内任一点取力矩，若切应力产生的力矩转向是顺时针，则剪应力为正，反之为负，即顺正逆负)。

6.4 变形和应变

构件受外力作用后，其几何形状和尺寸一般都要发生改变，这种改变称为变形。变形的大小是用位移和应变这两个量来度量的。位移是指位置改变量的大小，分为线位移和角位移。如图6.3(b)中的 $\Delta\delta_x$ 为线位移，γ 为角位移。应变又可分为正应变(线应变)和切应变两种。每单位长度的伸缩称为正应变(线应变)，用 ε 表示；各线段之间直角的改变称为剪应变(角应变)，用 γ 表示。

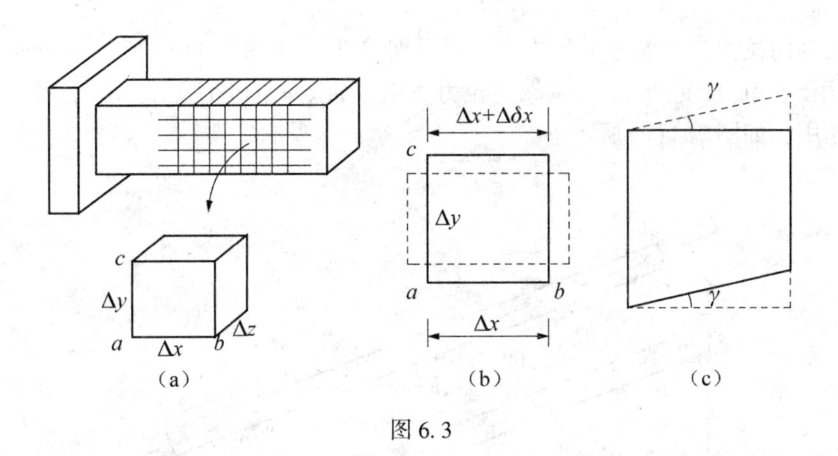

图6.3

正应变的正负号规定拉应变为正，压应变为负。剪应变均以直角变小为正，增大为负。正应变 ε 和剪应变 γ 都是无量纲量。应力与应变之间存在着对应关系：$\sigma = E \cdot \varepsilon$，正应力引起正应变；剪应力引起剪应变。在弹性条件下，应力与应变呈线性关系。

第7章 轴向受力构件

7.1 轴向拉伸和压缩时的内力

7.1.1 轴向拉伸和压缩的概念

杆件的轴向拉伸和压缩是工程中常见的一种变形。如图7.1(a)所示的悬臂吊车，在载荷F作用下，AC杆受到A、C两端的拉力作用，如图7.1(b)所示，BC杆受到B、C两端的压力作用，如图7.1(c)所示。

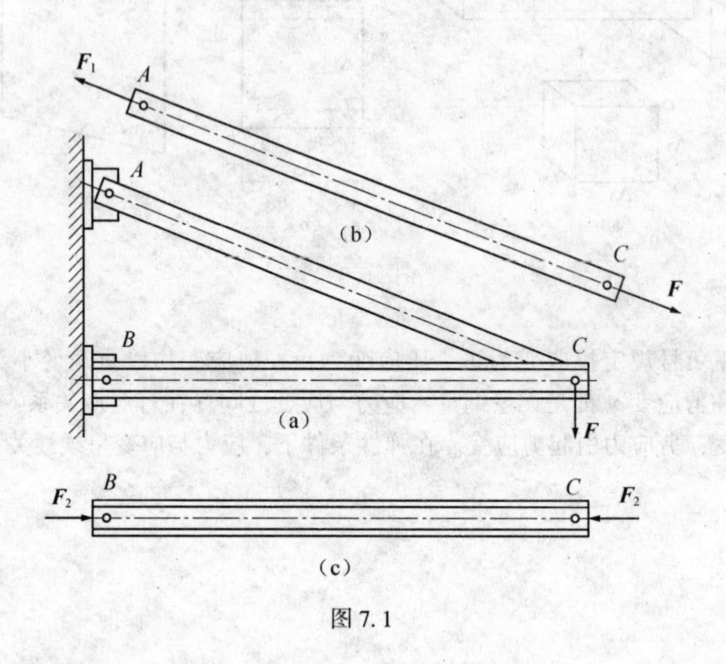

图7.1

7.1.2 轴向拉压杆件的内力

内力的计算是分析构件强度、刚度、稳定性等问题的基础，求构件内力的基本方法是截面法。截面法的基本步骤：

(1)截开：在所求内力的截面处，假想地用截面将杆件一分为二。

(2)代替：任取一部分，其弃去部分对留下部分的作用，用作用在截开面上相应的内力(力或力偶)代替。

(3)平衡：对留下的部分建立平衡方程，根据其上的已知外力来计算杆在截开面上的未知内力(此时截开面上的内力对所留部分而言是外力)。

下面通过求解图 7.2 中拉杆 A 横截面上的内力来阐明这种方法。假想用一横截面将杆沿截面 A 截开，取左段为研究对象。由于整个杆件是处于平衡状态的，所以左段也保持平衡，由平衡条件 $\sum X = 0$ 可知，截面 A 上的分布内力的合力必是与杆轴相重合的一个力，且 $N = P$，其指向背离截面。同样，若取右段为研究对象，可得出相同的结果。

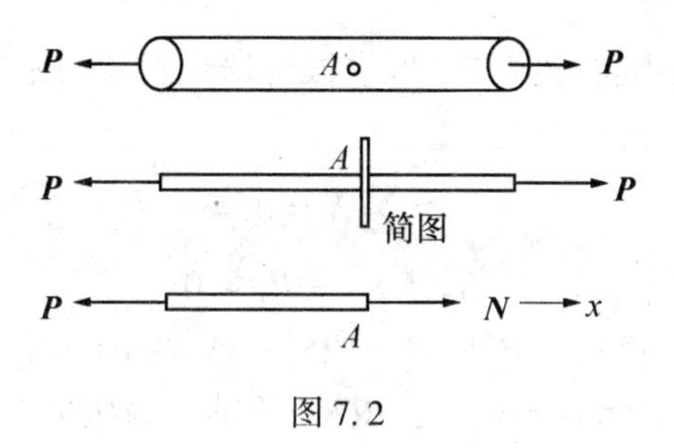

图 7.2

我们把作用线与杆轴线相重合的内力称为轴力，用符号 N 表示。背离截面的轴力称为拉力，指向截面的轴力称为压力。

通常规定：拉力为正，压力为负。轴力的单位为牛顿(N)或千牛顿(kN)。

【例 7.1】杆件受力如图 7.3(a)所示，在力 P_1、P_2、P_3 作用下处于平衡。已知 $P_1 = 25\text{kN}$，$P_2 = 35\text{kN}$，$P_3 = 10\text{kN}$，求杆件 AB 和 BC 段的轴力。

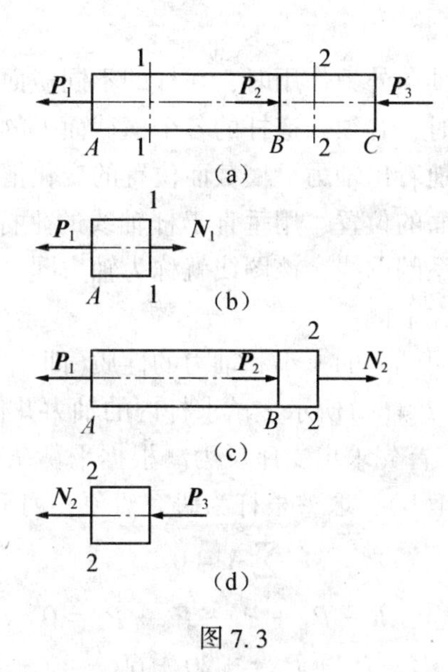

图 7.3

解：杆件承受多个轴向力作用时，外力将杆分为几段，各段杆的内力将不相同，因此要分段求出杆的力。

(1)求 AB 段的轴力。

用 1—1 截面在 AB 段内将杆截开，取左段为研究对象(图 7.3(b))，截面上的轴力用

N_1 表示，并假设为拉力，由平衡方程：

$$\sum X = 0$$

$$N_1 - P_1 = 0$$

$$N_1 = P_1 = 25\text{kN}$$

得正号，说明假设方向与实际方向相同，AB 段的轴力为拉力。

(2)求 BC 段的轴力。

用2—2截面在 BC 段内将杆截开，取左段为研究对象(图7.3(c))，截面上的轴力用 N_2 表示，由平衡方程：

$$\sum X = 0$$

$$N_2 + P_2 - P_1 = 0$$

$$N_2 = P_1 - P_2 = 25 - 35 = -10\text{kN}$$

得负号，说明假设方向与实际方向相反，BC 杆的轴力为压力。

若取右段为研究对象(图7.3(d))，由平衡方程：

$$\sum X = 0$$

$$-N_2 - P_3 = 0$$

$$N_2 = -P_3 = -10\text{kN}$$

结果与取左段相同。

7.1.3 内力图-轴力图

当杆件受到多于两个的轴向外力作用时，在杆的不同截面上轴力将不相同，在这种情况下，对杆件进行强度计算时，必须知道杆的各个横截面上的轴力，最大轴力的数值及其所在截面的位置。为了直观地看出轴力沿横截面位置的变化情况，可按选定的比例尺，用平行于轴线的坐标表示横截面的位置，用垂直于杆轴线的坐标表示各横截面轴力的大小，绘出表示轴力与截面位置关系的图线，该图线就称为轴力图。画图时，习惯上将正值的轴力画在上侧，负值的轴力画在下侧。

注：在轴力图中，需注明轴力的大小和轴力的性质(即拉力还是压力)。

【例7.2】杆件受力如图7.4(a)所示。试求杆内的轴力并作出轴力图。

解：(1)为了运算方便，首先求出支座反力。根据平衡条件可知，轴向拉压杆固定端的支座反力只有 R，如图7.4(b)，取整根杆为研究对象，列平衡方程：

$$\sum X = 0$$

$$-R - P_1 + P_2 - P_3 + P_4 = 0$$

$$R = -P_1 + P_2 - P_3 + P_4 = -20 + 60 - 40 + 25 = 25\text{kN}$$

(2)求各段杆的轴力。

在计算中，为了使计算结果的正负号与轴力规定的符号一致，在假设截面轴力指向时，一律假设为拉力。如果计算结果为正，表明内力的实际指向与假设指向相同，轴力为拉力；如果计算结果为负，表明内力的实际指向与假设指向相反，轴力为压力。

求 AB 段轴力：用1—1截面将杆件在 AB 段内截开，取左段为研究对象(图7.4(c))，

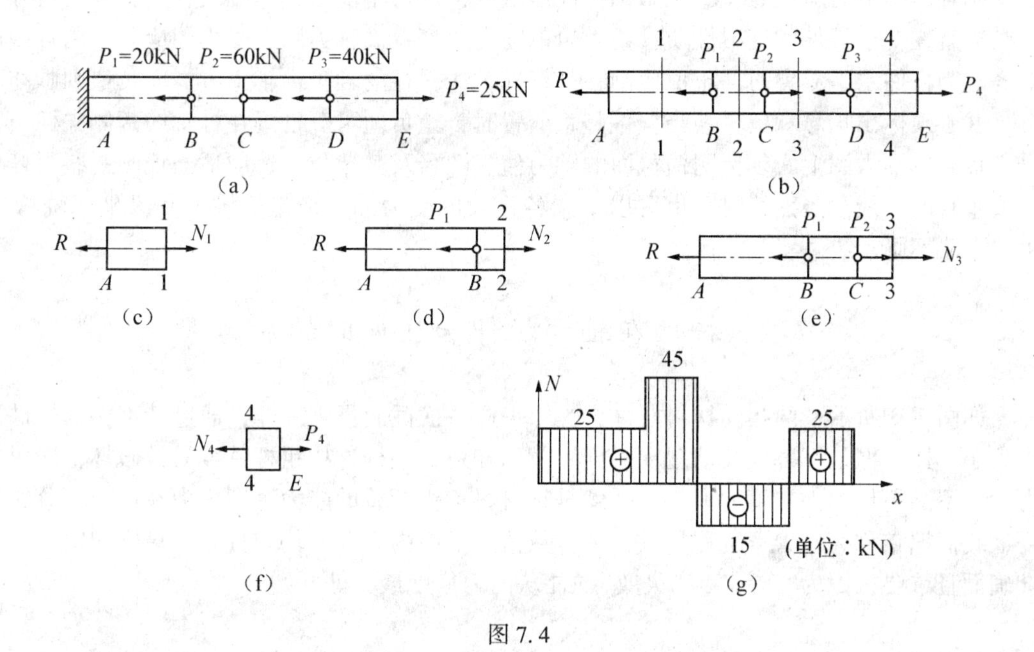

图 7.4

以 N_1 表示截面上的轴力，由平衡方程：

$$\sum X = 0$$

$$-R + N_1 = 0$$

$$N_1 = R = 25\text{kN} \quad (\text{拉力})$$

求 BC 段的轴力：用 2—2 截面将杆件截断，取左段为研究对象(图 7.4(d))，由平衡方程：

$$\sum X = 0$$

$$-R + N_2 - P_1 = 0$$

$$N_2 = P_1 + R = 20 + 25 = 45\text{kN} \quad (\text{拉力})$$

求 CD 段轴力：用 3—3 截面将杆件截断，取左段为研究对象(图 7.4(e))，由平衡方程：

$$\sum X = 0$$

$$N_3 + P_2 - P_1 - R = 0$$

$$N_3 = P_1 + R - P_2 = 20 + 25 - 60 = -15\text{kN} \quad (\text{压力})$$

求 DE 段轴力：用 4—4 截面将杆件截断，取右段为研究对象(图 7.4(f))，由平衡方程：

$$\sum X = 0$$

$$P_4 - N_4 = 0$$

$$N_4 = 25\text{kN} \quad (\text{拉力})$$

绘出内力图如图 7.4(g)所示。

画轴力图值时应注意：①在采用截面法之前，外力不能沿其作用线移动，因为将外力移动后就改变了杆件的变形性质，内力也就随之改变；②轴力图、受力图应与原图各截面对齐。当杆件水平放置时，正值应画在与杆件轴线平行的轴坐标轴上方，而负值则画在下方，并必须标出正号和负号。当杆件竖直放置时，正负值可分别画在杆轴线两侧并标出正号和负号。轴力图上必须标明横截面的轴力值、图名及其单位，还应适当地画一些与杆件轴线垂直的直线。当熟练时，也可以不画各杆段的受力图，横坐标轴 x 和纵坐标轴 N 也可以省略不画。

7.2 杆件在轴向拉伸和压缩时的应力

如图 7.5 所示，两相同材料杆件，受力一样，横截面积不一样，通过计算，两杆件内力大小一样，但是杆件破坏情况不一样。我们知道，细杆件比粗杆件容易被破坏，所以内力大小不能衡量构件强度的大小。强度是指材料承受荷载的能力，即内力在截面的分布集度，我们把它称为应力。工程构件，大多数情形下，内力并非均匀分布，集度的定义不仅准确而且重要，因为“破坏”或“失效”往往从内力集度最大处开始。

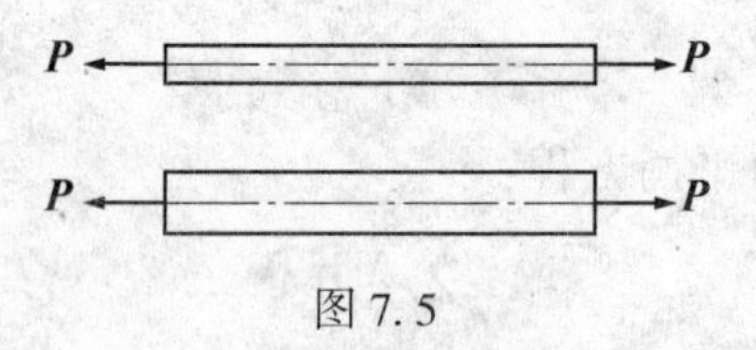

图 7.5

应力指的是受力杆件某一截面上某一点处的内力集度，即单位面积上的内力。

$$p=\lim_{\Delta A\to 0}(\Delta F/\Delta A)=\mathrm{d}F/\mathrm{d}A$$

定义为点 M 处的内力集度，即点 M 处的内力。

通常应力 p 与截面不垂直，我们把应力 p 分解为两个量：一个分量垂直于截面（正应力，用 σ 表示；方向规定：若正应力方向与截面的外法线方向一致，则为正，反之为负，即拉正压负）；另一个分量与截面相切（正应力，用 τ 表示；方向规定：对所取研究对象内任一点取力矩，若切应力产生的力矩转向是顺时针，则切应力为正，反之为负，即顺正逆负）。

7.2.1 拉压杆横截面正应力

要确定拉压杆横截面上的应力，必须了解其内力系在横截面上的分布规律。由于内力与变形有关，因此，首先通过试验来观察杆的变形。取一等值杆，如图 7.6 所示，事先在其表面刻两条相邻的横截面的边界线（ac、bd）和若干条与轴线平行的纵向线，然后在杆的两端沿轴线施加一对拉力是杆件发生变形。此时观察到：①所有纵向线发生伸长，且伸长量相等；②横截面边界线发生相对平移，ac、bd 分别平移至 $a'c'$、$b'd'$，但仍为直线，并仍与纵向线垂直。根据这一现象可作如下假设：原为平面的横截面在变形后仍为平面；纵向纤维变形相同。这一假设称为平面假设。

根据平面假设，任意两横截面间的各纵向纤维的伸长量均相等。根据材料均匀性假

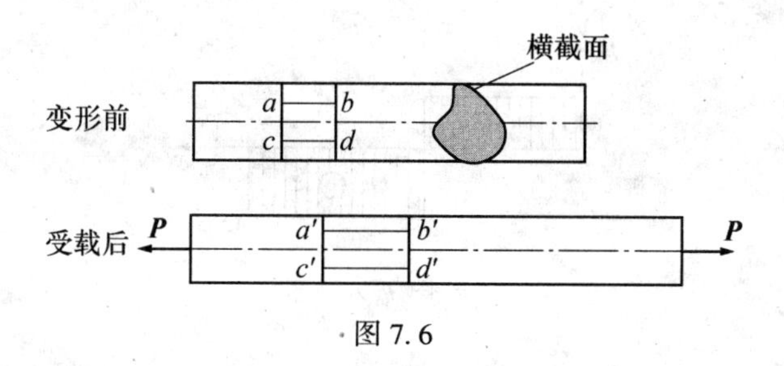

图 7.6

设，在弹性变形范围内，各纵向纤维变形相同，说明各点受力也相同，于是可知，内力在横截面上均匀分布，即假设轴力为 N，横截面面积为 A，由此可得

$$\sigma = \frac{N}{A} \tag{7-1}$$

式中：若 N 为拉力，则 σ 为拉应力；若 N 为压力，则 σ 为压应力。σ 的正负号始终与轴力符号相同。如图 7.7 所示。正应力沿横截面均匀分布，是正应力。

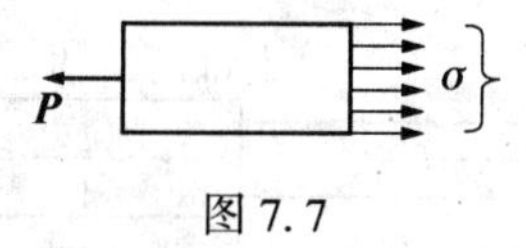

图 7.7

对于等截面直杆，当受几个轴向外力作用时，由轴力图可求得其最大轴力 N_{max}，那么杆内的最大正应力为 $\sigma_{max} = \frac{N_{max}}{A}$，最大轴力所在的横截面称为危险截面，危险截面上的正应力称为最大工作应力。

【例 7.3】一阶梯杆如图 7.8 所示，AB 段横截面面积为 $A_1 = 100\text{mm}^2$，BC 段横截面面积为 $A_2 = 180\text{mm}^2$，试求：各段杆横截面上的正应力。

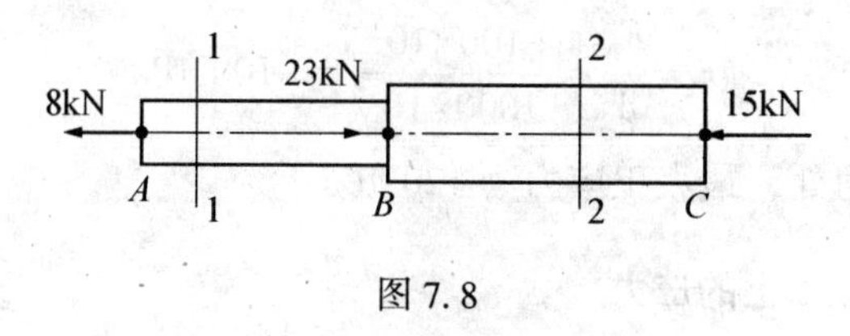

图 7.8

解：(1)计算各段内轴力，并绘制轴力图，如图 7.9 所示。

AB 段轴力大小为 $F_{N1} = 8\text{kN}$

BC 段轴力大小为 $F_{N2} = -15\text{kN}$

(2)计算各段的正应力大小。

AB 段正应力为

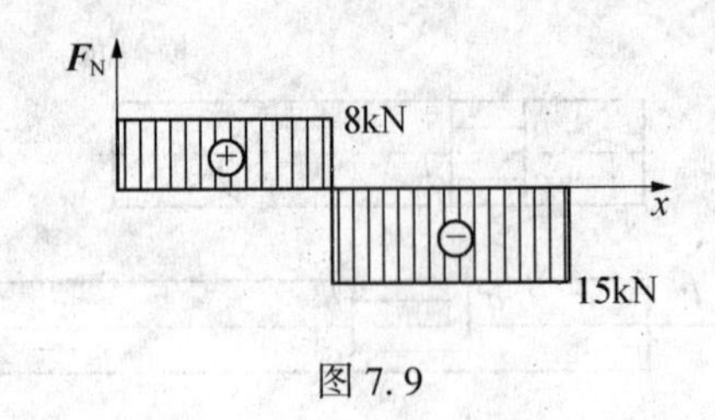

图 7.9

$$\sigma_1=\frac{F_{N1}}{A_1}=80\text{MPa}$$

BC 段正应力为

$$\sigma_2=\frac{F_{N2}}{A_2}=-83.3\text{MPa}$$

【例 7.4】阶梯杆受力如图 7.10 所示，试计算各段杆横截面上的正应力，并确定最大正应力。已知 AB 段截面面积为 $A_1=400\text{mm}^2$，BC 段截面面积为 $A_2=1000\text{mm}^2$。

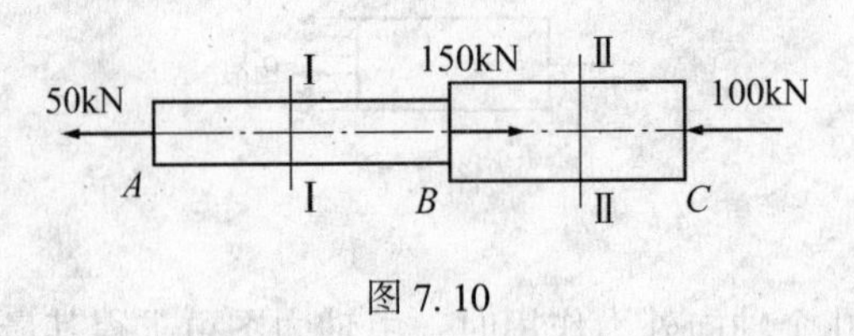

图 7.10

解：由简易法可以求得 $F_{N1}=50\text{kN}$，$F_{N2}=-100\text{kN}$，可分别求得应力：

AB 段的正应力为

$$\sigma_1=\frac{F_{N1}}{A_1}=\frac{50\times10^3\text{N}}{400\times10^{-6}}=120\text{MPa}$$

BC 段的正应力为

$$\sigma_2=\frac{F_{N2}}{A_2}=\frac{-100\times10^3\text{N}}{1000\times10^{-6}}=-100\text{MPa}$$

AB 段为最大正应力处，最大正应力为 120MPa

7.2.2　拉压杆斜截面上的应力

上面已经分析了拉压杆横截面上的正应力，但是，横截面只是一个特殊方位的截面，为了全面了解拉压杆各点处的应力情况，先研究任一斜截面上的应力。

设有一等直杆，在两端受到一对大小相等的轴向外力 P 的作用，如图 7.11 所示。先分析任一斜截面 k—k 上的应力。截面 k—k 的方位用它的外法线轴线的夹角 α 表示，并规定 α 从轴线算起，逆时针转向为正。

解：采用截面法，去左端为研究对象，由平衡方程：$P_\alpha=P$

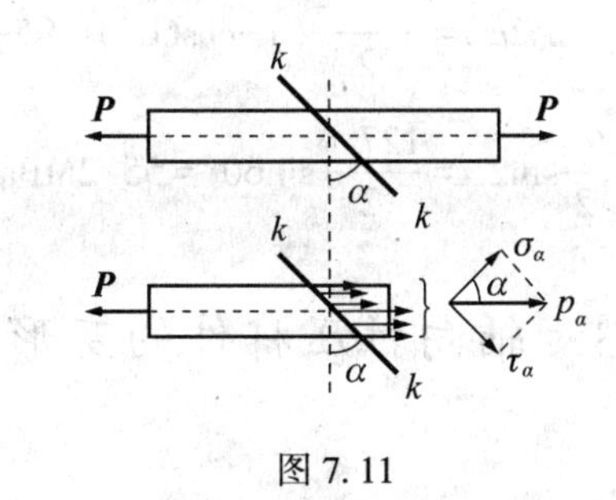

图 7.11

则

$$p_{\alpha}=\frac{P_{\alpha}}{A_{\alpha}}$$

式中：A_{α} 为斜截面面积；P_{α} 为斜截面上内力。

由几何关系可知：$\cos\alpha=\frac{A}{A_{\alpha}}\rightarrow A_{\alpha}=\frac{A}{\cos\alpha}$，代入上式得

$$p_{\alpha}=\frac{P_{\alpha}}{A_{\alpha}}=\frac{P}{A}\cos\alpha=\sigma_0\cos\alpha$$

所以斜截面上全应力为

$$p_{\alpha}=\sigma_0\cos\alpha$$

为了研究方便，通常将 P_{α} 分解为垂直于斜截面的正应力 σ_{α} 和相切于斜截面的剪应力 τ_{α}，则

$$\tau_{\alpha}=p_{\alpha}\sin\alpha=\sigma_0\cos\alpha\sin\alpha=\frac{\sigma_0}{2}\sin2\alpha$$

$$\sigma_{\alpha}=p_{\alpha}\cos\alpha=\sigma_0\cos^2\alpha$$

上式表示轴向受力构件斜截面上任一点 σ_{α} 和 τ_{α} 的数值随着截面位置 α 角的变化而变化，σ_{α} 和 τ_{α} 的符号规定如下：正应力 σ_{α} 以拉应力为正，压应力为负；剪应力 τ_{α} 以它使研究对象绕其中任一点有顺时针转动趋势为正，反之为负。

当 $\alpha=0°$时，$(\sigma_{\alpha})_{\max}=\sigma_0$，由此可见，拉压杆的最大正应力发生在横截面上。

当 $\alpha=90°$时，$\sigma_{\alpha}=\tau_{\alpha}=0$，这表示在平行于杆轴线的纵向截面上无任何应力。

当 $\alpha=\pm45°$时，$|\tau_{\alpha}|_{\max}=\frac{\sigma_0}{2}$，这表示拉压杆的最大剪应力发生在 45°斜截面上。

【例 7.5】 直径为 $d=1$cm，杆受拉力 $P=10$kN 的作用，试求最大剪应力，并求与横截面夹角 30°的斜截面上的正应力和剪应力。

解：拉压杆斜截面上的应力，直接由公式求之：

$$\sigma_0=\frac{P}{A}=\frac{4\times10000}{3.14\times10^2}=127.4\text{MPa}$$

$$\tau_{\max}=\frac{\sigma_0}{2}=\frac{127.4}{2}=63.7\text{MPa}$$

$$\sigma_{\alpha}=\frac{\sigma_{0}}{2}(1+\cos 2\alpha)=\frac{127.4}{2}(1+\cos 60^{\circ})=95.5\text{MPa}$$

$$\tau_{\alpha}=\frac{\sigma_{0}}{2}\sin 2\alpha=\frac{127.4}{2}\sin 60^{\circ}=55.2\text{MPa}$$

7.3 轴向拉压杆件的变形

7.3.1 轴向拉压杆的变形

试验表明，当拉杆沿其轴向伸长时，其横向将缩短，如图7.12(a)所示；压杆则相反，轴向缩短时，横向增大，如图7.12(b)所示。

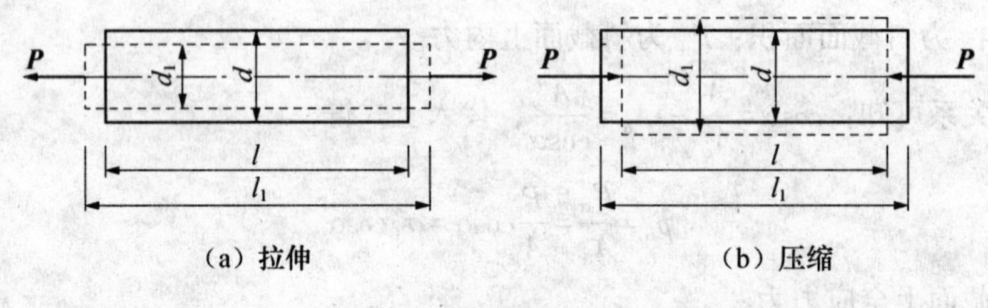

图7.12

设 l，d 为直杆变形前的长度与直径，l_1，d_1 为直杆变形后的长度与直径，则轴向和横向变形分别为

$$\Delta l=l_1-l$$
$$\Delta d=d_1-d$$

Δl 与 Δd 为称为绝对变形。其中 Δl 称为轴向变形，Δd 称为横向变形。由式可知 Δl 与 Δd 符号相反。

绝对变形的大小只反映杆的总变形量，而无法说明杆的变形程度。因此，为了度量杆的变形程度，还需计算单位长度内的变形量，即相对变形。对于轴力为常量的等截面直杆，其变形处处相等。可将 Δl 除以 l，Δd 除以 d 表示单位长度的变形量，即

$$\varepsilon=\frac{\Delta l}{l} \tag{7-2}$$

$$\varepsilon'=\frac{\Delta d}{d} \tag{7-3}$$

ε 称为纵向线应变；ε' 称为横向线应变。应变是单位长度的变形，是无量纲的量。式(7-2)、式(7-3)描述的是平均线应变，即杆内各点线应变相等。由于 Δl 与 Δd 具有相反符号，因此 ε 与 ε' 也具有相反的符号。

7.3.2 泊松比

试验结果表明，当杆件应力不超过比例极限时，横向线应变 ε' 与纵向线应变 ε 的绝

对值之比为一常数，此比值称为泊松比，用μ表示，即

$\mu=\left|\frac{\varepsilon'}{\varepsilon}\right|$，$\mu$为无量纲量，其数值随材料而异，可通过试验测定。考虑到横向线应变ε'与纵向线应变ε的正负号总是相反，故有$\varepsilon'=-\mu\varepsilon$。

弹性模量E和泊松比μ都是反映材料弹性性能的物理量，表7.1中列出了几种材料的E和μ值。

表7.1 几种材料的E和μ值

材料名称	E/GPa	μ
低碳钢	196~216	0.25~0.33
中碳钢	205	
合金钢	186~216	0.24~0.33
灰口铸铁	78.5~157	0.23~0.27
球墨铸铁	150~180	
铜及其合金	72.6~128	0.31~0.742
铝合金	70	0.33
混凝土	15.2~36	0.16~0.18
木材(顺纹)	9~12	

7.3.3 胡克定律

试验结果表明：如果所施加的荷载使杆件的变形处于线弹性范围内，杆的轴向变形Δl与杆所承受的轴向力F、杆长l成正比，而与其横截面面积A成反比，写成关系式为

$$\Delta l\propto\frac{Fl}{A}$$

引进比例系数E，则有

$$\Delta l=\frac{Fl}{EA}$$

在内力不变的杆段$F=N$，可将上式改写成

$$\Delta l=\frac{Nl}{EA} \tag{7-4}$$

式(7-4)称为胡克定律。式中的比例系数E称为杆材料的弹性模量，其单位为Pa。E的数值随材料而异，是通过试验测定的。EA称为杆的拉伸(压缩)刚度，对于长度相等且受力相同的杆件，其拉伸(压缩)刚度越大则杆件的变形越小。Δl的正负号与轴力N一致。

【例7.6】有一横截面为正方形的阶梯形砖柱，由上下Ⅰ、Ⅱ两段组成。其各段的长度、横截面尺寸和受力情况如图7.13所示。已知材料的弹性模量 $E=0.03\times10^5$MPa，外力 $P=50$kN。试求砖柱顶面的位移。

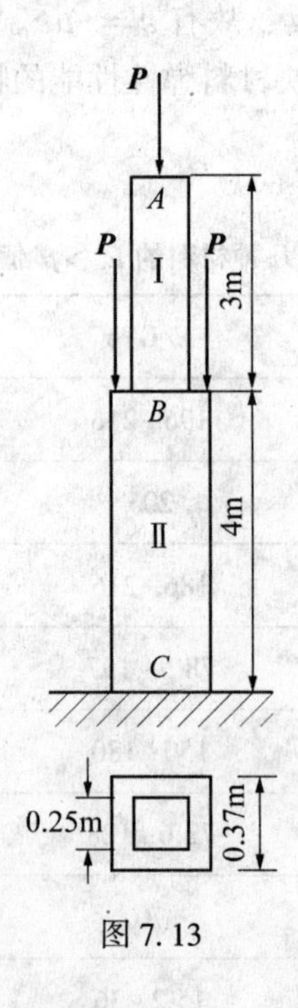

图7.13

解：假设砖柱的基础没有沉陷，则砖柱顶面 A 下降的位移等于全柱的缩短 Δl 。由于砖柱上、下两段的截面尺寸和轴力都不相等，故应用公式分段计算，即

$$\Delta l=\Delta l_1+\Delta l_2=\frac{N_1 l_1}{EA_1}+\frac{N_2 l_2}{EA_2}$$

$$=\frac{(-50\times10^3)(3)}{(0.03\times10^5\times10^6)(0.25)^2}+\frac{(-150\times10^3)(4)}{(0.03\times10^5\times10^6)(0.37)^2}$$

$$=-0.00233\text{m}=-2.33\text{mm}(\text{向下})$$

计算结果为负，说明杆的总变形为缩短。

7.4 材料在拉伸和压缩时的力学性能

材料的力学性质是指材料受外力作用后，在强度和变形方面所表现出来的特性，也可称为机械性质。例如外力和变形的关系是怎样的，材料的弹性常数 E、ν 等如何测定，材料的极限应力有多大，等等。材料的力学性质不仅和材料内部的成分和组织结构有关，还受到加载速度、温度、受力状态以及周围介质的影响。本节主要介绍在常温和静荷载(缓慢平稳加载)作用下处于轴向拉伸和压缩时材料的力学性质，这是材料最基本的力学性质。

7.4.1 低碳钢常温拉压性能

1. 低碳钢的拉伸试验

低碳钢是含碳量较低(在0.25%以下)的普通碳素钢，例如Q235钢，是工程上广泛使用的材料，它在拉伸试验时的力学性质较为典型，因此将着重加以介绍。材料的力学性质与试样的几何有关，为了便于比较试验结果，应将材料制成标准试样(standard specimen)。

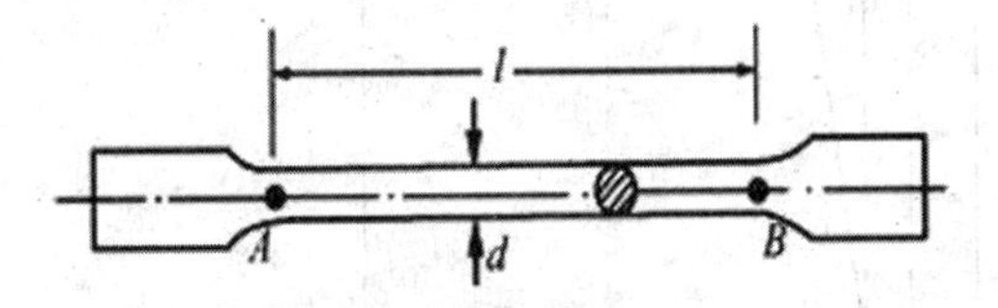

图7.14 标准试样图

对金属材料有两种标准试样：一种是圆截面试样，如图7.14所示。在试样中部A、B之间的长度l称为标距，试验时用仪表测量该段的伸长。标距l与标距内横截面直径d的关系为$l=10d$或$l=5d$。另一种为矩形截面试样，标距l与横截面面积A的关系为

$$l=\sqrt{11.3A} \quad 或 \quad l=\sqrt{5.65A}$$

试验时，将试样安装在万能试验机上，然后均匀缓慢地加载(应力速率在3~30MPa/s之间)，使试样拉伸直至断裂。试验机自动绘制的试样所受荷载与变形的关系曲线，即F-Δl曲线，称为拉伸图，如图7.15所示。为了消除试样尺寸的影响，将拉力F除以试样的原横截面面积A，伸长Δl除以原标距l，得到材料的应力应变图，即σ-ε图，如图7.16所示。试验机上可自动记录打印出应力-应变图。这一图形与拉伸图的图形相似。从拉伸图和应力-应变图以及试样的变形现象，可确定低碳钢的下列力学特性。

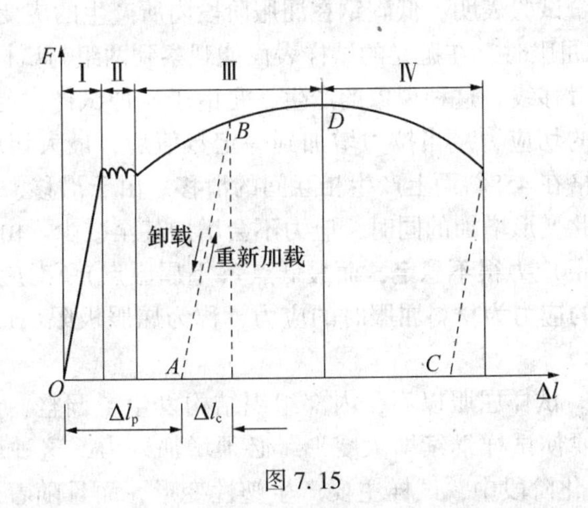

图7.15

(1)拉伸过程的各个阶段及特性点。整个拉伸过程大致可分为四个阶段：

①弹性阶段(Ⅰ)。当试样中的应力不超过图7.16中b点的应力时，试样的变形是弹性的。在这个阶段内，当卸去荷载后，变形完全消失。b点对应的应力为弹性阶段的应力

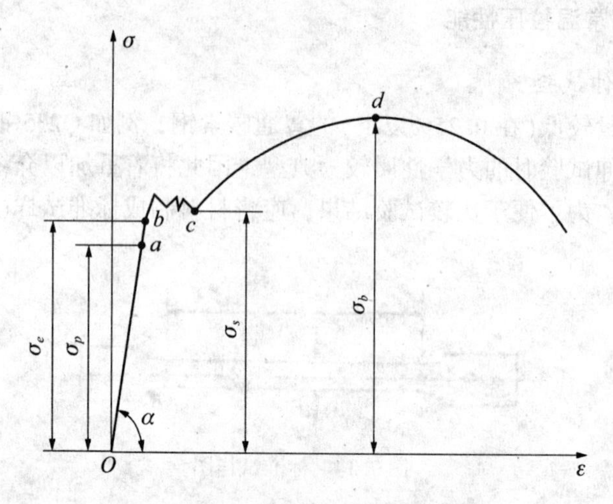

图 7.16 低碳钢 σ-ε 图

最高限，称为弹性极限(elastic limit)，用 σ_e 表示。在弹性阶段内，oa 线为直线，这表示应力和应变(或拉力和伸长变形)呈线性关系，即材料服从胡克定律。a 点的应力为线弹性阶段的应力最高限，称为比例极限(proportional limit)，用 σ_p 表示。既然在 oa 范围内材料服从胡克定律，那么就可以利用式在这段范围内确定材料的弹性模量 E。试验结果表明，材料的弹性极限和比例极限数值上非常接近，故工程上对它们往往不加区分。

②屈服阶段(Ⅱ)，此阶段亦称为流动阶段。当增加荷载使应力超过弹性极限后，变形增加较快，而应力不增加或产生波动，在 σ-ε 曲线上或 F-Δl 曲线上呈锯齿形线段，这种现象称为材料的屈服(yield)或流动。在屈服阶段内，若卸去荷载，则变形不能完全消失。这种不能消失的变形即为塑性变形(plastic deformation)或称为残余(residual deformation)。材料具有塑性变形的性质称为塑性。试验表明，低碳钢在屈服阶段内所产生的应变约为弹性极限时应变的 15~20 倍。当材料屈服时，在抛光的试样表面能观察到两组与试样轴线成 45°的正交细条纹，这些条纹称为滑移线。这种现象的产生，是由于拉伸试样中与杆轴线成 45°的斜面上，存在着数值最大的切应力。当拉力增加到一定数值后，最大切应力超过了某一临界值，造成材料内部晶格在 45°斜面上产生相互间的滑移。由于滑移，材料暂时失去了继续承受外力的能力，因此变形增加的同时，应力不会增加甚至减少。由试验得知，屈服阶段内最高点(上屈服点)的应力很不稳定，而最低点 c(下屈服点)所对应的应力较为稳定。故通常取最低点所对应的应力为材料屈服时的应力，称为屈服极限(yield limit)(屈服点)或流动极限，用 σ_s 表示。

③强化阶段(Ⅲ)。试样屈服以后，内部组织结构发生了调整，重新获得了进一步承受外力的能力，因此要使试样继续增大变形，必须增加外力，这种现象称为材料的强化(strengthening)。在强化阶段中，试样主要产生塑性变形，而且随着外力的增加，塑性变形量显著地增加。这一阶段的最高点 d 所对应的应力称为强度极限(strength limit)，用 σ_b 表示。

④破坏阶段(Ⅳ)。从 d 点以后，试样在某一薄弱区域内的伸长急剧增加，试样横截面在这薄弱区域内显著缩小，形成了“颈缩”现象，如图 7.17 所示，由于试样“颈缩”使试

样继续变形所需的拉力迅速减小，因此 $F\text{-}\Delta l$ 和 $\sigma\text{-}\varepsilon$ 曲线出现下降现象。最后试样在最小截面处被拉断。

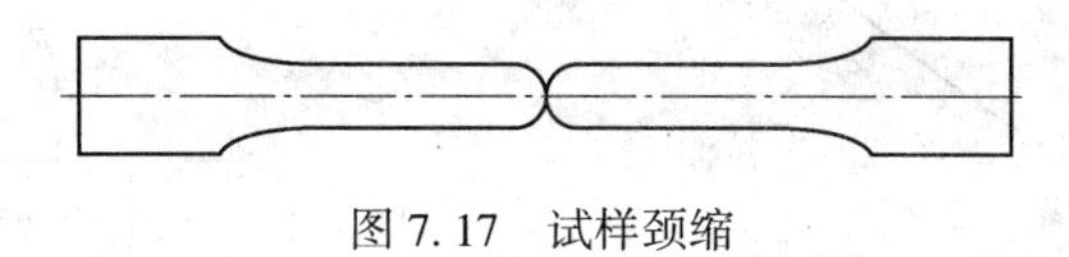

图 7.17 试样颈缩

材料的比例极限 σ_p(或弹性极限 σ_e)、屈服极限 σ_s 及强度极限 σ_b 都是特性点应力，它们在材料力学的概念和计算中有重要意义。

(2)材料的塑性指标。试样断裂之后，弹性变形消失，塑性变形则留存在试样中不会消失。试样的标距由原来的 l 伸长为 l_1，断口处的横截面面积由原来的 A 缩小为 A_1。工程中常用试样拉断后保留的塑性变形大小作为衡量材料塑性的指标。常用的塑性指标有两种，即

延伸率(断后伸长率)：

$$\delta=\frac{l_1-l}{l}\times 100\%$$

断面收缩率：

$$\psi=\frac{A-A_1}{A}\times 100\%$$

工程中一般将 $\delta \geqslant 5\%$ 的材料称为塑性材料(ductile materials)，$\delta<5\%$ 的材料称为脆性材料(brittle materials)。低碳钢的延伸率大约为 25%，故为塑性材料。

(3)应变硬化现象。在材料的强化阶段中，如果卸去荷载，则卸载时拉力和变形之间仍为线性关系，如图 7.15 中的虚线 BA。由图可见，试样在强化阶段的变形包括弹性变形 Δl_e 和塑性变形 Δl_p。如卸载后重新加载，则拉力和变形之间大致仍按 AB 直线变化，直到 B 点后再按原曲线 BD 变化。将 OBD 曲线和 ABD 曲线比较后看出：①卸载后重新加载时，材料的比例极限提高了(由原来的 σ_p 提高到 B 点所对应的应力)，而且不再有屈服现象；②拉断后的塑性变形减少了(即拉断后的残余伸长由原来的 OC 减小为 AC)，这一现象称为应变硬化现象，工程上称为冷作硬化现象。

材料经过冷作硬化处理后，其比例极限提高，表明材料的强度可以提高，这是有利的一面。例如，钢筋混凝土梁中所用的钢筋，常预先经过冷拉处理；起重机用的钢索也常预先进行冷拉。但另一方面，材料经冷作硬化处理后，其塑性降低，这在许多情况下又是不利的。例如，机器上的零件经冷加工后易变硬变脆，使用中容易断裂；在冲孔等工艺中，零件的孔口附近材料变脆，使用时孔口附近也容易开裂。因此需对这些零件进行“退火”处理，以消除冷作硬化的影响。

2. 低碳钢的压缩试验

低碳钢压缩试验采用短圆柱体试样，试样高度和直径关系为 $l=(1.5\sim3.0)d$。试验得到低碳钢压缩时的应力-应变曲线如图 7.18(a)所示。试验结果表明：

(1)低碳钢压缩时的比例极限 σ_p、屈服极限 σ_s 及弹性模量 E 都与拉伸时基本相同。

(2)当应力超过屈服极限之后，压缩试样产生很大的塑性变形，愈压愈扁，横截面积

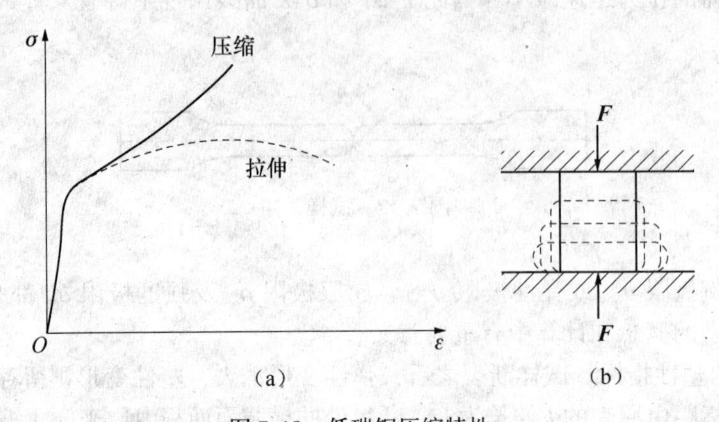

图7.18　低碳钢压缩特性

不断增大，如图7.18(b)所示。虽然名义应力不断增加，但实际应力并不增加，故试样不会断裂，无法得到压缩的强度极限。

7.4.2　其他材料拉压性能

1. 铸铁的拉伸试验

图7.19为灰口铸铁拉伸时的应力-应变曲线。从图中可看出：

(1)应力-应变曲线上没有明显的直线段，即材料不服从胡克定律。但直至试样拉断为止，曲线的曲率都很小。因此，在工程上，曲线的绝大部分可用一割线(如图7.19中虚线)代替，在这段范围内，认为材料近似服从胡克定律。

(2)变形很小，拉断后的残余变形只有0.5%~0.6%，故为脆性材料。

(3)没有屈服阶段和颈缩现象。唯一的强度指标是拉断时的应力，即强度极限σ_b，但强度极限很低，所以不宜作为拉伸构件的材料。

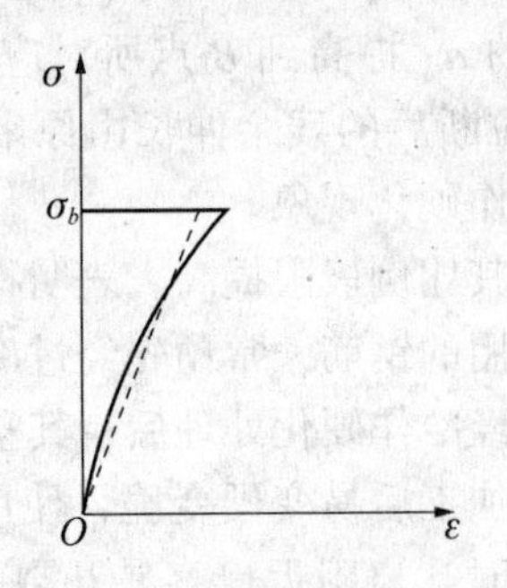

图7.19　灰口铸铁拉伸σ-ε曲线

2. 铸铁的压缩试验

铸铁压缩试验也采用短圆柱体试样。灰口铸铁压缩时的应力-应变曲线和试样破坏情况如图7.20(a)和(b)所示。试验结果表明：

(1)和拉伸试验相似，应力-应变曲线上没有直线段，材料只近似服从胡克定律。

(2)没有屈服阶段。

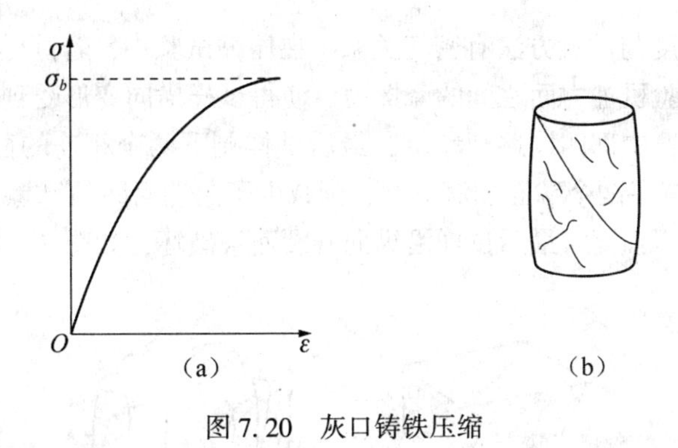

图 7.20 灰口铸铁压缩

(3)和拉伸相比，破坏后的轴向应变较大，为 5%～10%。

(4)试样沿着与横截面大约成 55°的斜截面剪断。通常以试样剪断时横截面上的正应力作为强度极限 σ_b。铸铁压缩强度极限比拉伸强度极限高 4～5 倍。

3. 金属材料的拉伸试验

图 7.21 给出了 5 种金属材料在拉伸时的应力-应变曲线。由图可见，这 5 种材料的延伸率都比较大($\delta>5\%$)。45 号钢和 Q235 钢的应力-应变曲线大体相似，有弹性阶段、屈服阶段和强化阶段。其他 3 种材料都没有明显的屈服阶段。对于没有明显屈服阶段的塑性材料，通常以产生 0.2%的塑性应变时的应力作为屈服极限，称为条件屈服极限(offset yield stress)，或称为规定非比例伸长应力，用 $\sigma_{p0.2}$表示，也有用 $\sigma_{0.2}$表示的，如图 2-13 所示。

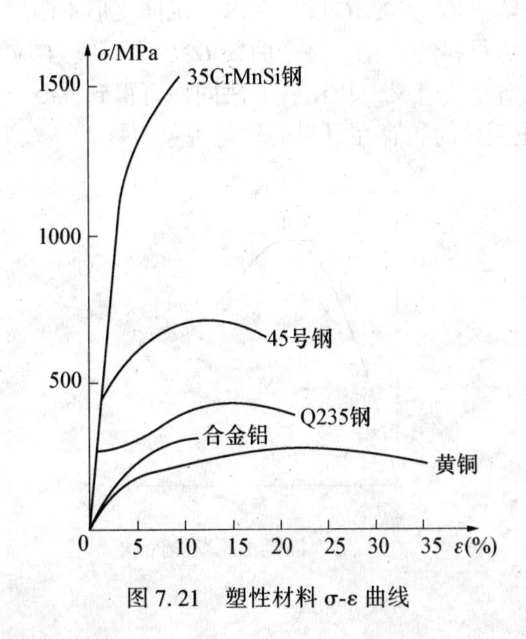

图 7.21 塑性材料 σ-ε 曲线

4. 混凝土的压缩试验

混凝土构件一般用以承受压力，故混凝土常需做压缩试验以了解压缩时的力学性质。

混凝土试样常用边长为150mm的立方块。试样成型后，在标准养护条件下养护28天后进行试验。

混凝土的抗压强度与试验方法有密切关系。在压缩试验中，若试样上下两端面不加减摩剂，由于两端面与试验机加力面之间的摩擦力，使得试样横向变形受到阻碍，提高了抗压强度。随着压力的增加，中部四周逐渐剥落，最后试样剩下两个相连的截顶角锥体而被破坏，如图7.22(a)所示。若在两个端面加润滑剂，则减少了两端面间的摩擦力，使试样易于横向变形，因而降低了抗压强度。最后试样沿纵向开裂而被破坏，如图7.23(b)所示。

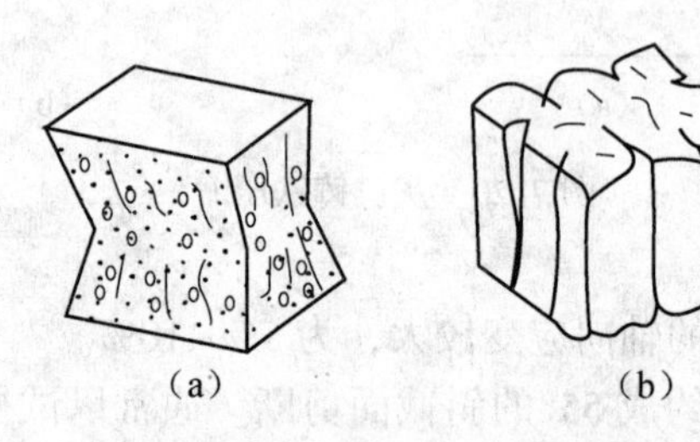

图7.22 混凝土压缩破坏

标准的压缩试验是在试样的两端面之间不加减摩剂。试验得到混凝土的压缩应力-应变曲线如图7.23所示。但是一般在普通的试验机上做试验时，只能得到OA曲线。在这一范围内，当荷载较小时，应力-应变曲线接近直线；继续增加荷载后，应力-应变关系为曲线；直至加载到材料破坏，得到混凝土受压的强度极限σ_b。根据近代的试验研究发现，若用控制变形速率的加载装置、伺服试验机或刚度很大的试验机，可以得到应力-应变曲线上强度极限以后的下降段AC。在AC段范围内，试样变形不断增大，但承受压力的能力逐渐减小，这一现象称为材料的软化。整个曲线OAC称为应力-应变全曲线，它对混凝土结构的应力和变形分析有重要意义。用试验方法同样可得到混凝土的拉伸强度以及拉伸应力-应变全曲线，混凝土受拉时也存在材料的软化现象。

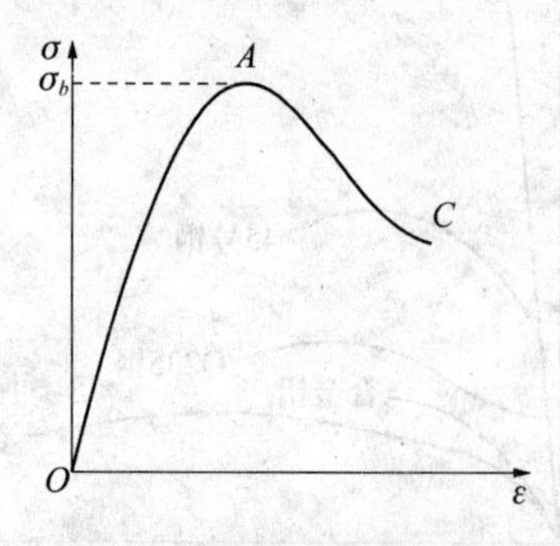

图7.23 混凝土压缩全曲线

5. 木材的压缩试验

木材沿顺纹方向和横纹方向压缩时，得到不同的应力-应变曲线，如图7.24所示。木材沿顺纹方向压缩时的强度极限比横纹方向压缩时的强度极限大得多，在荷载和横截面尺

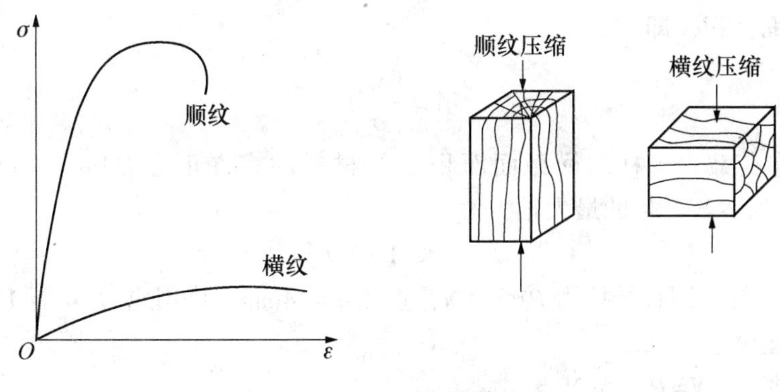

图 7.24 木材压缩特性

寸相同的条件下，顺纹方向压缩时的变形比横纹方向压缩时的变形小得多。因此，木材为各向异性材料。

木材的拉伸强度极限也同样可由试验方法得到，其顺纹强度极限和横纹强度极限差异更为显著。

7.4.3 塑性材料和脆性材料的比较

从以上介绍的各种材料的试验结果看出，塑性材料和脆性材料在常温和静荷载下的力学性质有很大差别，现简单地加以比较。

(1)塑性材料的抗拉强度比脆性材料的抗拉强度高，故塑性材料一般用来制成受拉杆件；脆性材料的抗压强度比抗拉强度高，故一般用来制成受压构件，而且成本较低。

(2)塑性材料能产生较大的塑性变形，而脆性材料的变形较小。由于要使塑性材料破坏需消耗较大的能量，因此这种材料承受冲击的能力较好；因为材料抵抗冲击能力的大小决定于它能吸收多大的动能。此外，在结构安装时，常常要校正构件的不正确尺寸，塑性材料可以产生较大的变形而不破坏；脆性材料则往往会由此引起断裂。

7.5 轴向拉压杆的强度条件及其应用

根据以上分析，为了保证拉压杆在工作时不致因强度不够而破坏，杆件的最大工作应力 σ_{max} 不得超过材料的许用应力 $[\sigma]$，即

$$\sigma_{max}=\left(\frac{F_N}{A}\right)_{max}\leqslant[\sigma] \tag{7-5}$$

式(7-5)即为拉压杆的强度条件。式中，$[\sigma]$ 与材料有关，不同的材料有不同的许用应力 $[\sigma]$，关于 $[\sigma]$ 的确定，将在后面介绍。

如果最大工作应力 σ_{max} 超过了许用应力 $[\sigma]$，但只要不超过许用应力的5%，在工程计算中仍然是允许的。利用(7-5)式，可以进行三方面的强度计算：

(1)校核强度。当杆的横截面面积 A、材料的容许正应力 $[\sigma]$ 及杆所受荷载为已知时，可由(2-7)式校核杆的最大工作应力是否满足强度条件的要求。

(2)设计截面。当杆所受荷载及材料的容许正应力$[\sigma]$为已知时，可由(7-5)式选择杆所需的横截面面积，即

$$A \geqslant \frac{F_{N_{\max}}}{[\sigma]}$$

(3)求容许荷载。当杆的横截面面积 A 及材料的容许正应力$[\sigma]$为已知时，可由(7-5)式求出杆所容许产生的最大轴力为

$$F_{N_{\max}} \leqslant A \cdot [\sigma]$$

【例 7.7】已知一圆杆受拉力 $P=25\text{kN}$，直径 $d=14\text{mm}$，许用应力$[\sigma]=170\text{MPa}$，试校核此杆是否满足强度要求。

解：(1)轴力：$N=P=25\text{kN}$

(2)应力：$\sigma_{\max}=\frac{N}{A}=\frac{4P}{\pi d^2}=\frac{4\times25\times10^3}{3.14\times0.014^2}=162\text{MPa}$

(3)强度校核：$\sigma_{\max}=162\text{MPa}<[\sigma]=170\text{MPa}$

(4)结论：此杆满足强度要求，能够正常工作。

【例 7.8】已知三铰屋架如图 7.25 所示，承受竖向均布载荷，载荷的分布集度为 $q=4.2\text{kN/m}$，屋架中的钢拉杆直径 $d=16\text{mm}$，许用应力$[\sigma]=170\text{MPa}$。试校核钢拉杆的强度。

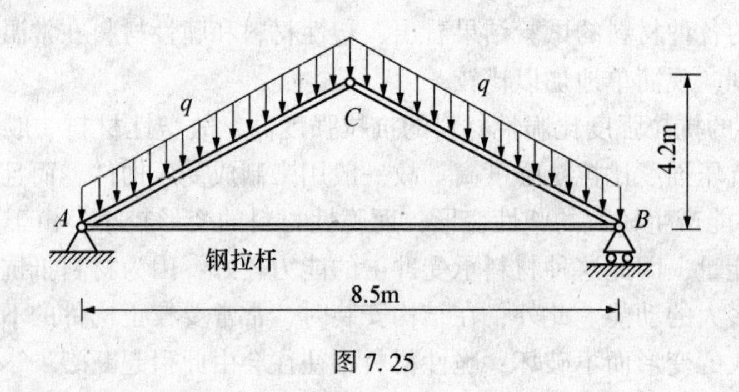

图 7.25

解：(1)整体平衡求支反力，去掉约束，画上约束反力，受力图如图 7.26 所示。

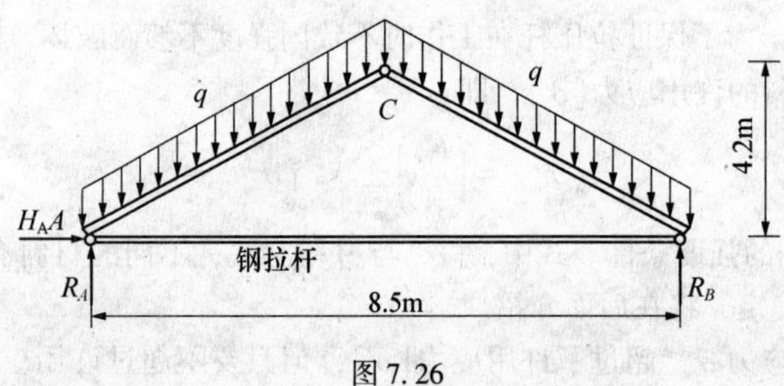

图 7.26

列方程可得

$$\sum X = 0 \quad H_A = 0$$

$$\sum m_B = 0 \quad R_A = 19.5\text{kN}$$

(2)局部平衡求轴力：取 AC 为研究对象，受力分析，受力图如图 7.27 所示。

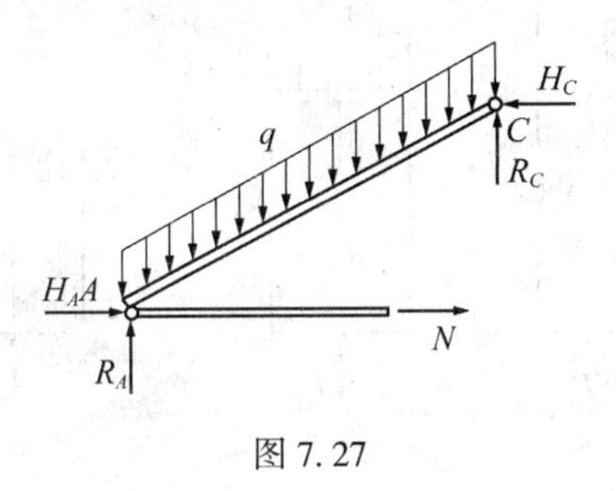

图 7.27

列方程可得

$$\sum m_C = 0 \quad N = 26.3\text{kN}$$

(3)应力：

$$\sigma_{\max} = \frac{N}{A} = \frac{4P}{\pi d^2} = \frac{4\times 26.3\times 10^3}{3.14\times 0.016^2} = 131\text{MPa}$$

(4)强度校核与结论：$\sigma_{\max} = 131\text{MPa} < [\sigma] = 170\text{MPa}$

此杆满足强度要求，是安全的。

7.6 应力集中

7.6.1 应力集中的概念

工程中有些杆件，由于实际的需要，常有台阶、孔洞、沟槽、螺纹等，使杆的横截面在某些部位发生急剧的变化。理论和实验的研究发现，在截面突变处的局部范围内，应力数值增大，这种现象称为应力集中(stress concentration)。

例如图 7.28(a)为一受轴向拉伸的直杆，在轴线上开一小圆孔。在横截面 1—1 上，应力分布不均匀，靠近孔边的局部范围内应力很大，在离开孔边稍远处，应力明显降低，如图 7.28(b)所示。在离开圆孔较远的 2—2 截面上，应力仍为均匀分布，如图 7.28(c)所示。

当材料处在弹性范围时，用弹性力学方法或实验方法，可以求出有应力集中的截面上的最大应力和该截面上的应力分布规律。该截面上的最大应力 $\sigma_{\max}$ 和该截面上的平均应力 σ_0 之比，称为应力集中系数 α，即

$$\alpha = \frac{\sigma_{\max}}{\sigma_0}$$

式中：$\sigma_0 = F/A0$，A_0 为 1—1 截面处的净截面面积。σ 是大于 1 的数，它反映应力集中的程度。只要求得 σ_0 值及 σ 值，即可求出最大应力 $\sigma_{\max}$。不同情况下的 σ 值一般可在设计手册中查到。

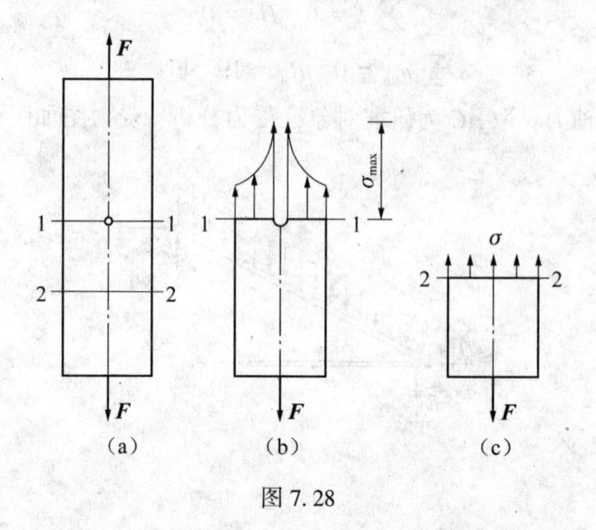

图 7.28

7.6.2 应力集中对构件强度的影响

各构件对应力集中的反应是不相同的。塑性材料对应力集中的敏感性较小。例如图 7.29(a)所示有圆孔的拉杆，由塑性材料制成。当孔边的最大应力达到材料的屈服极限时，若再增加拉力，则该处应力不增加，而该截面上其他各点处的应力将逐渐增加至材料的屈服极限，使截面上的应力趋向平均(未考虑材料的强化)，如图 7.29(b)、(c)所示。这样，杆所能承受的最大荷载和无圆孔时相比，不会降低很多。但脆性材料由于没有屈服阶段，当孔边最大应力达到材料的强度极限时，局部就要开裂；若再增加拉力，裂纹就会扩展，并导致杆件断裂。

必须指出，材料的塑性或脆性，实际上与工作温度、变形速度、受力状态等因素有关。例如低碳钢在常温下表现为塑性，但在低温下表现为脆性；通常认为石料是脆性材料，但在各向受压的情况下，却表现出很好的塑性。

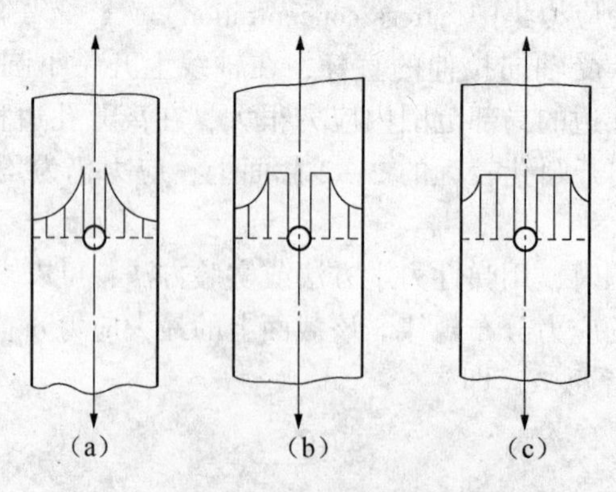

图 7.29 塑性材料孔口应力的变化

习　题

7-1　如图 7.30 所示杆的 A、B、C、D 点分别作用着大小为 $5P$、$8P$、$4P$ 和 P 的力，方向如图所示，试画出杆的轴力图。

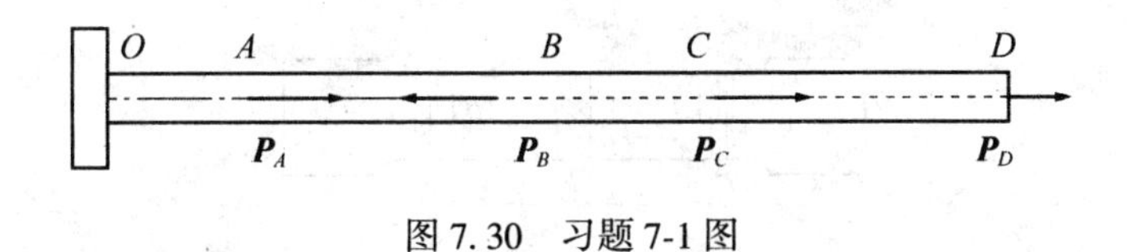

图 7.30　习题 7-1 图

7-2　一等直杆受四个轴向外力作用，如图 7.31 所示，试求杆件横截面 1—1、2—2、3—3 上的轴力，并作轴力图。

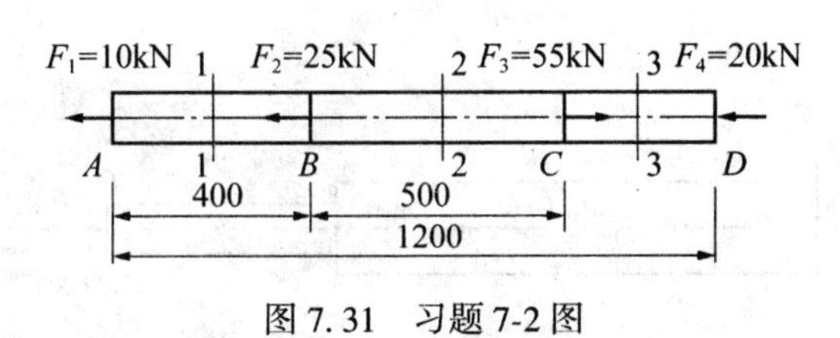

图 7.31　习题 7-2 图

7-3　简易旋臂式吊车如图 7.32 所示。斜杆 AB 为横截面直径 $d=20$mm 的钢材，载荷 $W=15$kN。求当 W 移到 A 点时，斜杆 AB 横截面应力(两杆的自重不计)。

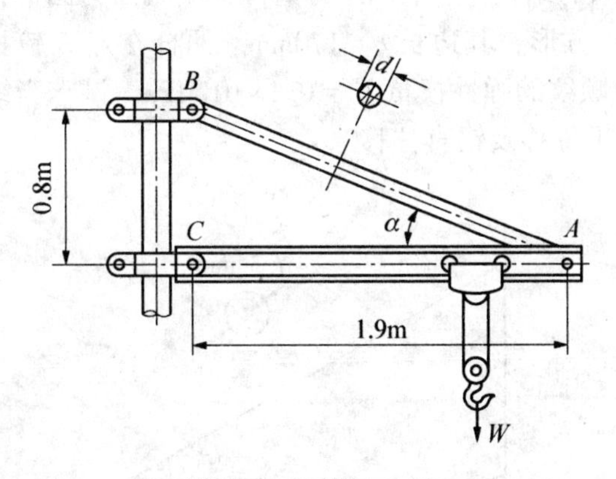

图 7.32　习题 7-3 图

7-4　如图 7.33 所示，有一受轴向拉力 $P=100$kN 的拉杆，其横截面面积 $A=1000\text{mm}^2$。试分别计算 $\alpha=0°$、$\alpha=90°$及 $\alpha=45°$时各截面上的 σ_α 和 τ_α 的数值。

7-5　用低碳钢试件(图 7.34)作拉伸试验。当拉力达到 20kN 时，试件中间部分 A、B 两点间距离由 50mm 变为 50.01mm。试求该试件的相对伸长、在试件中产生的最大正应力和最大剪应力。已知低碳钢的 $E=2.1\times10^5$MPa。

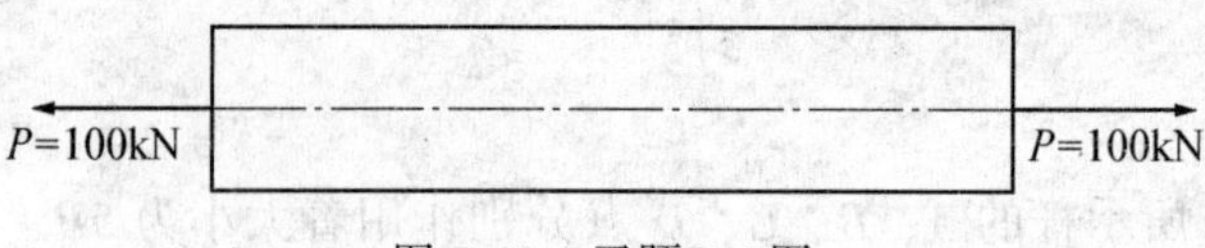

图7.33 习题7-4图

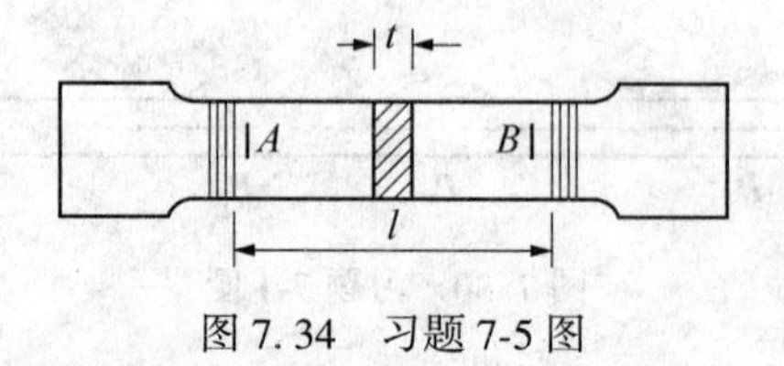

图7.34 习题7-5图

7-6 如图7.35所示的阶梯杆，已知横截面面积 $A_{AB}=A_{BC}=400\text{mm}^2$，$A_{CD}=200\text{mm}^2$，弹性模量 $E=200\text{GPa}$，受力情况为 $F_{P1}=30\text{kN}$，$F_{P2}=10\text{kN}$，各段长度如图7.35所示。试求杆的总变形。

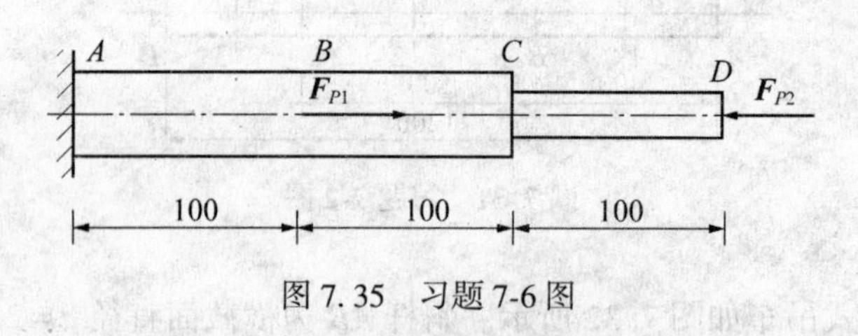

图7.35 习题7-6图

7-7 在图7.36所示的结构中，杆 AB 为钢杆，横截面为圆形，其直径 $d=34\text{mm}$；杆 BC 为木杆，横截面为正方形，其边长 $a=170\text{mm}$。两杆在点 B 铰接。已知钢的弹性模量 $E_1=2.1\times10^5\text{MPa}$，木材顺纹的弹性模量 $E_2=0.1\times10^5\text{MPa}$。试求当结构在点 B 作用有荷载 $P=40\text{kN}$ 时，点 B 的水平位移及铅直位移。

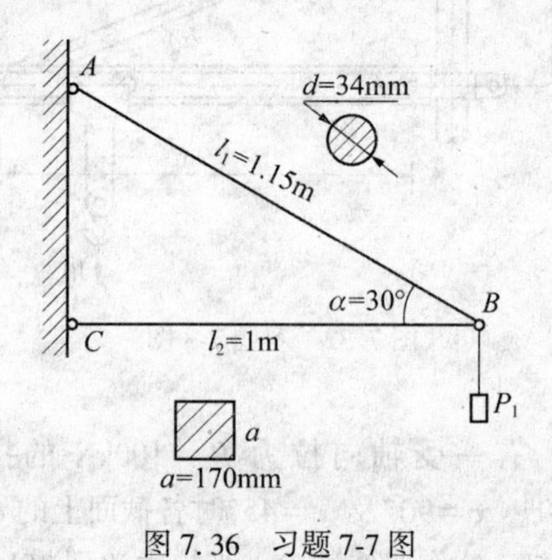

图7.36 习题7-7图

7-8 矩形截面梁，跨度 $l=4\text{m}$，荷载及截面尺寸如图7.37所示。设材料为杉木，容许应力$[\sigma]=10\text{MPa}$，试校核该梁的强度。

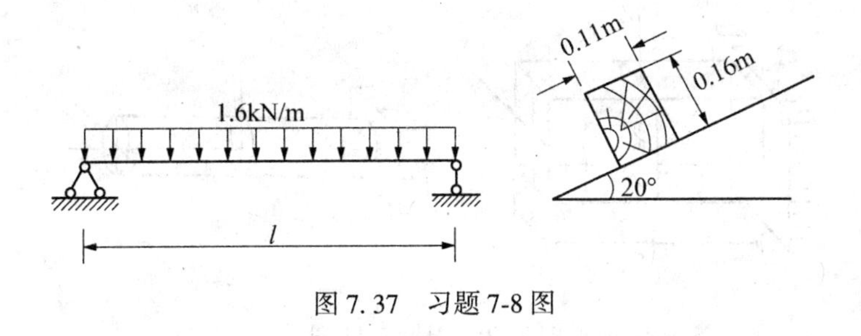

图 7.37　习题 7-8 图

7-9　如图 7.38 所示工字形截面简支梁，力 F 与 y 轴的夹角为 5°。若 $F=65\text{kN}$，$l=4\text{m}$，已知容许应力$[\sigma]=160\text{MPa}$，容许扰度$[l]=\dfrac{l}{500}$，材料的 $E=2.0\times105\text{MPa}$，试选择工字钢的型号。

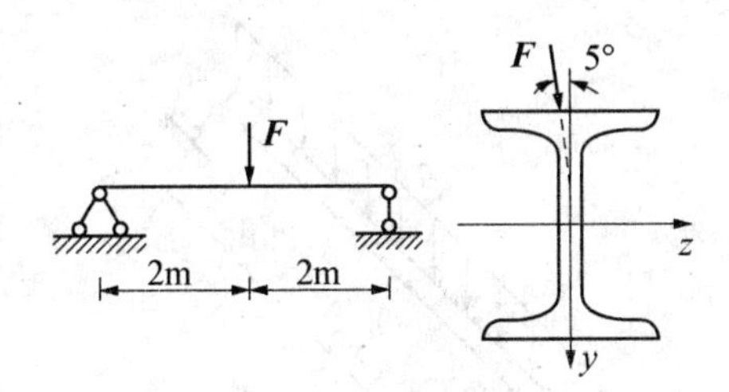

图 7.38　习题 7-9 图

7-10　如图 7.39 所示悬臂梁长度中间截面前侧边的上、下两点分别设为 A、B。现在该两点沿轴线方向贴电阻片，当梁在 F、M 共同作用时，测得两点的应变值分别为 Σ_A、Σ_B。设截面为正方形，边长为 a，材料的 E、l 为已知，试求 F 和 M 的大小。

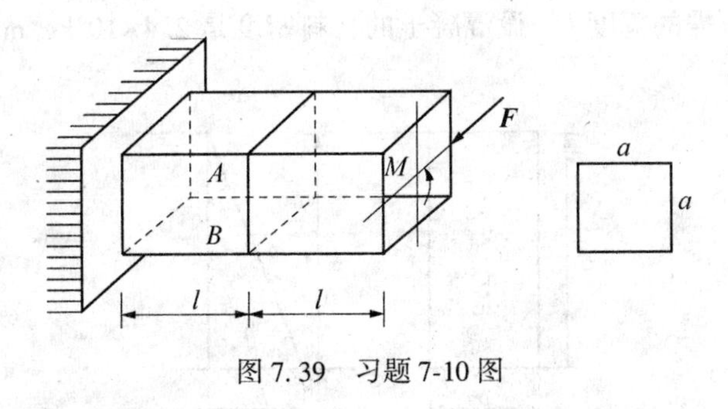

图 7.39　习题 7-10 图

7-11　如图 7.40 所示悬臂梁在两个不同截面上分别受有水平力 F_1 和竖直力 F_2 的作用。若 $F_1=800\text{N}$，$F_2=1600\text{N}$，$l=1\text{m}$，试求以下两种情况下，梁内最大正应力并指出其作用位置。

(1)宽 $b=90\text{mm}$，高 $h=180\text{mm}$，截面为矩形，如图(a)所示。

(2)直径 $d=130\text{mm}$ 的圆截面，如图(b)所示。

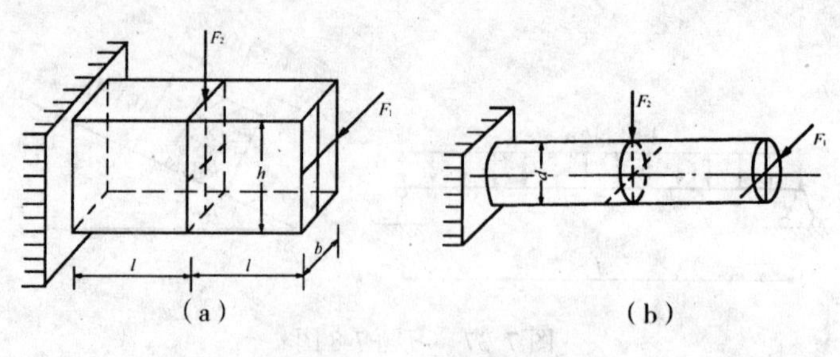

图7.40 习题7-11图

7-12 如图7.41所示一楼梯的扶手梁 AB，长度 $l=4\text{m}$，截面为 $h\times b=0.2\times0.1\text{m}^2$ 的矩形，$q=2\text{kN/m}$。试作此梁的轴力图和弯矩图；并求梁横截面上的最大拉应力和最大压应力。

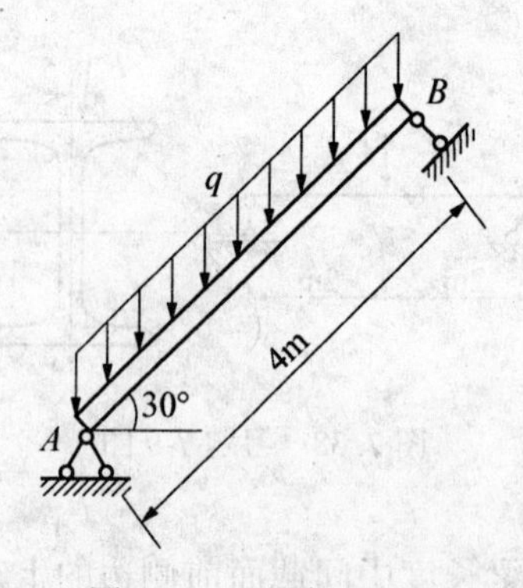

图7.41 习题7-12图

7-13 如图7.42(a)和(b)所示的混凝土坝，右边一侧受水压力作用。试求当混凝土不出现拉应力时，所需的宽度 b。设混凝土的材料密度是 $2.4\times10^3\text{kg/m}^3$。

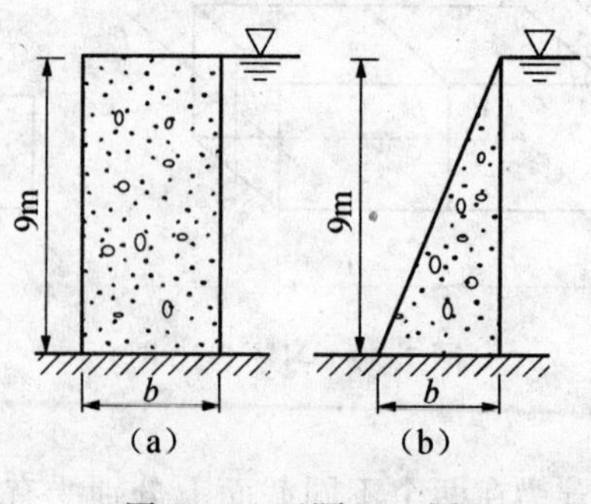

图7.42 习题7-13图

7-14 如图7.43所示，砖砌烟囱高 $H=30\text{m}$，底截面1—1的外径 $d_1=3\text{m}$，内径 $d_2=$

2m，自重 $W_1=2000\text{kN}$，受 $q=1\text{kN/m}$ 的风力作用。

试求：

(1)烟囱底截面上的最大压应力。

(2)若烟囱的基础埋深 $h=4\text{m}$，基础自重 $W_2=1000\text{kN}$，土壤的容许压应力 $[\sigma]=0.3\text{MPa}$，求圆形基础的直径 D 应为多大？

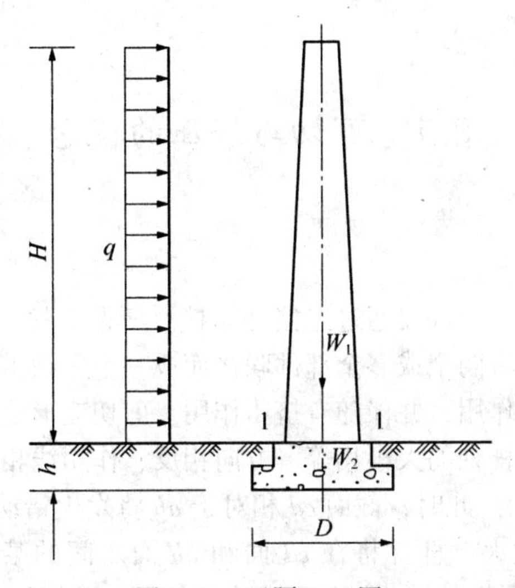

图 7.43　习题 7-14 图

第8章 受扭构件

8.1 剪切与挤压的概念

8.1.1 剪切的概念

工程构件中往往有许多构件要通过连接件联接。所谓联接是指结构或机械中用螺栓、销钉、键、铆钉和焊缝等将两个或多个部件联接而成一个复杂零件或部件的过程。

连接件一般受到剪切作用，并伴随有挤压作用。剪切变形是杆件的基本变形之一，它是指杆件受到一对垂直于杆轴的大小相等、方向相反、作用线相距很近的力作用后所引起的变形，如图8.1(a)所示。此时，截面 cd 相对于 ab 将发生错动(滑移)(图8.1(b))，即发生剪切变形。若变形过大，杆件将在 cd 面和 ab 面之间的某一截面 $m—m$ 处被剪断，$m—m$ 截面称为剪切面。联接件被剪切的面称为剪切面。剪切的名义切应力公式为

$$\tau=\frac{F_Q}{A}$$

式中：F_Q 为剪力；A 为剪切面面积。剪切强度条件为

$$\tau=\frac{F_Q}{A}\leq[\tau]$$

式中：$[\tau]$为许用剪应力。

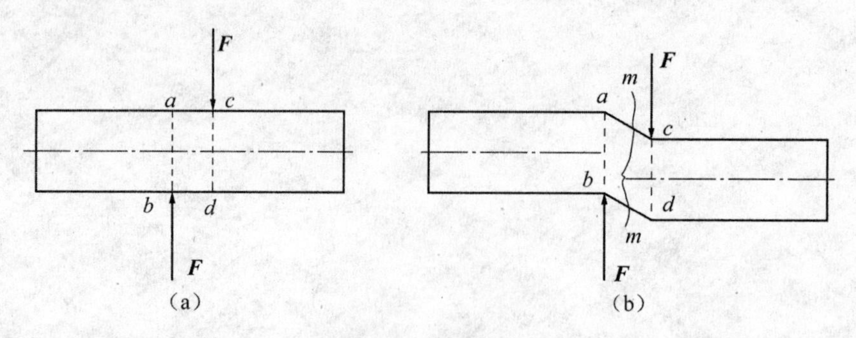

图8.1 剪切变形

8.1.2 挤压的概念

构件在受剪切的同时，在两构件的接触面上，因相互压紧会产生局部受压，称为挤

压。如图 8.2 所示的铆钉连接中，作用在钢板上的拉力 F，通过钢板与铆钉的接触面传递给铆钉，接触面上就产生了挤压。连接件中产生挤压变形的表面称为挤压面，作用于接触面的压力称为挤压力，挤压面上的压应力称为挤压应力。名义挤压应力公式为

$$\sigma_c = \frac{F_c}{A_c}$$

式中：F_c 为挤压力；A_c 是挤压面面积。当挤压面为平面接触时(如平键)，挤压面积等于实际承压面积；当接触面为柱面时，挤压面积为实际面积在其直径平面上投影。

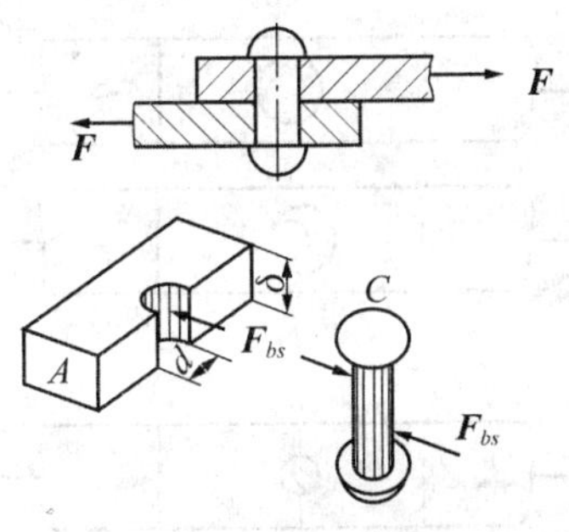

图 8.2　挤压变形

当挤压过大时，孔壁边缘将受压起“皱”，铆钉局部压“扁”，使圆孔变成椭圆，连接松动，产生挤压破坏。因此，连接件除需要进行剪切强度计算外，还需进行挤压强度计算，其挤压强度条件为

$$\sigma_c = \frac{F_c}{A_c} \leqslant [\sigma_c]$$

式中：$[\sigma_c]$为挤压许用应力，为许用压应力$[\sigma_c]$的 1.7~2.0 倍。

8.2　连接件强度计算

连接件工程中主要有铆钉、销钉、键、焊缝、胶黏结缝等。这些受力构件受力很复杂，要对这类构件作精确计算是十分困难的，所以在实际应用中，根据实际经验作了一些假设，采用了简化的计算方法。下面以铆钉连接件的强度计算为例，来说明这种方法。实践分析证明，铆钉连接件可能有以下 3 种破坏形式：

(1)铆钉沿剪切面 m—m 被剪断，发生剪切破坏，如图 8.3(b)所示。

(2)由于铆钉与连接板孔壁之间的局部挤压，使铆钉或半孔壁产生显著的塑形变形，从而使结构失去承载能力，发生挤压破坏，如图 8.3(c)所示。

(3)连接板沿被铆钉孔削弱了的截面被拉断，发生拉断破坏，如图 8.3(d)所示。

以上三种破坏均发生在连接接头处，若要保证连接构件能够安全地工作，首先要保证连接接头不被破坏。因此要对以上三种情况进行强度计算。其强度计算如下：

(1)连接件的剪切强度为 $\tau = \frac{F_Q}{A} \leqslant [\tau]$

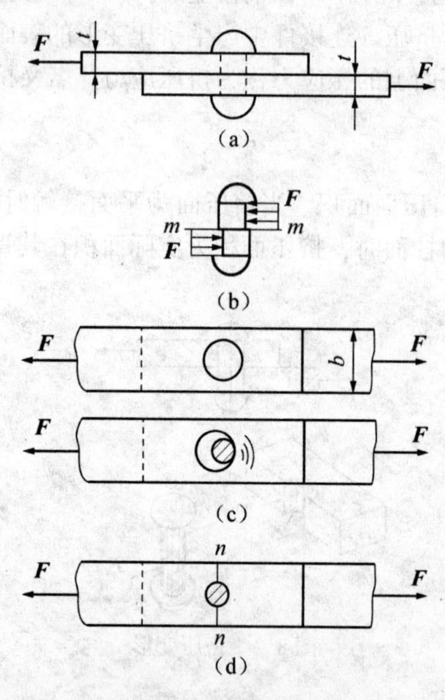

图 8.3 铆钉连接破坏示意图

(2)连接件的挤压强度为 $\sigma_c=\dfrac{F_c}{A_c}\leqslant[\sigma_c]$

(3)连接板的拉断强度为 $\sigma_{\max}=\dfrac{N}{A}\leqslant[\sigma]$

【例 8.1】一木质拉杆接头部分如图 8.4(a)、(b)所示，接头处的尺寸为 $h=b=18\text{cm}$，材料的许用应力 $[\sigma]=5\text{MPa}$，$[\sigma_c]=10\text{MPa}$，$[\tau]=2.5\text{MPa}$，求许可拉力 F。

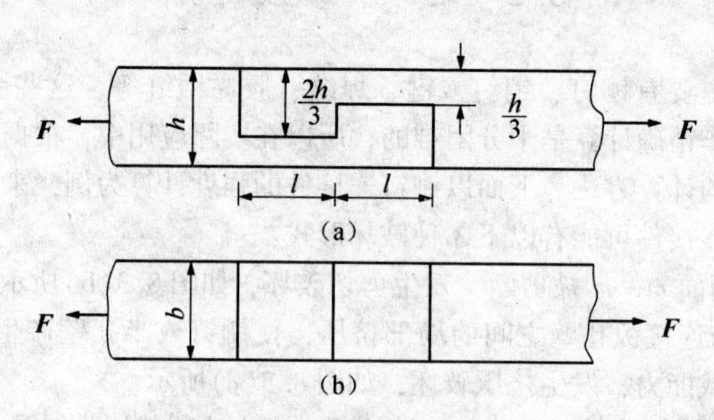

图 8.4 例 8.1 示意图

解：(1)按剪切强度理论计算。

$$\tau=\frac{F_Q}{A}=\frac{F}{lb}\leqslant[\tau]$$

$$F \leqslant [\tau] lb \leqslant 2.5 \times 10^6 \times 0.18^2 = 81000 = 81\text{kN}$$

(2)按挤压强度计算。

$$\sigma_c = \frac{F_c}{A_c} = \frac{F}{\frac{h}{3} \times b} \leqslant [\sigma_c]$$

$$F \leqslant [\sigma_c] \times \frac{h}{3} \times b = 10 \times 10^6 \times \frac{0.18}{3} \times 0.18 = 108000 = 108\text{kN}$$

(3)按拉伸强度计算。

$$\sigma = \frac{F}{b \times \frac{h}{3}} \leqslant [\sigma]$$

$$F \leqslant [\sigma] \times b \times \frac{h}{3} = 5 \times 10^6 \times 0.18 \times \frac{0.18}{3} = 54000 = 54\text{kN}$$

因此，允许的最小拉力为54kN。

8.3 剪切胡克定律与剪应力互等定理

8.3.1 剪切胡克定律

杆件在发生剪切变形时，杆件与外力平行的截面就会产生相对错动。在杆件受剪部位中的某点取一微小的正六面体(单元体)，把它放大，如图8.5所示。剪切变形时，在剪应力τ作用下，截面发生相对滑动，致使正六面体变为斜平行六面体。原来的直角有了微小的变化，这个直角的改变量称为剪应变，用γ表示，它的单位是弧度(rad)。τ与γ的关系，如同σ与ε一样。实验证明，当剪应力τ不超过材料的比例极限τ_b时，剪应力与剪应变成正比，如图8.6所示，即剪切胡克定律：

$$\tau = G\gamma$$

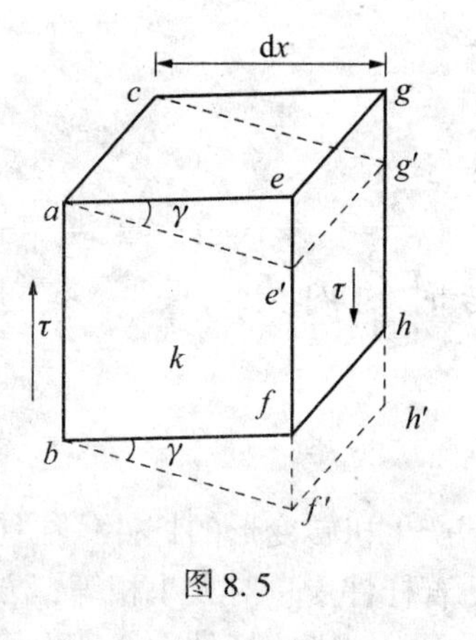

图8.5

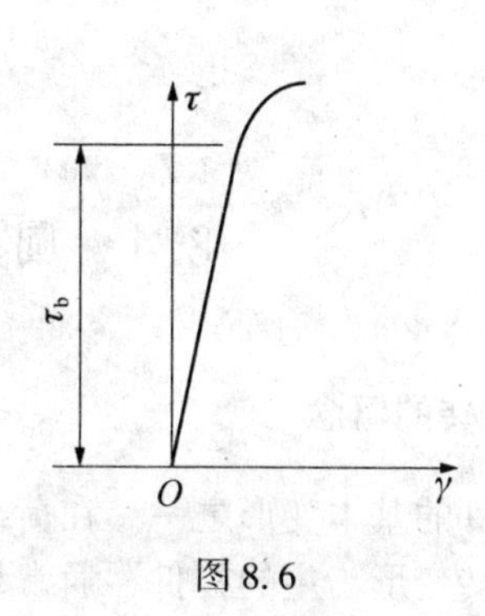

图8.6

式中：G称为材料的剪切模量，表示材料抵抗剪切变形能力的物理量，其单位与应力相同，常采用GPa。各种材料的G值均由实验测定，钢材的G值为80GPa。G值越大，表示材料抵抗剪切变形的能力越强，它是材料的弹性指标之一。对于各向同性的材料，其弹性模量 E、剪切模量 G 和泊松比 μ 三者之间的关系为

$$G=\frac{E}{2(1+\mu)}$$

8.3.2 剪应力互等定理

现在进一步研究单元体的受力情况。设单元体的边长分别为 dx，dy，dz，如图8.7所示。已知单元体左右两侧面上，无正应力，只有剪应力 τ。这两个面上的剪应力数值相等，但方向相反。于是这两个面上的剪力组成一个力偶，其力偶矩为$(\tau dzdy)dx$。单元体的前、后两个面上无任何应力。因为单元体是平衡的，所以它的上下两个面上必存在大小相等、方向相反的剪应力 τ'，它们组成的力偶矩为$(\tau' dzdx)dy$，应与左右面上的力偶矩平衡，即

$$(\tau' dzdx)dy=(\tau dzdy)dx$$

由此可得

$$\tau'=\tau$$

上式表明，在过一点相互垂直的两个平面上，剪应力必然成对存在，且数值相等，方向垂直于这两个平面的交线，且同时指向或同时背离这一交线。这一规律称为剪应力互等定理。上述单元体的两个侧面上只有剪应力，而无正应力，这种受力状态称为纯剪切应力状态。剪应力互等定理对于纯剪切应力状态或其他应力状态都是适用的。

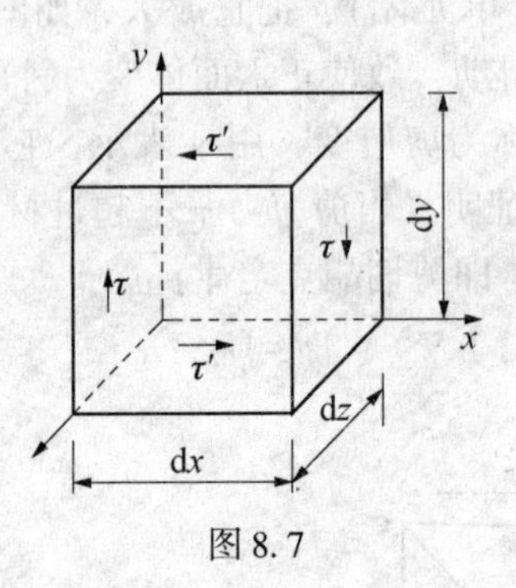

图8.7

8.4 圆轴扭转时的内力

8.4.1 扭转的概念

扭转是杆件的基本变形之一。在荷载作用下产生扭转变形的杆件，往往还伴随有其他变形。凡以扭转变形为主的杆件，通常称为轴。若杆件受一对大小相等、方向相反的力偶作用，且力偶是作用在垂直于杆件轴线的两个平面内，则此杆件就会产生扭转变形。换言之，受扭杆件的受力特点是：所受到的外力是一些力偶矩，作用在垂直于杆轴的平面内。扭转变形的特点是杆件任意两横截面都发生了绕杆件轴的相对转动。我们将杆件任意两横

截面间相对转过的角度 φ 称为扭转角，如图 8. 8 所示。

工程中经常会遇到承受扭转作用的杆件，除了各种机械的传动轴是受扭变形构件最常见的实例外，拧螺钉、转动方向盘等也产生了扭转变形。当驾驶员转动方向盘时，相当于在转向轴端施加了一个力偶，同时，转向轴的 B 端受到了来自转向器的阻抗力偶的作用，如图 8. 9 所示。于是在轴 AB 的两端实际上受到了一对大小相等、方向相反的力偶作用，产生扭转变形。

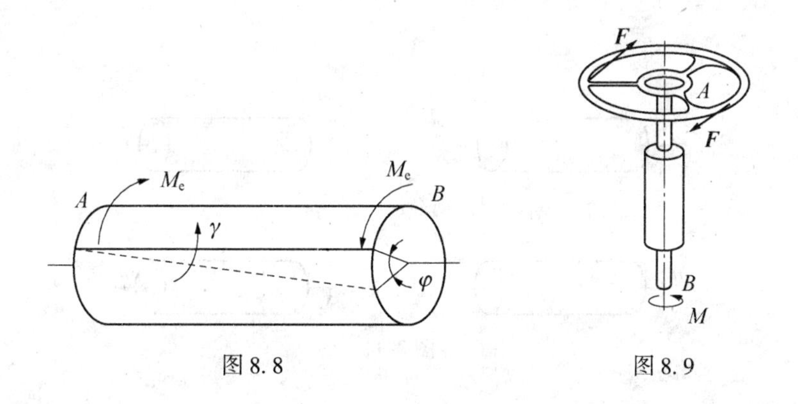

图 8. 8　　图 8. 9

8. 4. 2 圆轴扭转时的内力-扭矩

在对圆轴进行强度计算之前先要计算出圆轴横截面上的内力——扭矩。

1. 外力偶矩的计算

工程上常给出传动轴的转速及其所传递的功率，而作用于轴上的外力偶矩并不直接给出，外力偶矩 M_e 的计算公式为

$$M_e = 9550 \times \frac{P(\mathrm{kW})}{n(\mathrm{r/min})}(\mathrm{N \cdot m})$$

式中：P 为轴上某处输入或输出的功率，kW；n 为轴的转速，r/min。

2. 扭矩的计算

扭转时的内力称为扭矩，用 M_n 表示。截面上的扭矩与作用在轴上的外力偶矩组成平衡力系。扭矩求解仍然使用截面法，即用一个假想的截面在轴的任意位置 $m—m$ 处将轴截开，取左段为研究对象如图 8. 10 所示。由于左端作用一个外力偶 M_e，为了保持左段轴的平衡，左截面 $m—m$ 的平面内，必然存在一个与外力偶相平衡的内力偶，其内力偶矩 M_n 即为扭矩，根据力矩平衡方程得

$$M_n = M_e$$

如取 $m—m$ 截面右段轴为研究对象，也可得到同样的结果，但转向相反。

扭矩的单位与力矩相同，常用 N · m 或 kN · m。

3. 扭矩正负号规定

为了使截面的左右两段轴求得的扭矩具有相同的正负号，对扭矩的正、负作如下规定：采用右手螺旋法则，即右手四指内屈，与扭矩转向相同，则拇指的指向表示扭矩矢的方向，若扭矩矢方向与截面外法线相同，规定扭矩为正，反之为负。如图 8. 11 所示。

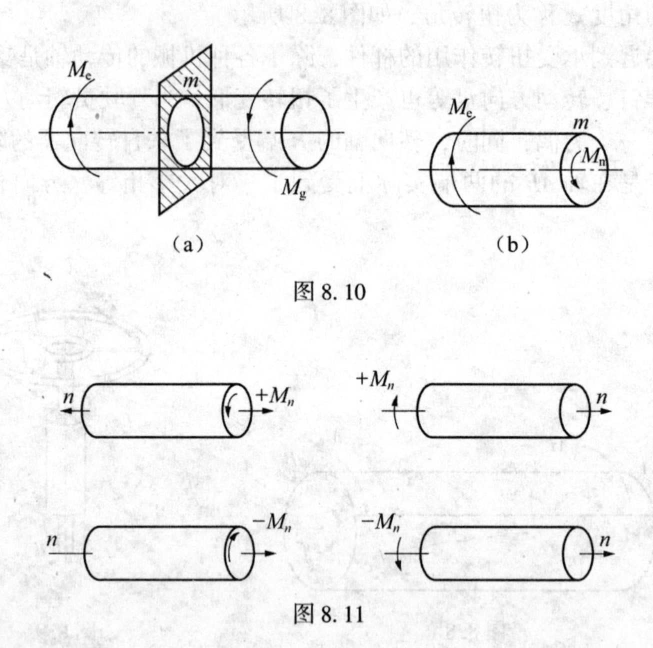

图 8.10

图 8.11

4. 扭矩图

用平行于轴线的 x 坐标表示横截面的位置，用垂直于 x 轴的坐标 M_n 表示横截面扭矩的大小，描画出截面扭矩随截面位置变化的曲线，称为扭矩图。

8.5 扭转时横截面上应力

8.5.1 圆轴扭转时横截面上的剪应力

理论研究分析表明，圆轴扭转时横截面上的任意点只存在剪应力，其大小与扭矩 M_n 和剪应力点到圆心的距离 ρ 成正比，与截面对形心的极惯性矩 I_ρ 成反比，方向垂直于半径。圆轴扭转时横截面上任一点的剪应力计算公式为

$$\tau_\rho = \frac{M_n \rho}{I_P}$$

从上式可知，对于受扭圆轴，当 $\rho = R$ 时，其横截面上剪应力 τ_ρ 达到最大，表示圆截面边缘处的切应力最大，其值由下式确定：

$$\tau_{\max} = \frac{M_n R}{I_p} = \frac{M_n}{W_p}$$

式中：$W_P = \dfrac{I_P}{R}$，称为圆截面抗扭截面系数，是与截面形状和尺寸有关的量。

对于直径为 d 的圆截面杆有

$$I_P = \frac{\pi d^4}{32},\ W_P = \frac{\pi d^3}{16}$$

对于空心圆截面杆，其内径为 d，外径为 D，内外径比值为 $\alpha=\dfrac{d}{D}$，则有

$$I_P=\frac{\pi D^4}{32}(1-\alpha^4),\quad W_P=\frac{\pi D^3}{16}(1-\alpha^4)$$

圆轴扭转时的强度要求仍是最大工作切应力 $\tau_{\max}$ 不超过材料的许用切应力$[\tau]$，即

$$\tau_{\max}=\frac{M_nR}{I_p}=\frac{M_n}{W_p}\leqslant[\tau]$$

【例 8.2】 空心圆截面轴，外径 $D=40$mm，内径 $d=20$mm，扭矩 $M_n=1$kN · m，试计算距圆心 ρ 处 A 点的扭转切应力 τ_A 以及横截面上的最大和最小扭转切应力，设 $\rho=15$mm。

解：

$$\tau_A=\frac{M_n}{I_p}\rho=\frac{32\times1\times10^3}{\pi D^4\left[1-\left(\dfrac{20}{40}\right)^4\right]}t=\frac{32\times10^3\times15\times10^{-3}}{\pi\cdot40^4\cdot\left[1-\left(\dfrac{1}{2}\right)^4\right]\times10^{-12}}=63.7\text{MPa}$$

$$\tau_{\max}=\frac{M_n}{W_p}=\frac{16\times1\times10^3}{\pi\cdot40^3\cdot\left[1-\left(\dfrac{1}{2}\right)^4\right]\times10^{-9}}=84.9\text{MPa}$$

$$\tau_{\min}=\frac{M_n}{I_p}\cdot\frac{d}{2}=\frac{32\times1\times10^3\times10\times10^{-3}}{\pi\cdot40^4\cdot\left[1-\dfrac{1}{2}^4\right]\times10^{-12}}=42.47\text{MPa}$$

8.5.2 矩形截面扭转时横截面上的剪应力

建筑结构中很多构件的横截面并不是圆形而是矩形，理论分析表明，矩形截面和圆形截面的剪应力有很大的不同。矩形截面在扭转作用下剪应力特征主要表现如下：

(1)横截面上只存在剪应力，没有正应力。

(2)横截面周边上各点的剪应力的方向与周边平行(相切)，并形成于截面上扭矩相同转向的剪应力流，如图 8.12 所示，剪应力的大小呈非线性分布，中点最大。

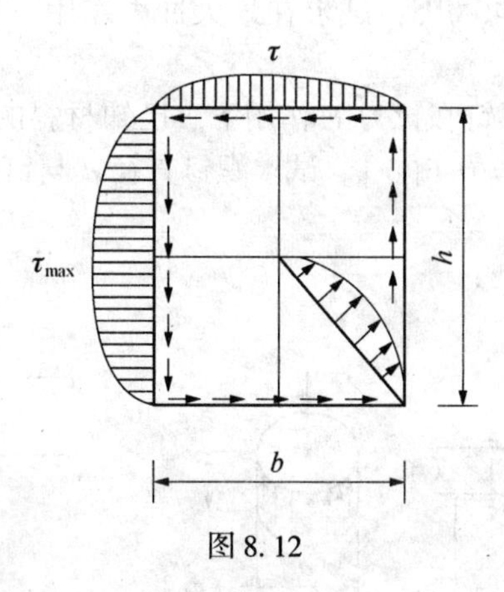

图 8.12

(3)截面两条对称轴上各点处剪应力的方向都垂直于对称轴，其他线上各点的剪应力则是程度不同的倾斜。

(4)截面中心和4个角点处的剪应力为零。

(5)横截面上的最大剪应力发生在长边的中点处，大小

$$\tau_{\max}=\frac{M_n}{W_t}=\frac{M_n}{\alpha hb^2}$$

式中：M_n 为截面上扭矩；h 为横截面长边尺寸；b 为短边尺寸；$W_t=\frac{1}{3}hb^2$ 为抗扭截面模量；α 为与截面尺寸比值 h/b 有关的系数。

短边中点处的剪应力大小为

$$\tau=\gamma\tau_{\max}$$

式中：γ 为与截面尺寸比值 h/b 有关的系数。

单位长度相对扭转角为 $\varphi=\frac{M_n}{G\beta hb^3}$

式中：β 为与截面尺寸比值 h/b 有关的系数。

α、β、γ 的值见表8.1。

表8.1 **矩形截面杆纯扭转时的系数**

h/b	1.0	1.2	1.5	2.0	2.5	3.0	4.0	6.0	8.0	10.0
α	0.140	0.199	0.294	0.457	0.622	0.790	1.123	1.789	2.456	3.123
β	0.208	0.263	0.346	0.493	0.645	0.801	1.150	1.789	2.456	3.123
γ	1.000	0.930	0.858	0.796	0.767	0.753	0.745	0.743	0.743	0.743

习　题

8-1　如图8.13所示，冲床的最大冲力为400kN，被剪钢板的剪切极限应力 $\tau^0=360\text{MPa}$，冲头材料的$[\sigma]=440\text{MPa}$，试求在最大冲力作用下所能冲剪的圆孔的最小直径 $d_{\min}$ 和板的最大厚度 $t_{\max}$。

8-2　如图8.14所示，螺钉在拉力 F 作用下。已知材料的剪切许用应力$[\tau]$和拉伸许用应力$[\sigma]$之间的关系为$[\tau]=0.6[\sigma]$。试求螺钉直径 d 与钉头高度 h 的合理比值。

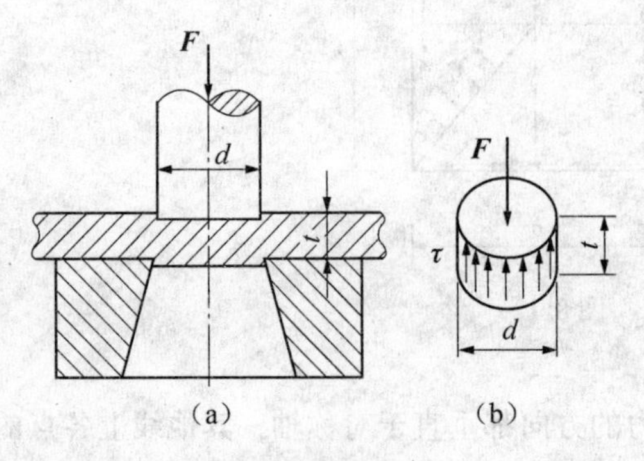

图8.13　习题8-1图

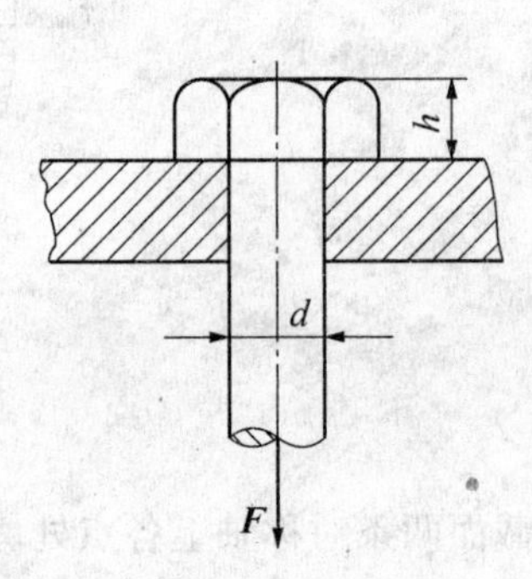

图8.14　习题8-2图

8-3　木榫接头如图 8.15 所示。$a=b=120$mm，$h=350$mm，$c=45$mm，$F=40$kN。试求接头的剪切和挤压应力。

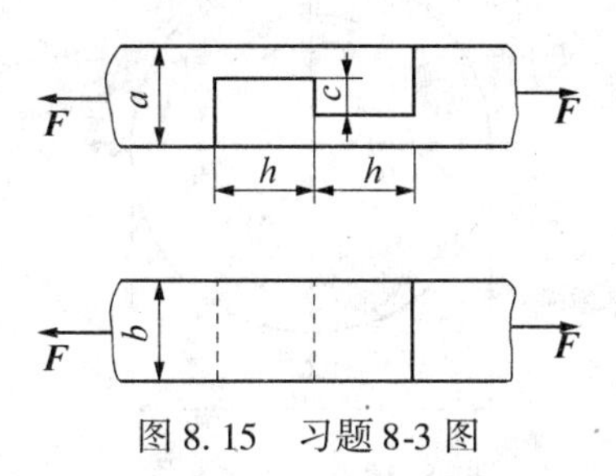

图 8.15　习题 8-3 图

8-4　直径 $D=50$mm 的圆轴，受到扭矩 $T=2.15$kN · m 的作用，试求在距离轴心 10mm 处的切应力，并求该轴横截面上的最大切应力。

8-5　阶梯圆轴如图 8.16 所示。已知：$d_1=50$mm，$d_2=75$mm，$l_1=0.5$m，$l_2=0.75$m，$M_C=1.2$kN · m，$M_B=1.8$kN · m，$G=80$GPa。求：(1)该轴的扭转角；(2)最大单位长度扭转角。

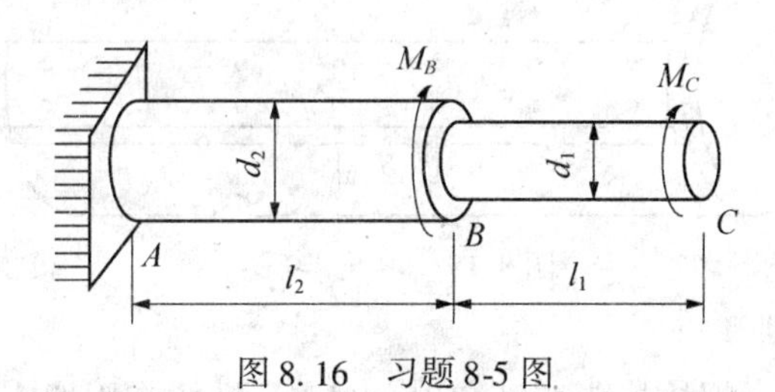

图 8.16　习题 8-5 图

8-6　一为实心、一为空心的两根圆轴，材料、长度和所受外力偶均一样，实心直径 d_1，空心轴外径 D_2、内径 d_2，内外径之比 $\alpha=d_2/D_2=0.8$。若两轴重量一样，试求两轴最大相对扭转角之比。

8-7　在厚度 $t=5$mm 的钢板上，冲出一个形状如图 8.17 所示的孔，钢板剪切时的剪切极限应力 $\tau^0=300$MPa，求冲床所需的冲力。

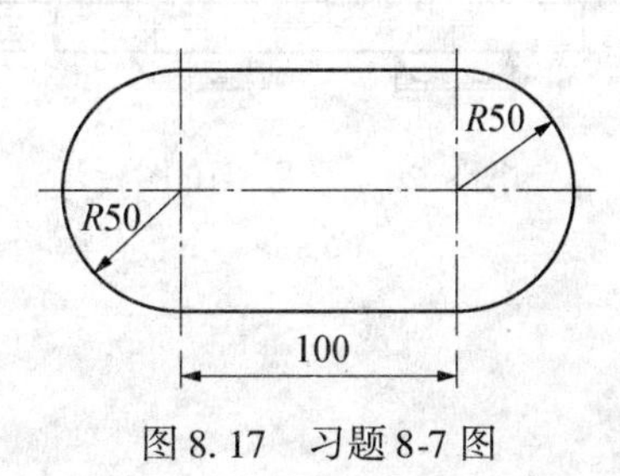

图 8.17　习题 8-7 图

8-8　设图 8.18 所示圆轴横截面上的扭矩为 T，试求四分之一截面上内力系的合力的大小、方向及作用点。

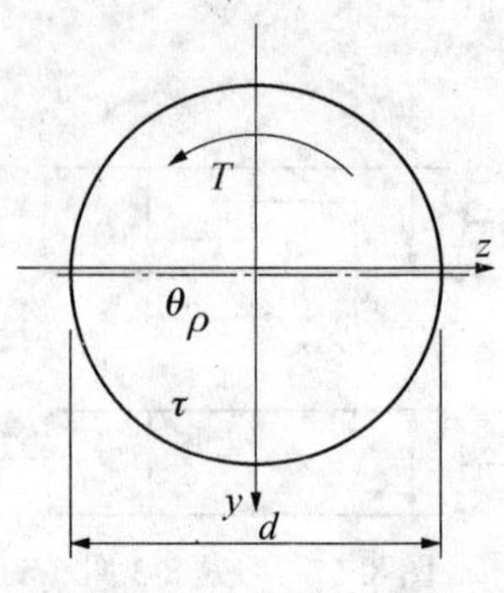

图 8.18 习题 8-8 图

8-9 如图 8.19 所示，由厚度 $t=8$mm 的钢板卷制成的圆筒，平均直径为 $D=200$mm。接缝处用铆钉铆接。若铆钉直径 $d=20$mm，许用切应力 $[\tau]=60$MPa，许用挤压应力 $[\sigma]=160$MPa，筒的两端受扭转力偶矩 $M_e=30$kN·m 作用，试求铆钉的间距 s。

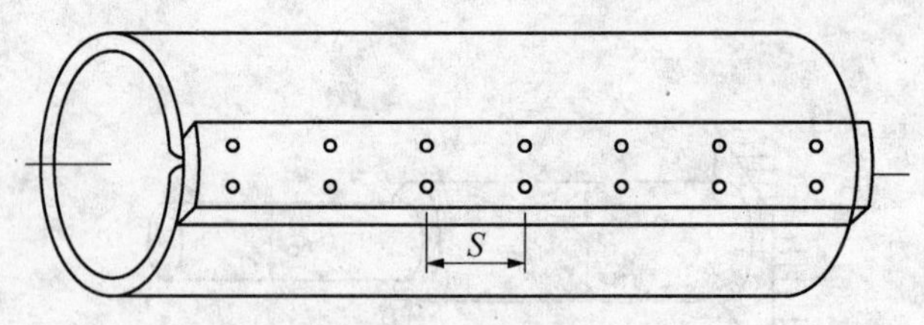

图 8.19 习题 8-9 图

8-10 如图 8.20 所示螺栓接头。已知 $P=40$kN，螺栓许用切应力 $[\tau]=130$MPa，许用挤压应力 $[\sigma_c]=300$MPa，按强度条件计算螺栓所需直径。

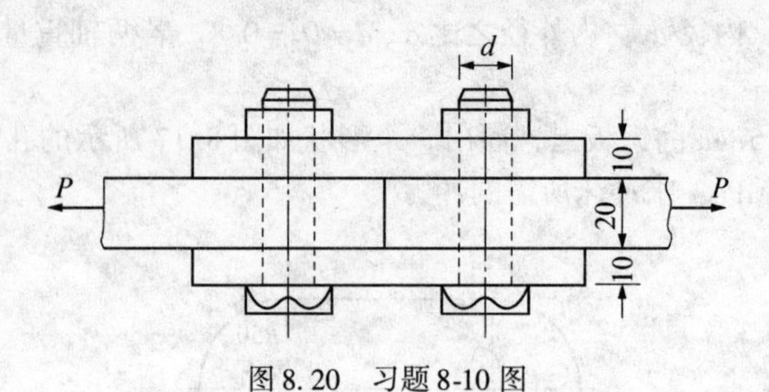

图 8.20 习题 8-10 图

第9章 受弯构件

梁的弯曲变形特别是平面弯曲是实际工程中遇到最多的一种基本变形，对弯曲强度和弯曲刚度的研究在建筑力学中占重要地位。梁的内力分析和绘制内力图是计算梁的强度和刚度的首要条件，应熟练掌握。本章比较集中且完整地体现了建筑力学研究问题的基本方法，学习中应注意理解概念，熟悉方法，掌握理论以解决实际问题。

9.1 平 面 弯 曲

9.1.1 平面弯曲

弯曲变形是杆件常见的一种变形形式，如桥梁、轮轴等，在外力的作用下其轴线发生了弯曲，这种形式的变形称为弯曲变形。

平面弯曲变形的受力特点：在通过杆轴线的平面内，受到力偶或垂直于轴线的外力(即横向力)作用。

平面弯曲的变形特点：杆的轴线被弯成一条平面曲线。在外力作用下弯曲变形或以弯曲变形为主的杆件，习惯上成为梁，如图9.1所示。

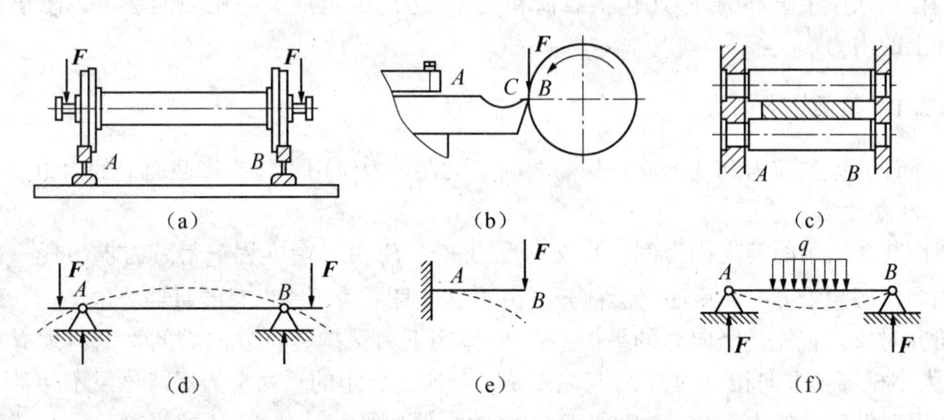

图9.1 弯曲受力、变形基本特点及基本形式

9.1.2 单跨静定梁的几种形式

在力学模型简化中，通常以梁的轴线表示梁，根据梁所受支座约束的不同，梁平面弯曲时的力学模型可分为以下三种形式。

(1)简支梁，如图9.1(f)所示，一端为活动铰链支座，另一端为固定铰链支座。

(2)外伸梁，如图9.1(d)所示，一端或两端伸出支座外的简支梁。

(3)悬臂梁，如图9.1(e)所示，一端为固定端，另一端为自由端的梁。

作为在梁上的荷载，一般可以简化为三种形式，如图9.2所示。

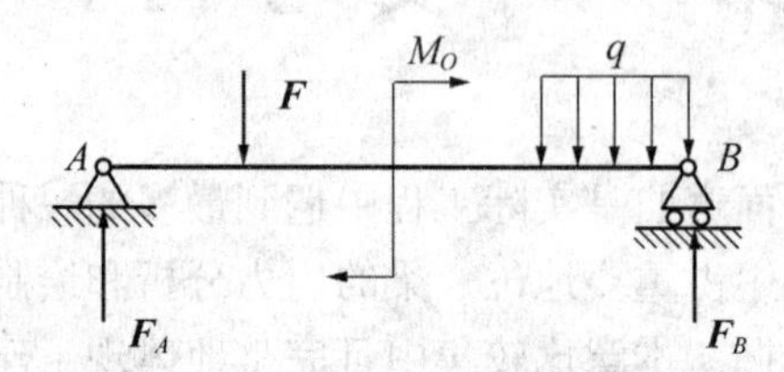

图9.2 梁上载荷简化

(1)集中力。当力的作用范围相对于梁的长度很小时，可以简化为作用于一点的集中力。如直齿圆柱齿轮上的径向力与圆周力、轴承的约束反力和车刀所受的切削力。

(2)集中力偶。当力偶作用的范围远小于梁的长度时，可简化为作用在某一横截面上的集中力偶。

(3)分布载荷。当载荷连续分布在梁的全长或部分长度上时，形成分布载荷。分布载荷的大小用载荷集度 q 表示，单位为N/m。沿梁的长度均匀分布的载荷，成为均布载荷。均布载荷的载荷集度 q 为常数，如均质等截面梁的自重属于均布载荷。

9.2 梁的弯曲内力——剪力和弯矩

当作用在梁上全部的外力(包括载荷和支座反力)确定后，应用截面法可以求出任一横截面上的内力。

9.2.1 截面法求内力

为了计算梁的应力和变形，首先需要确定梁在外力作用下任一横截面上的内力。

1. 内力类型

以图9.3所示的简支梁为例，其支座反力 F_A、F_B 由平衡方程求得。为求出任一截面上的内力，假想沿 m—m 截面将梁截开，由于梁本身平衡，所以它的每部分也平衡。取左段为研究对象，首先是竖向力的平衡，在 F_A 作用下为保持竖直方向力的平衡，须有一个与 F_A 大小相等、方向相反的力 F_Q 与之平衡；其次是力矩的平衡，为保持该段不转动，须有一个逆时针转动的力矩 M 与 F_A 和 F_Q 构成的力偶矩平衡。F_Q 与 M 即为梁 m—m 截面上的内力，其中 F_Q 称为剪力，M 称为弯矩，剪力的单位为牛顿(N)或千牛顿(kN)，弯矩的单位同力矩(kN·m)。

2. 截面法求解内力

梁的内力计算仍用截面法，计算步骤如下：

(1)计算支座反力。

(2)用假想的截面将梁截成两段，任取其中一段(称之为隔离体)作为研究对象。

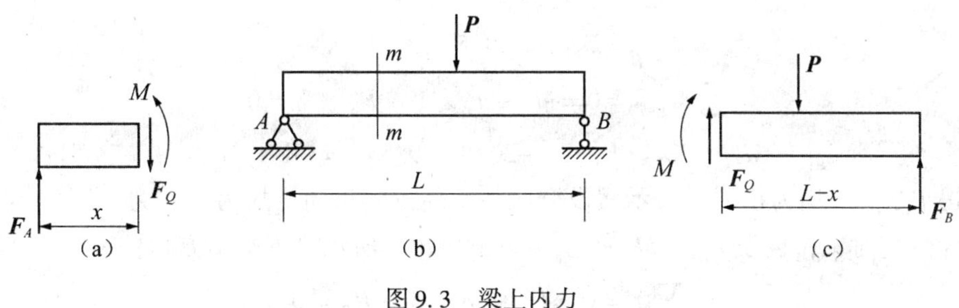

图 9.3 梁上内力

(3)画出隔离体的受力图。

(4)建立静力平衡方程，计算截面内力。

3. 剪力 F_Q 和弯矩 M 的正负号规定

(1)剪力的正负号规定。

①正剪力：截面上的剪力使研究对象作顺时针方向的转动，如图 9.4(a)所示。

②负剪力：截面上的剪力使研究对象作逆时针方向的转动，如图 9.4(b)所示。

可以简单对隔离体规定为“左上有下为正”。

(2)弯矩的正负号规定。

①正弯矩：截面上的弯矩使该截面附近弯成上凹下凸的形状，如图 9.5(a)所示；

②负弯矩：截面上的弯矩使该截面附近弯成上凸下凹的形状，如图 9.5(b)所示。

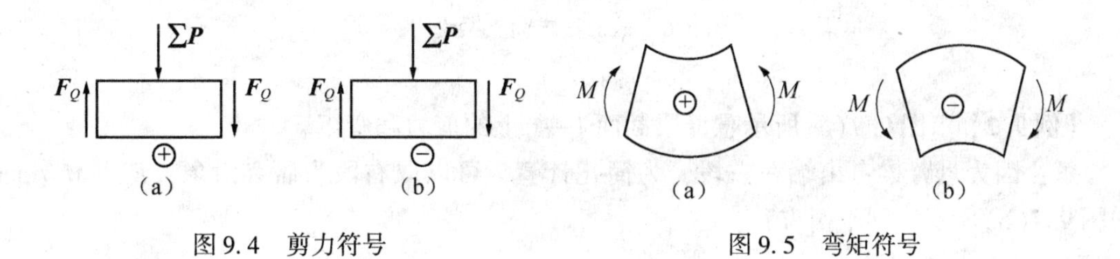

图 9.4 剪力符号　　图 9.5 弯矩符号

【例 9.1】 简支梁如图 9.6 所示。已知 $P=20\text{kN}$，$q=15\text{kN/m}$，求 1—1 截面上的剪力和弯矩。

解：(1)求支座反力。取整体为研究对象，假设 F_A、F_B 向上，如图 9.6(a)所示，列静力平衡方程：

$$\sum M_A(F)=0 \Rightarrow -P\times 1-q\times 3\times 3.5+R_B\times 5=0$$

$$F_B=\frac{P\times1+q\times3\times3.5}{5}=\frac{20\times1+15\times3\times3.5}{5}=35.5\text{kN}$$

$$\sum Y=0 \Rightarrow F_A-P-q\times 3+F_B=0$$

$$F_A=P+q\times3-F_B=20+15\times3-35.5=29.5\text{kN}$$

(2)求截面 1—1 的内力。采用截面法，将梁截开取左段，并设剪力 F_Q 向下，M 逆时针转，如图 9.6(b)所示，列平衡方程求解：

$$\sum Y=0 \Rightarrow F_A - P - F_{Q_1} = 0$$

$$F_{Q_1}=F_A-P=29.5-20=9.5\text{kN}$$

$$\sum M_{1-1}=0 \Rightarrow M_1 + P\times 1 - F_A \times 2 = 0$$

$$M_1=-P\times1+F_A\times2=-20\times1+29.5\times2=39\text{kN}\cdot\text{m}$$

所得 F_{Q1}、M_1均为正值，表示假设方向与实际方向相同，故为正剪力、正弯矩。若取右段梁为研究对象，也设 F_{Q1}、M_1为正，如图 9.6(c)所示，列平衡方程：

$$\sum Y=0 \Rightarrow F_{Q_1} - q\times 3 + R_B = 0$$

$$F_{Q_1}=q\times3-F_B=15\times3-35.5=9.5\text{kN}$$

$$\sum M_{1-1}=0 \Rightarrow -M_1 - q\times 3\times 1.5 + F_B\times 3 = 0$$

$$M_1=-q\times3\times1.5+F_B\times3=-12\times3\times1.5+35.5\times3=39\text{kN}\cdot\text{m}$$

可见 F_{Q1}、M_1均为正值，结果与取左段分析相吻合。

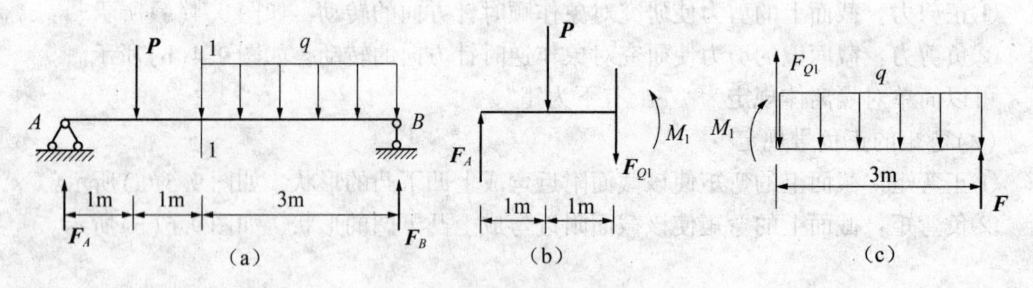

图 9.6 截面法求简支梁受力

【**例 9.2**】求图 9.7(a)所示悬臂梁截面 1—1 上的剪力和弯矩。

解：因为悬臂梁自由端在右段，为简化计算，可以取右段为研究对象，F_Q、M 方向如图 9.7(b)所示。列平衡方程：

$$\sum Y=0 \Rightarrow F_{Q_1} - q\times\frac{1}{2}=0 \qquad F_{Q_1}=\frac{ql}{2}$$

$$\sum M_{1-1}=0 \Rightarrow -M_1 - q\times\frac{l}{2}\times\frac{l}{4}=0 \qquad M_1=\frac{-ql^2}{8}$$

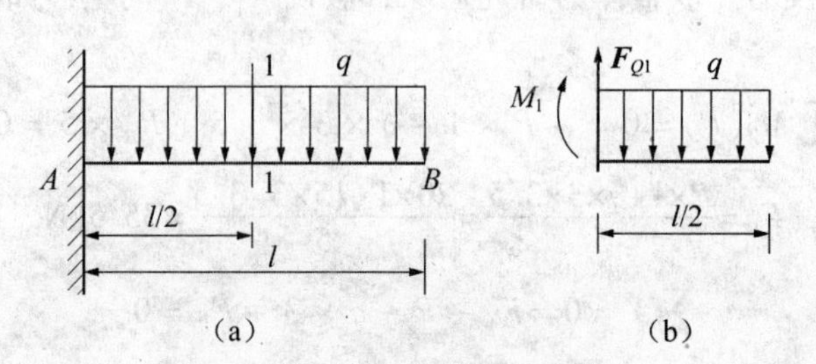

图 9.7 截面法求悬臂梁内力

可见 F_{Q1}是正号，与实际方向一致，M_l是负号，与实际方向相反，即负弯矩。

由以上例题可知，弯矩的计算有以下规律：若取梁的左段为研究对象，横截面上的弯矩的大小等于此截面左边梁上所有外力(包括力偶)对截面形心力矩的代数和，外力矩为顺时针时，截面上的弯矩为正，反之为负；若取梁的右段为研究对象，横截面上的弯矩的大小等于此截面右边梁上所有外力(包括力偶)对截面形心力矩的代数和，外力矩为逆时针时，截面上的弯矩为正，反之为负。

9.2.2 简易法求内力

简易法求内力即运用规律法进行弯矩的求解和弯矩图的绘制。

(1)梁受集中力或集中力偶作用时，弯矩图为直线，并且在集中力作用处，弯矩发生转折，在集中力偶作用处，弯矩发生突变，突变量为集中力偶的大小。

(2)梁受到均布荷载作用时，弯矩图为抛物线，且抛物线的开口方向与均布荷载的方向一致。

(3)梁的两端点若无集中力偶作用，则端点处的弯矩为0；若有集中力偶作用时，则弯矩为集中力偶的大小。

我们可以利用上面的规律绘制弯矩图。

【例9.3】使用关系式画弯矩图(图9.8)，已知 $M=3\text{kN}\cdot\text{m}$，$q=3\text{kN/m}$，$a=2\text{m}$

解：(1)求 A、B 处支反力。

$$F_A=3.5\text{kN};\ F_B=14.5\text{kN}$$

(2)弯矩图。

AC 段：$q=0$，$F_{QC}>0$，直线 $M_C=7\text{kN}\cdot\text{m}$。

CB 段：$q<0$，抛物线，$F_Q=0$，顶点处弯矩为6.04kN·m(顶点即为剪力为零处的点)。

BD 段：$q<0$，开口向下，$M=-6\text{kN}\cdot\text{m}$。

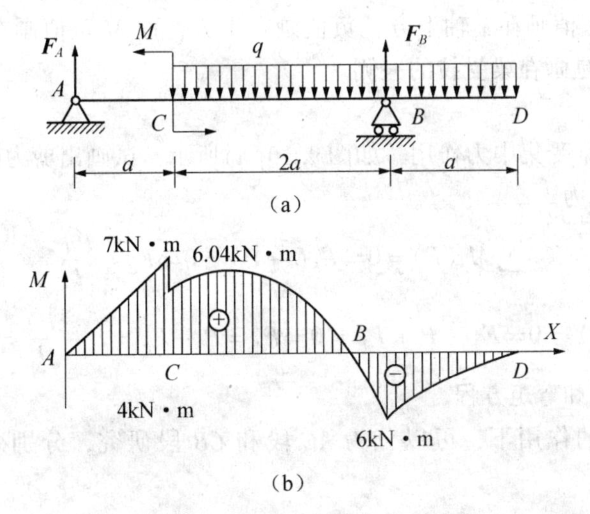

图9.8 简易法求内力

9.3 用内力方程法绘制剪力图和弯矩图

1. 剪力方程和弯矩方程

由剪力以及弯矩的计算过程可知，一般情况下梁各横截面上的剪力和弯短随着横截面位置的不同而变化。为了进行强度计算和变形计算，必须知道沿梁轴线剪力和弯矩的变化规律。梁横截面的位置用沿梁轴线的坐标 x 来表示，则梁的各个横截面上的剪力和弯矩可以表示为 x 的函数，即

$$F_Q = F_Q(x), \quad M = M(x)$$

以上两式分别称为梁的剪力方程和弯矩方程，统称为内力方程。为了形象地表示剪力 F_Q 和弯矩 M 沿梁轴线的变化规律，可根据剪力方程和弯矩方程分别绘制出剪力和弯矩沿梁轴线变化的情况，分别称为剪力图和弯矩图，统称为内力图。由内力图可直观地看出梁上最危险的截面。

2. 剪力图和弯矩图的绘制方法

在土木工程计算中，一般规定绘图坐标系如图 9.9 所示，坐标原点一般选在梁的左端截面。

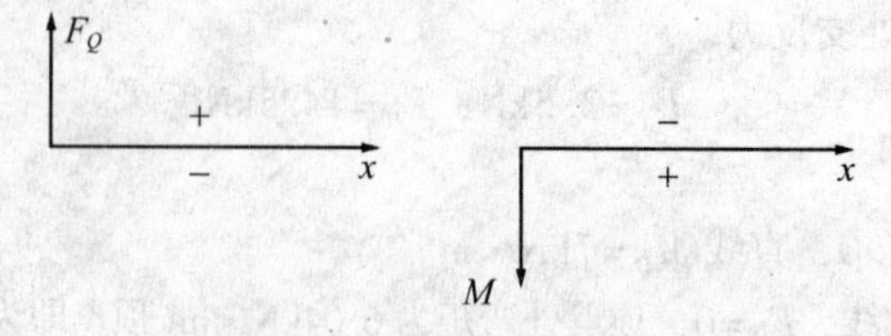

图9.9 剪力、弯矩符号图

作图时，剪力正值画在 x 轴上方，负值画在下方；而 M 正值画在 x 轴下方，负值画在上方，或者 M 总是画在梁受拉的一侧。

下面举例说明。

【例 9.4】 简支梁受集中力作用，如图 9.10(a)所示，试画出剪力图和弯矩图。

解： (1)求支反力。

$$\sum M_A(F) = 0 \Rightarrow F_B L - Pa = 0 \Rightarrow F_B = \frac{Pa}{l}$$

$$\sum Y = 0 \Rightarrow F_A - P + F_B = 0 \Rightarrow F_A = P - F_B = P - \frac{Pa}{l} = \frac{Pb}{l}$$

(2)列剪力方程和弯矩方程。

梁在集中力 P 的作用下，可以分为 AC 段和 CB 段研究，分别列出两段的 F_Q 和 M 方程。

AC 段：假想截面 1—1 在距 A 端 x_1 处切开，取左段研究，如图 9.9(b)所示。

$$\sum Y = 0 \Rightarrow -F_Q(x_1) + F_A = 0$$

$$F_Q(x_1)=F_A=\frac{Pb}{l}(0\leqslant x_1\leqslant a)$$

$$\sum M_{1-1}=0\Rightarrow -M(x_1)+F_Ax_1=0$$

$$M(x_1)=F_Ax_1=x_1\frac{Pb}{l}(0\leqslant x_1\leqslant a)$$

CB 段：假想截面 2—2 在距 *A* 端 x_2 处切开，取左段研究，如图 9.9(c)所示。

$$\sum Y=0\Rightarrow F_A-P-F_Q(x_2)=0$$

$$F_Q(x_2)=F_A-P=\frac{Pb}{l}-P=-\frac{Pa}{l}(a<x_2\leqslant l)$$

$$\sum M_{2-2}=0\Rightarrow M(x_2)+P(x_2-a)-F_Ax_2=0$$

$$M(x_2)=-P(x_2-a)+\frac{Pb}{l}x_2=-\frac{Pa}{l}(l-x_2)(a<x_2\leqslant l)$$

(3)画出剪力图和弯矩图，根据 F_Q、M 方程可以判断内力图形状并描点画图。

F_Q图：*AC* 段剪力方程为常数，由图 9.10(b)可见，由于使截开部分顺时针转动，其值为$\frac{Pb}{l}$，剪力图是一条在 x 轴上方平行于 x 轴的直线。*CB* 段剪力方程也是常数。由图 9.10(c)可见，由于使截开部分逆时针转动，其值为$-\frac{Pb}{l}$，剪力图是一条在 x 轴下方平行于 x 轴的直线，F_Q图如图 9.10(d)所示。

M 图：*AC* 段弯矩方程是 x_l的一次函数，弯矩图是一条斜直线，只要计算两个截面的数值，就可画出弯矩图，对于 *A* 点和 *C* 点分别有

$$M_A=M(0)=0,\ M_C=M(a)=\frac{Pab}{l}$$

BC 段弯矩方程是 x_2的一次函数，弯矩图也是一条斜直线，同理可画出弯矩图。

$$M_C=M(a)=\frac{Pab}{l},\ M_B=M(l)=0$$

由于推导时假设 *M* 是正值，所以 *M* 图画在 x 轴下方，全梁弯矩图如图 9.9(e)所示。

(4)讨论。工程中关心的往往是内力的最大值，从内力图可以看出：

$$F_{Q\ \max}=\max\left(\frac{Pa}{l},\ \frac{Pb}{l}\right),\ M_{\max}=\frac{Pab}{l}$$

【例 9.5】悬臂梁 *AB* 承受均布荷载 q 作用，如图 9.11(a)所示。试画出剪力图和弯矩图。

解：(1)通过分析不难发现，取右段为研究对象可不求支反力，从而使求过程得到简化。列右段剪力方程和弯矩方程，如图 9.11(b)所示。

$$\sum Y=0\Rightarrow F_Q(x_1)-q(l-x_1)=0(0\leqslant x_1\leqslant l)$$

$$F_Q(x_1)=q(l-x_1)$$

$$\sum M_{1-1}=0\Rightarrow M(x_1)+q(l+x_1)\frac{(l-x_1)}{2}=0(0\leqslant x_1\leqslant l)$$

$$M(x_1)=-\frac{q(l-x_1)^2}{2}$$

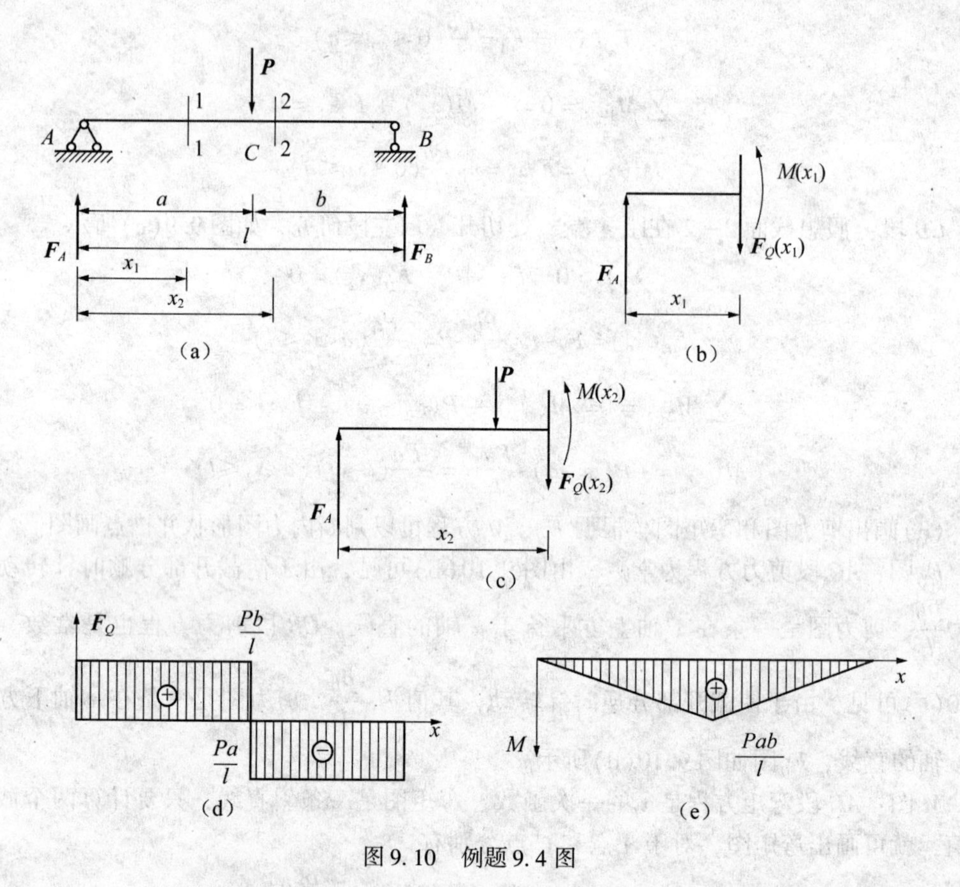

图 9.10 例题 9.4 图

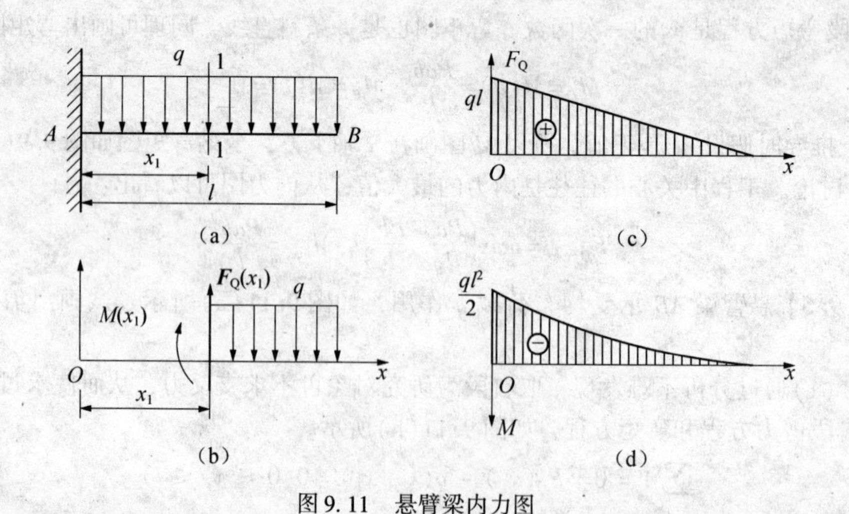

图 9.11 悬臂梁内力图

(2)画剪力图和弯矩图。

剪力方程是 x 的一次函数，所以剪力图是一条斜直线。只要计算两个端截面的数值再连线就可画出剪力图，如图 9.11(c)所示。

$$F_{QB}=F_{Q\ B}(l)=0,\ F_{QA}=F_Q(0)=ql$$

而由弯矩方程可知，它是 x 的二次函数，所以弯矩图是一条二次抛物线，至少需要计算 3 个截面的数值，方可画弯矩图，因此分别取两端和梁中点进行计算。

$$M_A=M(0)=-\frac{ql^2}{2},\ M_C=M\left(\frac{l}{2}\right)=-\frac{ql^2}{8},\ M_B=M(l)=0$$

通过分析弯矩的方向可知，弯矩值是负值，所以画在 x 轴上方，如图 9.11(d)所示。可见悬臂梁受均载作用时，在固定端处剪力和弯矩都达到最大值。

【例 9.6】简支梁 AB，在 C 处作用有力偶 m，如图 9.12(a)所示。试画出剪力图和弯矩图。

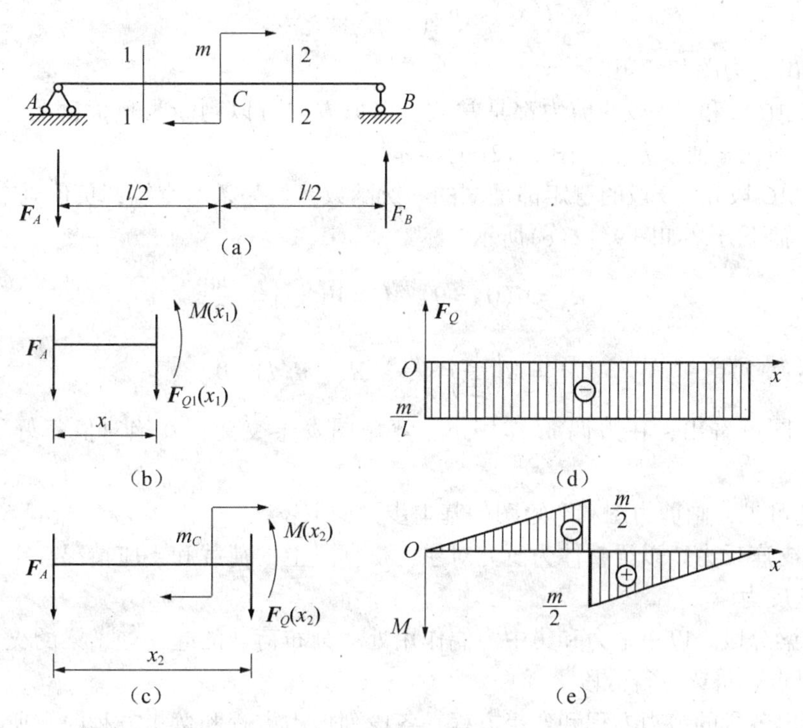

图 9.12　简支梁内力图

解：(1)计算支反力，取整体为研究对象。

$$\sum M_A(F)=0\Rightarrow -m_c+F_Bl=0 \quad 故\ F_B=\frac{m}{l}$$

$$\sum Y=0\Rightarrow -F_A+F_B=0 \quad 故\ F_A-F_B=\frac{m}{l}$$

(2)列剪力方程和弯矩方程，由于力偶 m 将梁分成两段，故须分段列出 F_Q、M 方程。

AC 段：采用截面法，用 1—1 截面截开，如图 9.12(b)所示。

$$\sum Y=0\Rightarrow -F_A-F_Q(x_1)=0$$

$$F_Q(x_1)=-F_A=-\frac{m}{l}\left(0<x_1\leqslant\frac{l}{2}\right)$$

$$\sum M_{1-1}=0 \Rightarrow M(x_1)+F_A x_1=0$$

$$M(x_1)=-F_A x_1=-\frac{m}{l}x_1\left(a \leqslant x_1<\frac{l}{2}\right)$$

CB 段：采用截面法，用2—2截面截开，如图9.12(c)所示

$$\sum Y=0 \Rightarrow -F_A-F_Q(x_2)=0$$

$$F_Q(x_2)=-F_A=-\frac{m}{l}\left(\frac{l}{2} \leqslant x_2<l\right)$$

$$\sum M_{2-2}=0 \Rightarrow M(x_2)-m+F_A x_2=0$$

$$M(x_2)=m-\left(\frac{m}{l}\right)x^2(a<x_2 \leqslant l)$$

(3)画出剪力图和弯矩图。

F_Q图：AC 段和 CB 段的剪力都是常数，根据方向可以判断为负值，是一条平行于 x 轴的直线，画在 x 轴下方，如图9.12(d)所示。

M 图：AC 段和 CB 段的弯矩都是 x_2的一次函数，是一条斜直线，负值画在 x 轴上方，正值画在 x 轴下方，如图9.12(e)所示。

AC 段： $$M_A=M(0)=0,\ M_C=M\left(\frac{l}{2}\right)=-\frac{m}{2}$$

CB 段： $$M_C=M\left(\frac{l}{2}\right)=\frac{m}{2},\ M_B=M(l)=0$$

从弯矩图可看出，在力偶 m 作用下，弯矩图发生突变，其绝对值正好等于集中力偶 m。

由例题可见，画剪力图和弯矩图的基本步骤如下：

(1)求支座反力。以梁整体为研究对象，根据梁上的荷载和支座情况，由静力平衡方程求出支座反力。

(2)将梁分段。以集中力和集中力偶作用处、分布荷载的起讫处、梁的支承处以及梁的端面为界点，将梁进行分段。

(3)列出各段的剪力方程和弯矩方程。各段列剪力方程和弯矩方程时，所取的坐标原点与坐标轴 x 的正向可视计算方便而定，不必一致。

(4)画剪力图和弯矩图。先根据剪力方程(或弯矩方程)判断剪力图(或弯矩图)的形状，确定其控制截面，再根据剪力方程(或弯矩方程)计算相应控制截面的剪力值(或弯矩值)，然后描点并画出全梁的剪力图(或弯矩图)。

从剪力图和弯矩图上可以确定梁的最大剪力值和最大弯矩值，其相应的横截面称为危险截面。

9.4 用微分关系法绘制剪力图和弯矩图

9.4.1 荷载集度、剪力和弯矩之间的微分关系

9.3节从直观上总结出剪力图、弯矩图的一些规律和特点。现进一步讨论剪力图、弯

矩图与荷载集度之间的关系。

如图9.13(a)所示，梁上作用有任意的分布荷载 $q(x)$，设 $q(x)$ 以向上为正。取 A 为坐标原点，x 轴以向右为正。现取分布荷载作用下的一微段 dx 来研究(图9.13(b))。

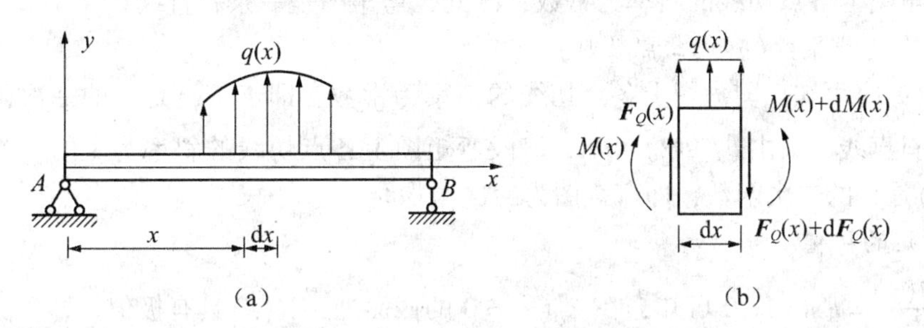

图9.13 荷载集度、剪力和弯矩之间的微分关系图

由于微段的长度 dx 非常小，因此，在微段上作用的分布荷载 $q(x)$ 可以认为是均布的。微段左侧横截面上的剪力为 $F_Q(x)$、弯矩为 $M(x)$；微段右侧截面上的剪力为 $F_Q(x)+\mathrm{d}F_Q(x)$、弯矩为 $M(x)+\mathrm{d}M(x)$，并设它们都为正值。考虑微段的平衡，由：

$$\sum Y = 0 \qquad F_Q(x) + q(x)dx - [F_Q(x) + \mathrm{d}F_Q(x)] = 0$$

得

$$\frac{\mathrm{d}F_Q(x)}{\mathrm{d}x} = q(x) \tag{9-1}$$

由此可知梁上任意一横截面上的剪力对 x 的一阶导数等于作用在该截面处的分布荷载集度。这一微分关系的几何意义是，剪力图上某点切线的斜率等于相应截面处的分布荷载集度。

再由 $\sum M_c = 0 \qquad -M(x) - F_Q(x)\mathrm{d}x - q(x)\mathrm{d}x\dfrac{\mathrm{d}x}{2} + [M(x) + \mathrm{d}M(x)] = 0$

式中：C 点为右侧横截面的形心，经过整理，并略去二阶微量 $q(x)\dfrac{\mathrm{d}x^2}{2}$ 后，得

$$\frac{\mathrm{d}M(x)}{\mathrm{d}x} = F_Q(x) \tag{9-2}$$

由此可知：梁上任一横截面上的弯矩对 x 的一阶导数等于该截面上的剪力。这一微分关系的几何意义是，弯矩图上某点切线的斜率等于相应截面上剪力。

将式(9-2)两边求导，可得

$$\frac{\mathrm{d}^2M(x)}{\mathrm{d}x^2} = q(x) \tag{9-3}$$

因此梁上任一横截面上的弯矩对 x 的二阶导数等于该截面处的分布荷载集度。这一微分关系的几何意义是，弯矩图上某点的曲率等于相应截面处的荷载集度，即由分布荷载集度的正负可以确定弯矩图的凹凸方向。

9.4.2 用微分关系绘制剪力图和弯矩图

利用弯矩、剪力与荷载集度之间的微分关系及其几何意义。可总结出下列一些规律，

以用来校核或绘制梁的剪力图和弯矩图。

1. 在无荷载梁段($q(x)=0$ 时)

由式(9-1)可知，$F_Q(x)$是常数，即剪力图是一条平行于 x 轴的直线；又由式(9-2)可知该段弯矩图上各点切线的斜率为常数，因此，弯矩图是一条斜直线。

2. 均布荷载梁段($q(x)=$ 常数时)

由式(9-1)可知，剪力图上各点切线的斜率为常数，即 $F_Q(x)$是 x 的一次函数，剪力图是一条斜直线；又由式(9-2)可知，该段弯矩图上各点切线的斜率为 x 的一次函数，因此，$M(x)$是 x 的二次函数，即弯矩图为二次抛物线。

3. 弯矩的极值

由$\frac{dM(x)}{dx}=F_Q(x)=0$ 可知，在 $F_Q(x)=0$ 的截面处，$M(x)$具有极值。即剪力等于零的截面上，弯矩具有极值；反之，弯矩具有极值的截面上，剪力一定等于零。

利用上述荷载、剪力和弯矩之间的微分关系及规律，可更简捷地绘制梁的剪力图和弯矩图，其步骤如下：

(1)分段，即根据梁上外力及支承等情况将梁分成若干段；

(2)根据各段梁上的荷载情况，判断其剪力图和弯矩图的大致形状；

(3)利用计算内力的简便方法，直接求出若干控制截面上的 F_Q值和 M 值；

(4)逐段直接绘出梁的 F_Q图和 M 图。

【例 9.7】一外伸梁，梁上荷载如图 9.14(a)所示，已知 $l=4$m，利用微分关系绘出外伸梁的剪力图和弯矩图。

解：(1)求支座反力。

$$F_B=20\text{kN}(\uparrow),\ F_D=8\text{kN}(\uparrow)$$

(2)根据梁上的外力情况将梁分为 AB、BC 和 CD 三段。

(3)计算控制截面剪力，画剪力图。

AB 段梁上有均布荷载，该段梁的剪力图为斜直线，其控制截面剪力为

$$F_A=0$$

$$F_{B左}=\frac{1}{2}ql=-\frac{1}{2}\times4\times4=-8\text{kN}$$

BC 和 CD 段均为无荷载区段，剪力图均为水平线，其控制截面剪力为

$$F_{B右}=-\frac{1}{2}ql+F_B=-8+20=12\text{kN}$$

$$F_{Q_D}=-F_D=-8\text{kN}$$

画出剪力图如图 9.14(b)所示。

(4)计算控制截面弯矩，画弯矩图。

AB 段梁上有均布荷载，该段梁的弯矩图为二次抛物线。因 q 向下($q<0$)，所以曲线凸向下，其控制截面弯矩为

$$M_A=0$$

$$M_B=-\frac{1}{2}ql\cdot\frac{l}{4}=-\frac{1}{8}\times4\times4^2=-8\text{kN}\cdot\text{m}$$

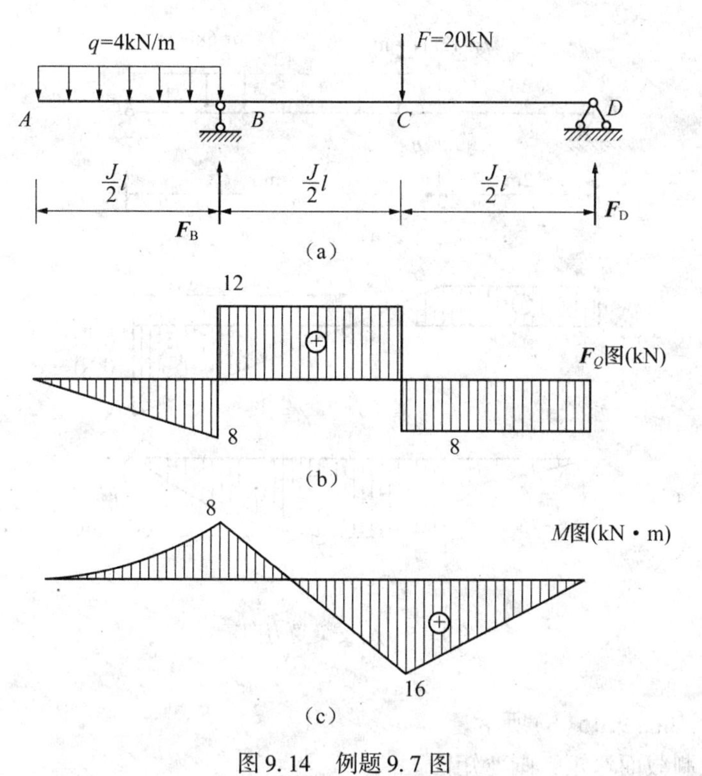

图 9.14 例题 9.7 图

BC 段与 CD 段均为无荷载区段，弯矩图均为斜直线，其控制截面弯矩为

$$M_B=-8\text{kN}\cdot\text{m}$$

$$M_C=F_D\cdot\frac{l}{2}=8\times2=16\text{kN}\cdot\text{m}$$

$$M_D=0$$

画出弯矩图如图 9.14(c)所示。

从以上看到，对本题来说，只需算出 $F_{QB左}$、$F_{QB右}$、$F_{QD左}$和 M_B、M_C，就可画出梁的剪力图和弯矩图。

【例 9.8】一简支梁，尺寸及梁上荷载如图 9.15(a)所示，利用微分关系绘出此梁的剪力图和弯矩图。

解：(1)求支座反力。

$$F_A=6\text{kN}(\uparrow),\ F_C=18\text{kN}(\uparrow)$$

(2)根据梁上的荷载情况，将梁分为 AB 和 BC 两段，逐段画出内力图。

(3)计算控制截面剪力，画剪力图。

AB 段为无荷载区段，剪力图为水平线，其控制截面剪力为

$$F_{Q_A}=F_A=6\text{kN}$$

BC 为均布荷载段，剪力图为斜直线，其控制截面剪力为

$$F_{Q_B}=F_A=6\text{kN}$$

$$F_{Q_C}=-F_C=-18\text{kN}$$

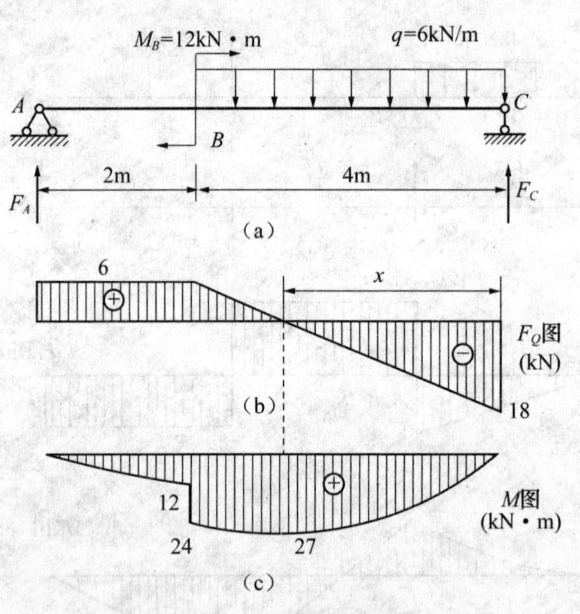

图 9.15 简支梁受力图示

画出剪力图如图 9.15(b)所示。

(4)计算控制截面弯矩，画弯矩图。

AB 段为无荷载区段，弯矩图为斜直线，其控制截面弯矩为

$$M_A=0$$

$$M_{B左}=F_A\times2=12\text{kN}\cdot\text{m}$$

BC 为均布荷载段，由于 q 向下，弯矩图为下凸的二次抛物线，其控制截面弯矩为

$$M_{B右}=F_A\times2+M_e=6\times2+12=24\text{kN}\cdot\text{m}$$

$$M_C=0$$

从剪力图可知，此段弯矩图中存在着极值，应该求出极值所在的截面位置及其大小。

设弯矩具有极值的截面距右端的距离为 x，由该截面上剪力等于零的条件可求得 x 值，即

$$F_Q(x)=-F_C+qx=0$$

$$x=\frac{F_C}{q}=\frac{18}{6}=3\text{m}$$

弯矩的极值为

$$M_{\max}=F_C\cdot x-\frac{1}{2}qx^2=18\times3-\frac{6\times3^2}{2}=27\text{kN}\cdot\text{m}$$

画出弯矩图如图 9.15(c)所示。

对本题来说，求出反力 F_A、F_C后便可直接画出剪力图。而弯矩图，也只需确定 $M_{B左}$、$M_{B右}$及 $M_{\max}$值，便可画出。

在熟练掌握简便方法求内力的情况下，可以直接根据梁上的荷载及支座反力画出内力图。

9.5 用叠加法画弯矩图

1. 叠加原理

由于在小变形条件下，梁的内力、支座反力、应力和变形等参数均与荷载呈线性关系，每一荷载单独作用时引起的某一参数不受其他荷载的影响。所以，梁在 n 个荷载共同作用时所引起的某一参数(内力、支座反力、应力和变形等)，等于梁在各个荷载单独作用时所引起同一参数的代数和，这种关系称为叠加原理(图 9.16)。

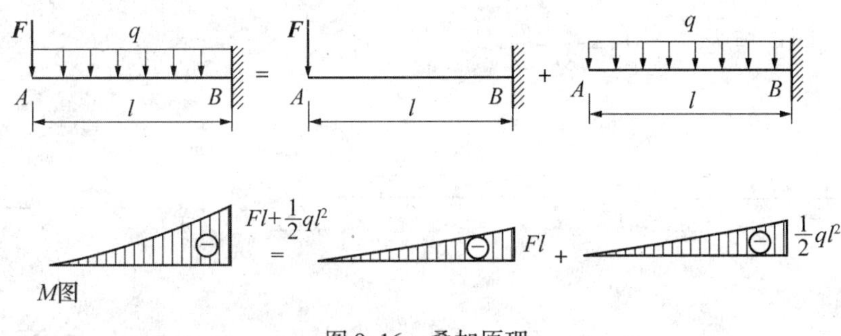

图 9.16 叠加原理

2. 叠加法画弯矩图

根据叠加原理来绘制梁的内力图的方法称为叠加法。由于剪力图一般比较简单，因此不用叠加法绘制。下面只讨论用叠加法作梁的弯矩图。其方法为：先分别作出梁在每一个荷载单独作用下的弯矩图，然后将各弯矩图中同一截面上的弯矩代数相加，即可得到梁在所有荷载共同作用下的弯矩图。

为了便于应用叠加法绘内力图，在表 9.1 中给出了梁在简单荷载作用下的剪力图和弯矩图，可供查用。

表 9.1 单跨梁在简单荷载作用下的弯矩图

荷载形式	弯矩图	荷载形式	弯矩图	荷载形式	弯矩图
F, l	Fl	q, l	$\frac{ql^2}{2}$	M_0, l	M_0
a, F, b, l	$\frac{Fab}{l}$	q, l	$\frac{ql^2}{8}$	M_0, a, b, l	$\frac{b}{l}M_0$, $\frac{a}{l}M_0$
F, l, a	Fa	q, l, a	$\frac{1}{2}qa^2$	M_0, l, a	M_0

【例 9.9】试用叠加法画出图 9.17 所示简支梁的弯矩图。

解:(1)先将梁上荷载分为集中力偶 m 和均布荷载 q 两组。

(2)分别画出 m 和 q 单独作用时的弯矩图(图 9.17(b)、(c)),然后将这两个弯矩图相叠加。叠加时,是将相应截面的纵坐标代数相加。叠加方法如图 9.17(a)所示。先作出直线形的弯矩图(即 ab 直线,可用虚线画出),再以 ab 为基准线作出曲线形的弯矩图。这样,将两个弯矩图相应纵坐标代数相加后,就得到 m 和 q 共同作用下的最后弯矩图(图 9.17(a))。其控制截面为 A、B、C。即

A 截面弯矩为 $M_A=-m+0=-m$

B 截面弯矩为 $M_B=0+0=0$

跨中 C 截面弯矩为 $M_C=\dfrac{ql^2}{8}-\dfrac{m}{2}$

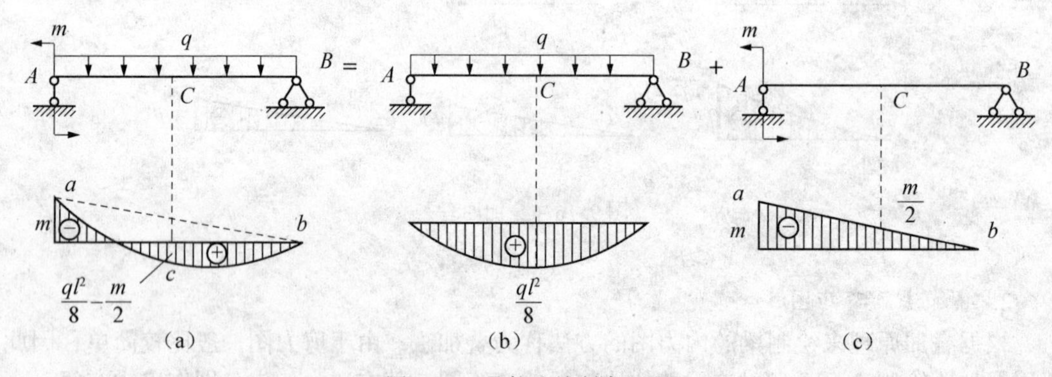

图 9.17 叠加法绘制弯矩图

叠加时宜先画直线形的弯矩图,再叠加上曲线形或折线形的弯矩图。

由上例可知,用叠加法作弯矩图,一般不能直接求出最大弯矩的精确值,若需要确定最大弯矩的精确值,应找出剪力 $F_Q=0$ 的截面位置,求出该截面的弯矩,即得到最大弯矩的精确值。

【例 9.10】用叠加法画出图 9.18 所示简支梁的弯矩图。

解:(1)先将梁上荷载分为两组。其中,集中力偶 m_A 和 m_B 为一组,集中力 F 为一组。

(2)分别画出两组荷载单独作用下的弯矩图(图 9.18(b)、(c)),然后将这两个弯矩图相叠加。叠加方法如图 9.18(a)所示。先作出直线形的弯矩图(即 ab 直线,用虚线画出),再以 ab 为基准线作出折线形的弯矩图。这样,将两个弯矩图相应纵坐标代数相加后,就得到两组荷载共同作用下的最后弯矩图(图 9.18(a))。其控制截面为 A、B、C。即

A 截面弯矩为 $M_A=m_A+0=m_A$

B 截面弯矩为 $M_B=m_B+0=m_B$

跨中 C 截面弯矩为 $M_C=\dfrac{m_A+m_B}{2}+\dfrac{Fl}{4}$

3. 用区段叠加法画弯矩图

上面介绍了利用叠加法画全梁的弯矩图。现在进一步把叠加法推广到画某一段梁的弯

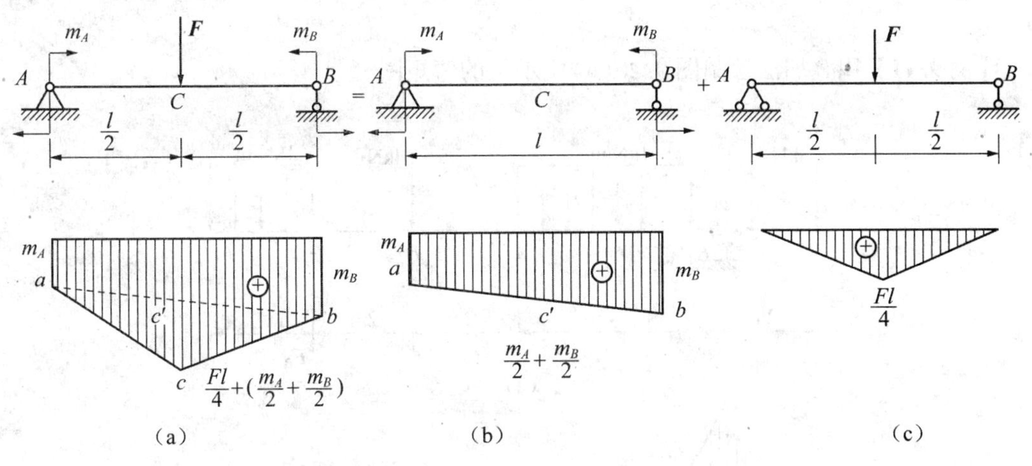

图 9.18　叠加法绘制梁弯矩图

矩图，这对画复杂荷载作用下梁的弯矩图和今后画刚架、超静定梁的弯矩图是十分有用的。

图 9.19(a)为一梁承受荷载 F、q 作用，如果已求出该梁截面 A 的弯矩 M_A 和截面 B 的弯矩 M_B，则可取出 AB 段为脱离体(图 9.19(b))，然后根据脱离体的平衡条件分别求出截面 A、B 的剪力 F_{QA}、F_{QB}。将此脱离体与图 9.19(c)的简支梁相比较，由于简支梁受相同的集中力 F 及杆端力偶 M_A、M_B 作用，因此，由简支梁的平衡条件可求得支座反力 $F_A = F_{QA}$，$F_B = F_{QB}$。

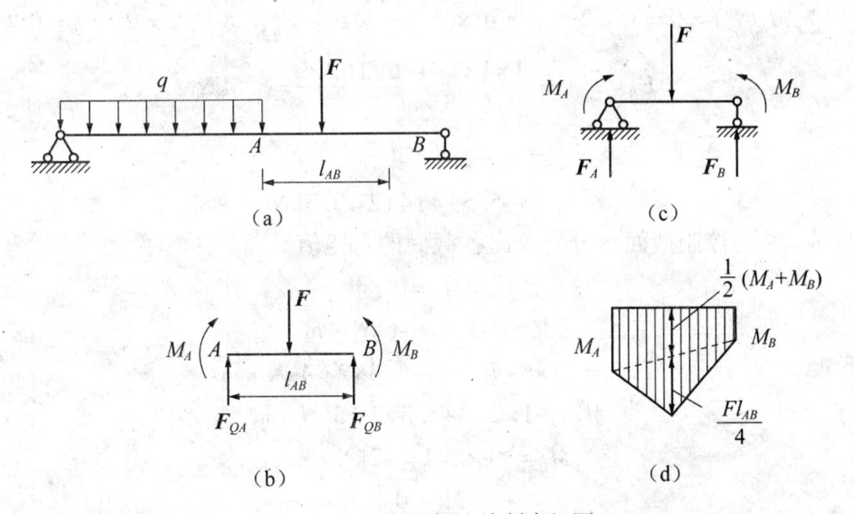

图 9.19　区段叠加法绘制弯矩图

可见图 9.19(b)与(c)两者受力完全相同，因此两者弯矩也必然相同。对于图 9.19(c)所示简支梁，可以用上面讲的叠加法作出其弯矩图如图 9.19(d)所示，因此，可知 AB 段的弯矩图也可用叠加法作出。由此得出结论：任意段梁都可以当做简支梁，并可以利用叠加法来作该段梁的弯矩图。这种利用叠加法作某一段梁弯矩图的方法称为“区段叠加法”。

【例9.11】用叠加法绘制图9.20(a)所示梁的弯矩图。

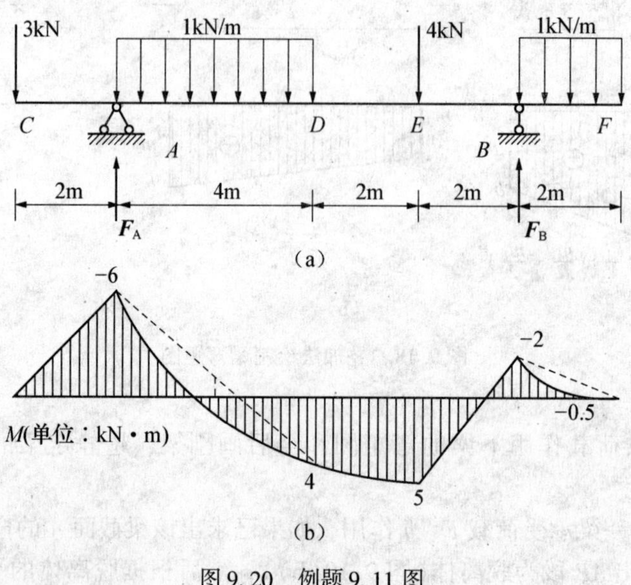

图9.20 例题9.11图

解：本题可以采用分段叠加的办法作弯矩图。

(1)求支反力。

$$\sum M_A(F)=0\Rightarrow 3\times 2-1\times 4\times 2-4\times 6+F_B\times 8-1\times 2\times 9=0$$

$$F_B=\frac{-3\times 2+1\times 4\times 2-4\times 6+1\times 2\times 9}{8}=5.5\text{kN}$$

$$\sum Y=0\Rightarrow -3+F_B-1\times 4-4+F_A-1\times 2=0$$

$$F_A=3-5.5+4+4+2=7.5\text{kN}$$

(2)选 $A\sim F$ 为控制截面，分别求出各截面的弯矩值。

$$M_C=0$$

$$M_A=-3\times 2=-6\text{kN}\cdot\text{m}$$

$$M_D=-3\times 6+7.5\times 4-1\times 4\times 2=4\text{kN}\cdot\text{m}$$

$$M_E=-1\times 2\times 3+5.5\times 2=5\text{kN}\cdot\text{m}$$

$$M_B=-1\times 2\times 1=-2\text{kN}\cdot\text{m}$$

$$M_F=0$$

(3)把梁分成 CA 段、AD 段、DE 段、EB 段、BF 段，然后用分段叠加法绘制各段的弯矩图。具体做法是将上述各控制面的 M 值按比例绘出，根据分布荷载和弯矩图的微分关系可知，如果无荷载作用连以直线，如有荷载作用，连一虚线为基线，然后按简支梁叠加求得弯矩图，如图9.20(b)所示。

其中，AD 段中点弯矩为

$$M_{AD中}=\frac{-6+4}{2}+\frac{1\times4^2}{8}=1\text{kN}\cdot\text{m}$$

BF 段中点的弯矩为

$$M_{BF中}=\frac{-2+0}{2}+\frac{1\times2^2}{8}=-0.5\text{kN}\cdot\text{m}$$

9.6　梁弯曲时的应力及强度计算

9.6.1　平面弯曲梁横截面应力分析

由前面知道，梁的横截面上有剪力 F_Q 和弯矩 M 两种内力存在，它们各自在梁的横截面上会引起剪应力 τ 和正应力 σ。下面讨论梁的正应力计算和剪应力计算。

1. 梁的正应力计算

(1)梁弯曲时的现象与假设。

取一根矩形截面梁，在梁的表面上作出与梁轴线平行的纵向线和与纵向线垂直的横向线形成均等的小方格，并加一对力偶使其发生弯曲变形，如图 9.21 所示，可观察到如下现象。

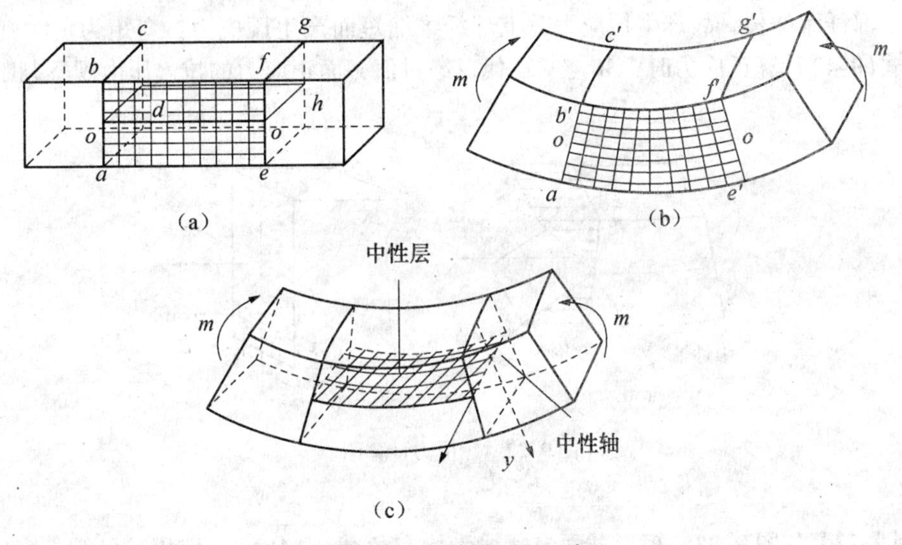

图 9.21　梁弯曲时的现象

①横线 ab、cd、ef、gh 等仍保持为直线，在倾斜了一个角度后，仍垂直于弯曲后的纵线且点 a、b、c、d 和 e、f、g、h 变形后各位于一倾斜平面内。

②所有的纵线都弯曲成曲线。靠近底面的纵线伸长，靠近顶面的纵线缩短。而位于其间某一位置的一条纵线 o—o，其长度不变。

从表面的变形现象可以推断：内于各横向线代表横截面，变形前后都是直线，表明横截面变形后都仍保持为平面；又由于梁可以看成是由无数纵向纤维组成，既然上部缩短、下部伸长，梁内必有一层既不伸长也不缩短的纵向纤维层，称为中性层。中性层与各横截面的交线称为中性轴。中性轴通过横截面的形心，与竖向对称轴 y 垂直，如图 9.21(c)所示。

由以上的推断可以提出以下假设：梁的所有横截面在变形过程中要发生转动，但仍保持为平面，并且和变形后的梁轴线垂直。这一假设称为平面假设。又因为梁下部的纵向纤维伸长而宽度减小，上部纵向纤维缩短而宽度增加。因此又假设：所有与轴线平行的纵向纤维都是轴向拉伸或压缩(即纵向纤维之间无挤压)。

以上假设之所以成立，是因为以此为基础所得到的应力和变形公式得到了实验的证实。这样，平面假设就反映出了梁弯曲变形的本质。

(2)正应力计算公式。

根据平面假设，并综合考虑梁变形时几何、物理和静力学三方面关系，可以推导出梁弯曲时横截面上任一点正应力的计算公式(过程从略)可表达为

$$\sigma=\frac{M\cdot y}{I_z} \tag{9-4}$$

式中：M 为横截面上任意一点处的弯矩；y 为所计算点到中性轴的垂直距离；I_z 为截面对中性轴的惯性矩。

由式(9-4)可见，梁横截面上任一点的正应力与弯矩 M 和该点到中性轴的距离 y 成正比，与惯性矩 I_z 成反比，中性轴上各点正应力为零($y=0$)，如图 9.22 所示。当弯矩为正时，梁下部纤维伸长，故产生拉应力，上部纤维缩短而产生压应力；弯矩为负时则相反。一般用式(9-4)计算正应力时，M 与 y 均代以绝对值，而正应力的拉、压由观察判断。

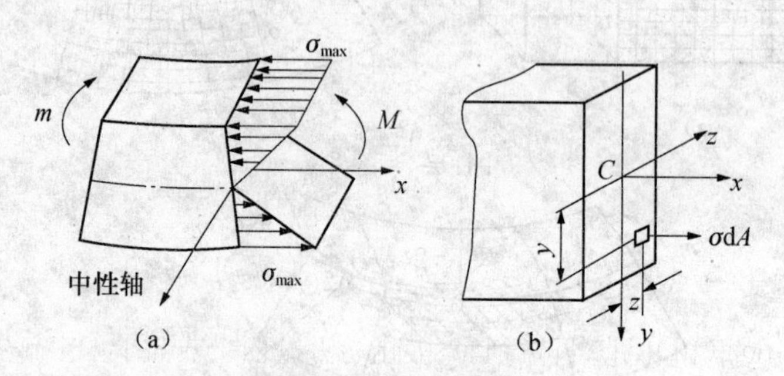

图 9.22 正应力计算图

【例 9.12】如图 9.23，矩形截面悬臂梁受均布荷载 $q=4\text{kN/m}$ 作用。已知 $b=200\text{mm}$，$h=300\text{mm}$，$l=2\text{m}$。试求跨中 C 截面上 a、b、c 各点的正应力。

解：(1)求跨中 C 截面上的弯矩。

$$M_C=-q\times\frac{l}{2}\times\frac{l}{4}=-\frac{qL^2}{8}=-\frac{4\times2^2}{8}=-2\text{kN}\cdot\text{m}$$

(2)求矩形截面惯性矩。

$$I_z=\frac{bh^3}{12}=\frac{0.2\times0.3^3}{12}=4.5\times10^{-4}\text{m}^4$$

(3)分别求 a、b、c 三点正应力。

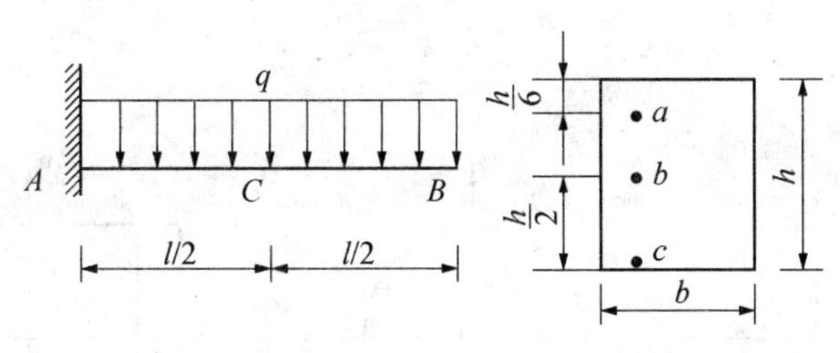

图 9.23 例题 9.12 图

$$\sigma_a=\frac{M_c y_b}{I_z}=\frac{M_c\times\left[\left(\frac{h}{2}\right)-\frac{h}{6}\right]}{I_z}=\frac{2\times10^3\times(0.15-0.05)}{4.5\times10^{-4}}=0.44\text{MPa}(\text{拉应力})$$

$$\sigma_b=\frac{M_c y_b}{I_z}=\frac{M_c\times0}{I_z}=0(\text{中性轴})$$

$$\sigma_c=\frac{M_c y_c}{I_z}=\frac{M_c\times\frac{h}{2}}{I_z}=\frac{2\times10^3\times0.15}{4.5\times10^{-4}}=0.67\text{MPa}(\text{压应力})$$

2. 梁的正应力强度条件

(1)最大正应力与强度条件。

在进行梁的强度计算时，必须算出梁的最大正应力值。由式(9-4)可知，弯曲变形的梁的危险截面就是最大弯矩 $M_{\max}$ 所在截面，该截面上距中性轴最远的 $y_{\max}$ 处，即是危险点，该点正应力达到最大值。

$$\sigma_{\max}=\frac{M_{\max}y_{\max}}{I_z}=\frac{M_{\max}}{\frac{I_z}{y_{\max}}}=\frac{M_{\max}}{W_z}$$

上式称为梁的最大正应力计算公式。为了保证梁具有足够的强度，应使危险截面上危险点的正应力不超过材料的许可应力[σ]，即

$$\sigma_{\max}=\frac{M_{\max}}{W_z}\leqslant[\sigma] \tag{9-5}$$

式中：W_z 称为抗弯截面模量，m^3 或 mm^3。

式(9-5)为梁的正应力强度条件。

如图 9.24 所示，(a)矩形截面，$W_z=\frac{bh^2}{6}$，$W_y=\frac{hb^2}{6}$。

(b)圆形截面，$W_z=W_y=\frac{\pi D^3}{32}$。

(c)正方形截面，$W_z=W_y=\frac{a^3}{6}$。

(2)工程中的 3 类强度问题。

①校核强度。在已知梁的材料和横截面的形状、尺寸，以及所受荷载的情况下，校核梁是否满足正应力强度条件，即

$$\sigma_{\max}=\frac{M_{\max}}{W_z}\leq[\sigma]$$

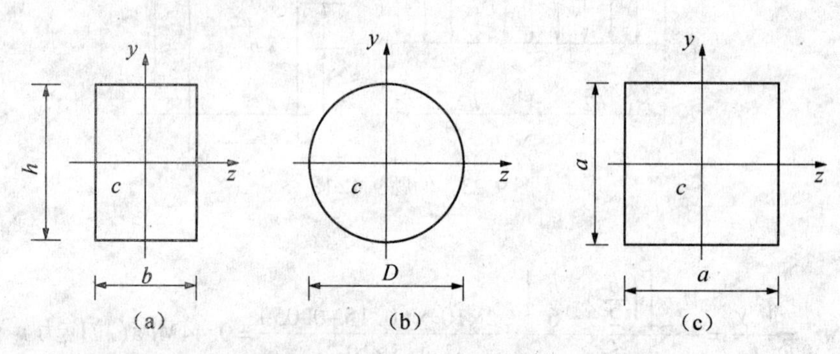

图9.24 工程中3类强度问题

②截面设计。已知荷载和梁的材料时可根据强度条件，计算所需的抗弯截面系数，进而选择截面的尺寸，即

$$W_z\geqslant\frac{M_{\max}}{[\sigma]}$$

③确定许可荷载。如已知梁的材料和截面尺寸，根据强度条件，计算出梁所能承受的最大弯矩，即

$$M_{\max}\leqslant W_z\cdot[\sigma]$$

【例9.13】 如图9.25所示矩形截面的木制简支梁受均布荷载作用。已知 $q=4\text{kN/m}$，$l=4\text{m}$，$b=200\text{mm}$，$h=300\text{mm}$，梁的材料弯曲时的许可应力 $[\sigma]=10\text{MPa}$，试校核该梁的强度。

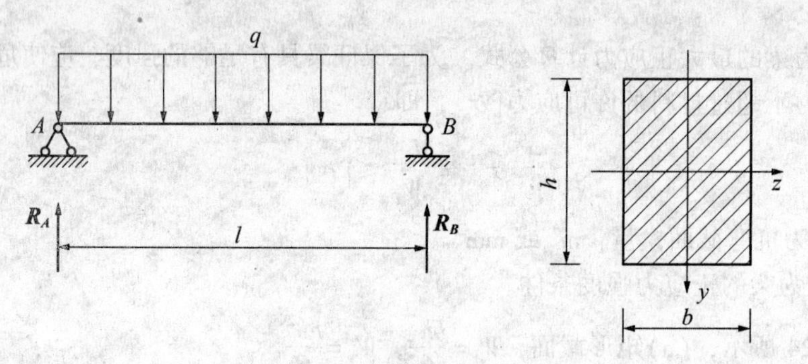

图9.25 例题9.13图

解：(1)计算最大弯矩。

$$M_{\max}=\frac{ql^2}{8}=\frac{4\times4^2}{8}=8\text{kN}\cdot\text{m}$$

(2)计算抗弯截面模量。

$$W_z=\frac{bh^2}{6}=\frac{0.2\times0.3^2}{6}=3\times10^{-3}(\text{m}^3)$$

(3)代入强度公式校核。

$$\sigma_{\max}=\frac{M_{\max}}{W_z}=\frac{8\times10^3}{3\times10^{-3}}=2.67(\text{MPa})<[\sigma]$$

所以强度满足。

导入案例中，两根石梁，截面为矩形，一根长1m，截面宽与长均为0.1m，在自重作用下安全；另外一根长度、截面尺寸都扩大为原来的10倍，却破坏了。这正是因为正应力强度不满足引起的。

3. 梁的剪应力计算及强度条件

(1)剪应力计算公式。

梁在发生横向弯曲时，横截面上不仅有弯矩 M 作用，而且还有剪力 F_Q 作用。弯矩是截面上正应力合成的结果，剪力则是截面上剪应力合成的结果。剪应力在横截面上分布比较复杂，梁的最大剪应力产生在剪力最大的横截面的中性轴上，计算公式为

$$\tau_{\max}=\frac{F_{Q\max}S_z}{I_z b} \tag{9-6}$$

式中：$F_{Q\max}$ 为梁内最大剪应力；S_z 为截面距中性轴以上(或以下)的面积 A 对中性轴 z 的静矩，如图9.26所示；I_z 为截面惯性矩；b 为截面宽度，或者腹板厚度。

(2)剪应力强度条件。

为保证梁的剪应力强度，梁的最大剪应力不应超过材料许可剪应力$[\tau]$，即

$$\tau_{\max}=\frac{F_{Q\max}S_z}{I_z b}\leqslant[\tau] \tag{9-7}$$

式(9-7)称为梁的剪应力强度条件。$[\tau]$为材料在弯曲时的许可剪应力。

【例9.14】 承受均布荷载的矩形截面外伸梁如图9.27所示。已知 $l=3\text{m}$，$b=200\text{mm}$，$h=400\text{mm}$，$q=6\text{kN/m}$，材料的许可剪应力$[\tau]=1.2\text{MPa}$。试校核梁的抗剪强度。

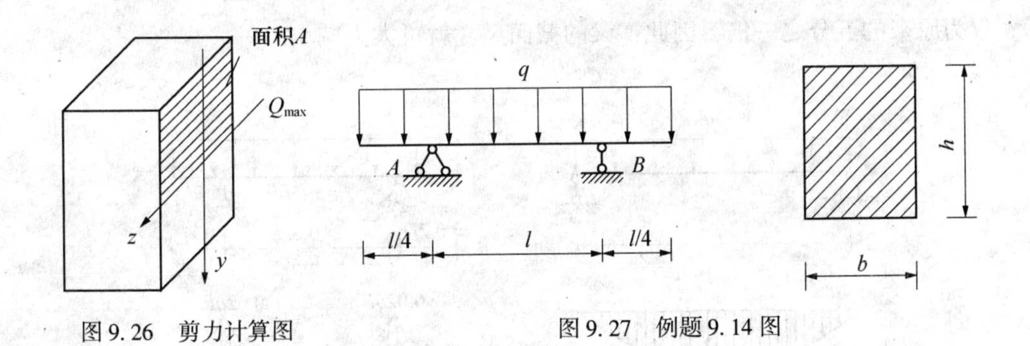

图9.26 剪力计算图　　图9.27 例题9.14图

解：(1)计算最大剪力 $F_{Q_{\max}}$。通过作内力图(略)可知

$$F_{Q_{\max}}=9\text{kN}$$

(2)计算 S_z、I_z。

$$S_z=\frac{h}{2}\times b\times\frac{h}{4}=\frac{400}{2}\times200\times\frac{400}{4}=4\times10^6(\text{mm}^3)$$

$$I_z=\frac{bh^3}{12}=\frac{200\times400^3}{12}=1.07\times10^9(\text{mm}^4)$$

(3)代入剪应力公式校核。

$$\tau_{\max}=\frac{F_{Q\max}S_z}{I_z b}=\frac{9\times10^3\times4\times10^6\times10^{-9}}{1.07\times10^9\times10^{-12}\times200\times10^{-3}}=0.168\times10^{-6}(\mathrm{Pa})=0.168\mathrm{MPa}<[\tau]$$

可见抗剪强度满足要求。

9.6.2　提高梁强度的措施

在设计梁时，既要保证梁在荷载作用下安全正常地工作，又要充分发挥材料的潜能，节约材料，减轻自重，满足工程既安全又经济的要求。一般情况下，梁的弯曲强度主要是由正应力控制的，为此，提高梁抗弯强度的措施，应以弯曲正应力强度条件作为依据。等截面梁的正应力强度条件为

$$\sigma_{\max}=\frac{M_{\max}}{W_z}\leqslant[\sigma]$$

梁横截面上的最大正应力与最大弯矩成正比，与抗弯截面系数成反比。因此，一方面要合理安排梁的受力情况，降低最大弯矩值；另一方面要选择合理的截面形状，充分利用材料，提高抗弯截面系数的数值。

1. 合理安排梁的受力情况

(1)合理布置梁的支座。

例如，一简支梁承受满跨均布荷载作用，如图9.28(a)所示，跨中截面的最大弯矩值为

$$M_{\max}=\frac{ql^2}{8}\leqslant0.125ql^2$$

若两端支座各向中间移动0.2l，如图9.28(b)所示，则最大弯矩将减小为

$$M_{\max}=\frac{ql^2}{40}\leqslant0.025ql^2$$

仅为原来的五分之一倍，因此，梁的截面尺寸就可大大减小。

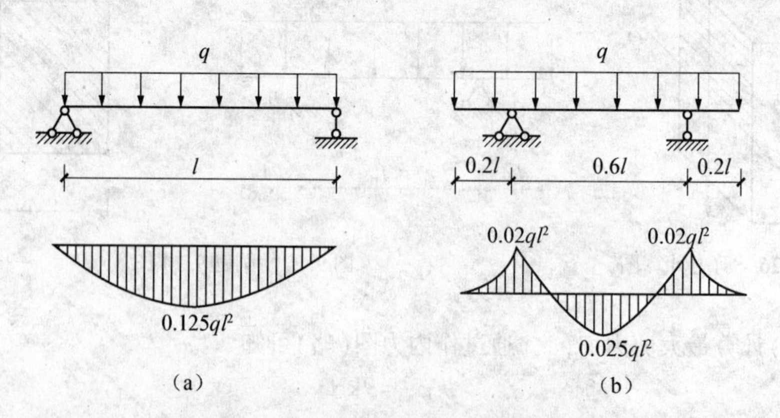

图9.28　简支梁承受满跨均布荷载弯矩图

(2)适当增加梁的支座。

由于梁的最大弯矩与梁的跨度有关，因此，适当增加的支座，可减小梁的跨度，达到

降低最大弯矩的目的。例如，在简支梁中间增加一个支座，如图 9.29 所示，绝对最大弯矩值 $|M_{max}|=0.3125ql^2$，只是原来的 1/5。

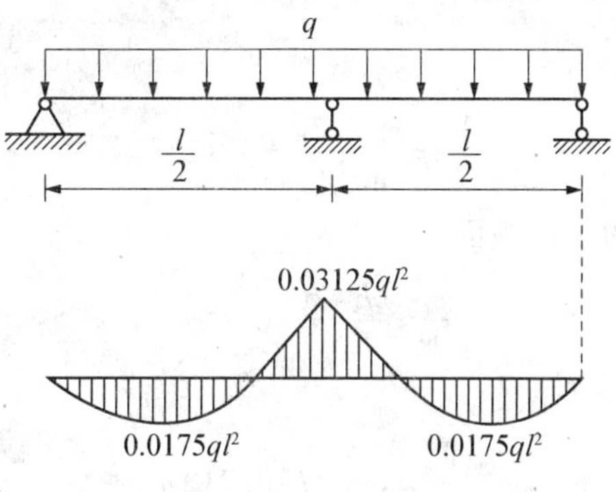

图 9.29　适当增加梁的支座

(3)改善荷载的布置情况。

在条件允许的情况下，合理安排梁上的荷载，可降低最大弯矩值。例如，简支梁在跨中受一集中力 P 作用。如图 9.30(a)所示，最大弯矩值为 $M_{max}=\dfrac{ql}{4}$。

若在梁上安装一根辅梁，如图 9.30(b)所示，则梁的最大弯矩值为 $M_{max}=\dfrac{ql}{8}$，仅为原来的 0.5。

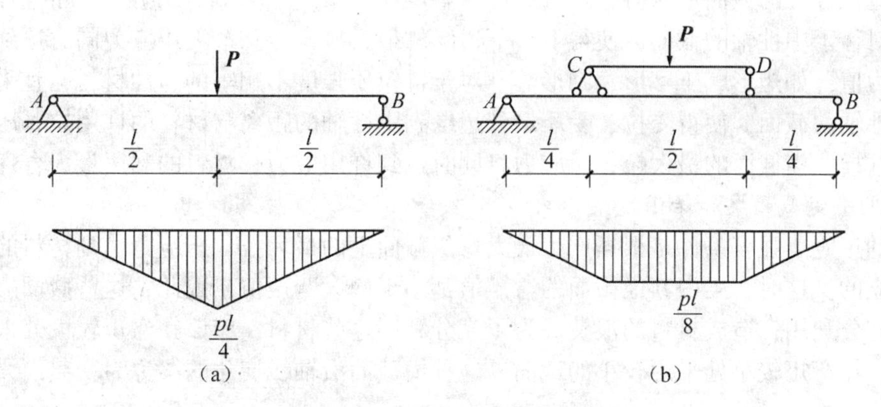

图 9.30　改善荷载的布置情况

2. 选择合理的截面形状

(1)根据抗弯截面系数与梁横截面积的比值 $\dfrac{W_z}{A}$ 选择截面。

由弯曲正应力强度条件可知，在弯矩不变的情况下，梁横截面上的正应力与抗弯截面系数成反比，而用料的多少又与横截面积成正比，因此，合理的截面形状应是在横截面积相同的情况下具有较大的抗弯截面系数，即比值$\frac{W_z}{A}$大的截面形状合理。

下面对同高度不同形状截面的$\frac{W_z}{A}$值作一比较。

直径为 h 的圆形截面：

$$\frac{W_z}{A}=\frac{\pi h^3/32}{\pi h^2/4}=0.125h$$

高度为 h、宽度为 b 的矩形截面：

$$\frac{W_z}{A}=\frac{bh^2/6}{bh}=0.167h$$

高度为 h 的槽形和工字形截面：

$$\frac{W_z}{A}=(0.27\text{–}0.31)h$$

由此可见，槽形和工字形截面比矩形截面合理，而矩形截面又比圆形截面合理。

(2)根据正应力的分布选择截面。

由内正应力的计算公式可知，弯曲正应力沿截面高度呈直线规律分布，中性轴附近正应力很小，这部分材料没有得到充分利用。如果把中性轴附近的材料尽量减少，把大部分材料布置在离中性轴较远处，这样材料就会得到充分利用，截面形状就比较合理。因此，在工程中经常采用工字形、圆环形等截面形状。建筑工程中的楼板常用空心的，也是这个道理。

(3)根据材料特性选择截面。

在选择合理的截面形状时，还应考虑材料的特性。对于抗拉压强度相等的塑性材料，宜采用对称于中性轴的截面，使得上、下边缘的最大拉应力和最大压应力同时达到材料的计用应力值，如矩形、工字形、圆形等。对于抗拉压强度不相等的脆性材料，宜采用不对称于中性轴的截面，使得受拉、受压最外边缘到中性轴的距离与材料的许用拉、压应力成正比，这样，横截面的最大拉、压应力将同时达到许用应力，材料的利用最为合理。

3. 采用变截面梁和等强度梁

梁的正应力强度条件是根据产生最大弯矩截面上的最大拉、压应力达到材料的许用应力而建立的，这时，梁内其他截面的弯矩值都小于最大弯矩值，因此，这些截面的材料均得不到充分利用，造成材料的浪费。为了充分利用这些材料，应该在弯矩较大处采用较大的截面，在弯矩较小处采用较小的截面。这种横截面沿轴线变化的梁称为变截面梁。若使每一横截面上的最大正应力都恰好等于材料的许用正应力 $\sigma_{\max}=\frac{M_{\max}}{W_z}\leqslant[\sigma]$，这样的梁称为等强度梁。

从强度方面看，等强度梁最合理，但这种截面变化给施工造成一定的困难。工程中往往采用形状比较简单而接近等强度梁的变截面梁。

9.7 梁的变形

工程中有些受弯构件在荷载作用下虽能满足强度要求，但由于弯曲变形过大，刚度不足，仍不能保证构件正常工作，称为弯曲变形问题。为了保证受弯构件的正常工作，必须把弯曲变形限制在一定的许可范围之内，即受弯构件应满足刚度条件。

1. 梁变形的概念

以简支梁为例，说明平面弯曲时变形的一些概念。取梁在变形前的轴线为 x 轴，与 x 轴垂直向下的轴为 y 轴。梁在发生弯曲变形后，梁的轴线由直线变成一条连续光滑的曲线，这条曲线称为梁的挠曲线。如图 9. 31 所示，由于每个横截面都发生了移动和转动，所以梁的弯曲变形可用两个基本量来度量。

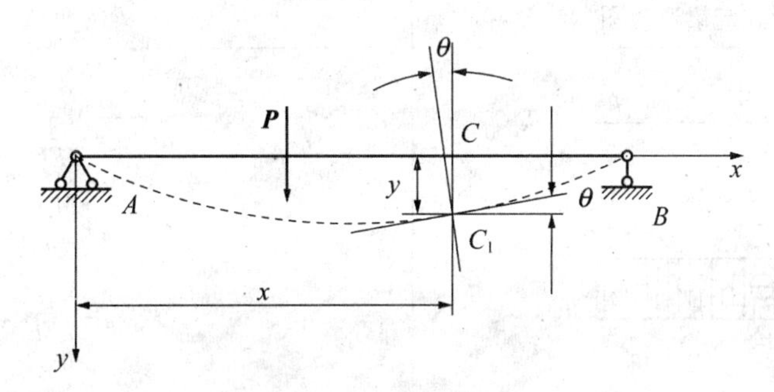

图 9. 31 简支梁的挠曲线

(1)挠度。

梁任一横截面的形心 C，沿 y 轴方向的线位移 CC_1 称为改截面的挠度，用 y 来表示。向下的挠度为正，向上的挠度为负。

(2)转角。

梁的任一横截面 C，在梁变形后绕中性轴转动的角度称为该截面的转角，用 θ 表示，以顺时针转向的转角为正，逆时针转向的转角为负。

2. 挠曲线近似微分方程

工程中遇到的大多数情况是梁的挠度值很小，挠曲线是一条光滑平坦的曲线，梁截面的转角也很小，根据梁挠曲线的概念和高等数学的曲率公式，可知梁的挠曲线与梁横截面上的弯矩 M 和梁的抗弯刚度量 EI 有关(推导省略)，得公式如下：

$$\frac{d^2y}{dx^2}=-\frac{M_x}{EI} \tag{9-8}$$

(9-8)式称为梁的挠曲线近似微分方程，对该方程进行积分，便可求出挠度和转角(积分法省略)。

3. 叠加法计算梁的变形

在建筑工程中，通常不需要建立梁的挠曲线方程，只需求出梁的最大挠度。而实际中的梁受力较复杂，因此用叠加法来做较为方便，一般可利用表 9. 2 的公式，将梁上复杂荷载拆成若干个单一荷载，直接查表获得每一种荷载单独作用下的挠度和转角，其后作代数和，就得到所求变形值。这种方法称为叠加法。

表 9.2 **梁在简单荷载作用下的变形**

悬臂梁 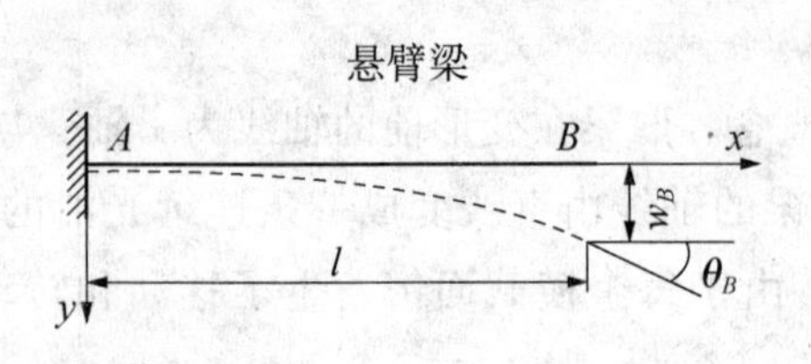	w：梁沿 y 方向的挠度 w_B：梁右端处的挠度 θ_B：梁右端处的转角 EI：梁抗弯刚度
荷载形式与梁弯矩图	梁的变形
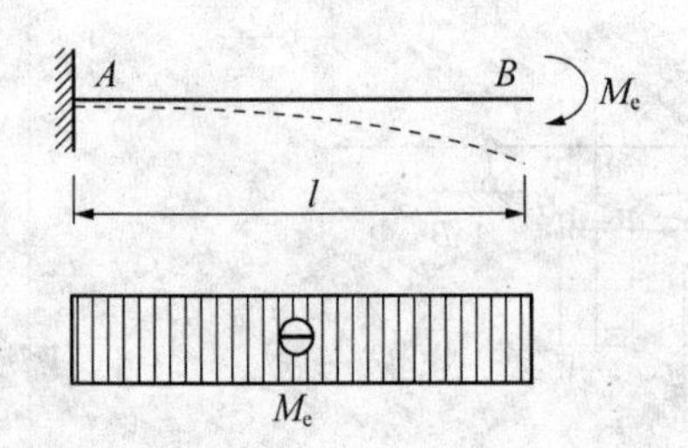	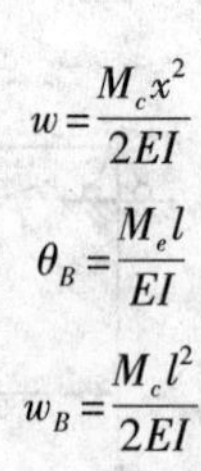 $w=\frac{M_cx^2}{2EI}$ $\theta_B=\frac{M_el}{EI}$ $w_B=\frac{M_cl^2}{2EI}$
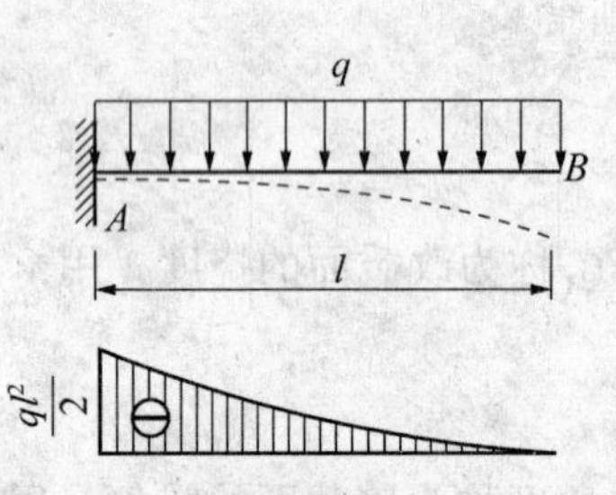	$w=\frac{qx^2(x^2+6l^2-4lx)}{24EI}$ $\theta_B=\frac{ql^3}{6EI}$ $w_B=\frac{ql^4}{8EI}$
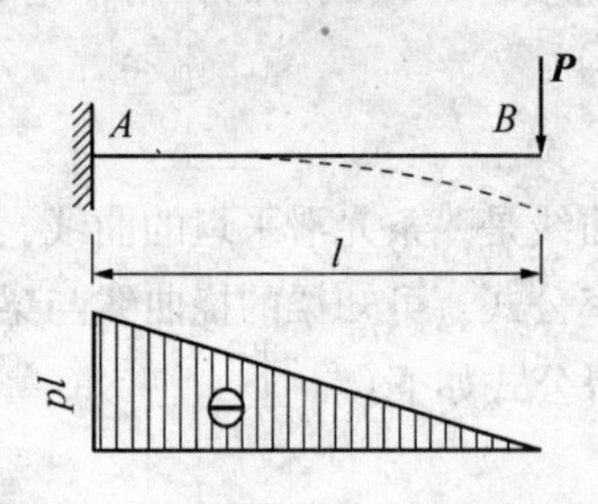	$w=\frac{Px^2(3l-x)}{6EI}$ $\theta_B=\frac{Pl^2}{2EI}$ $w_B=\frac{Pl^3}{3EI}$
简支梁 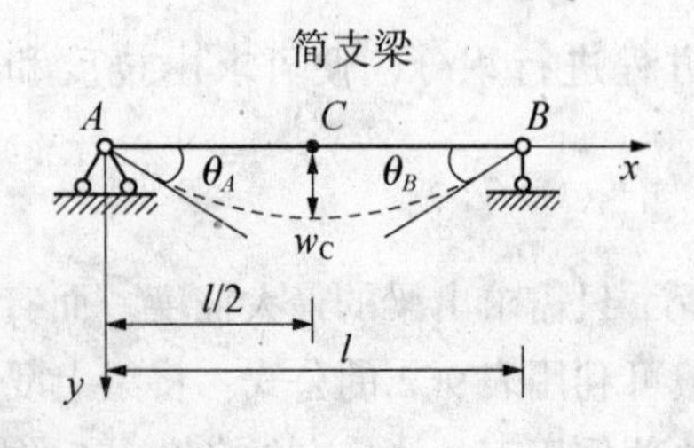	w：梁沿 y 方向的挠度 w_C：梁中点处的挠度 θ_A、θ_B：梁左端和右端处的转角 EI：梁抗弯刚度

续表

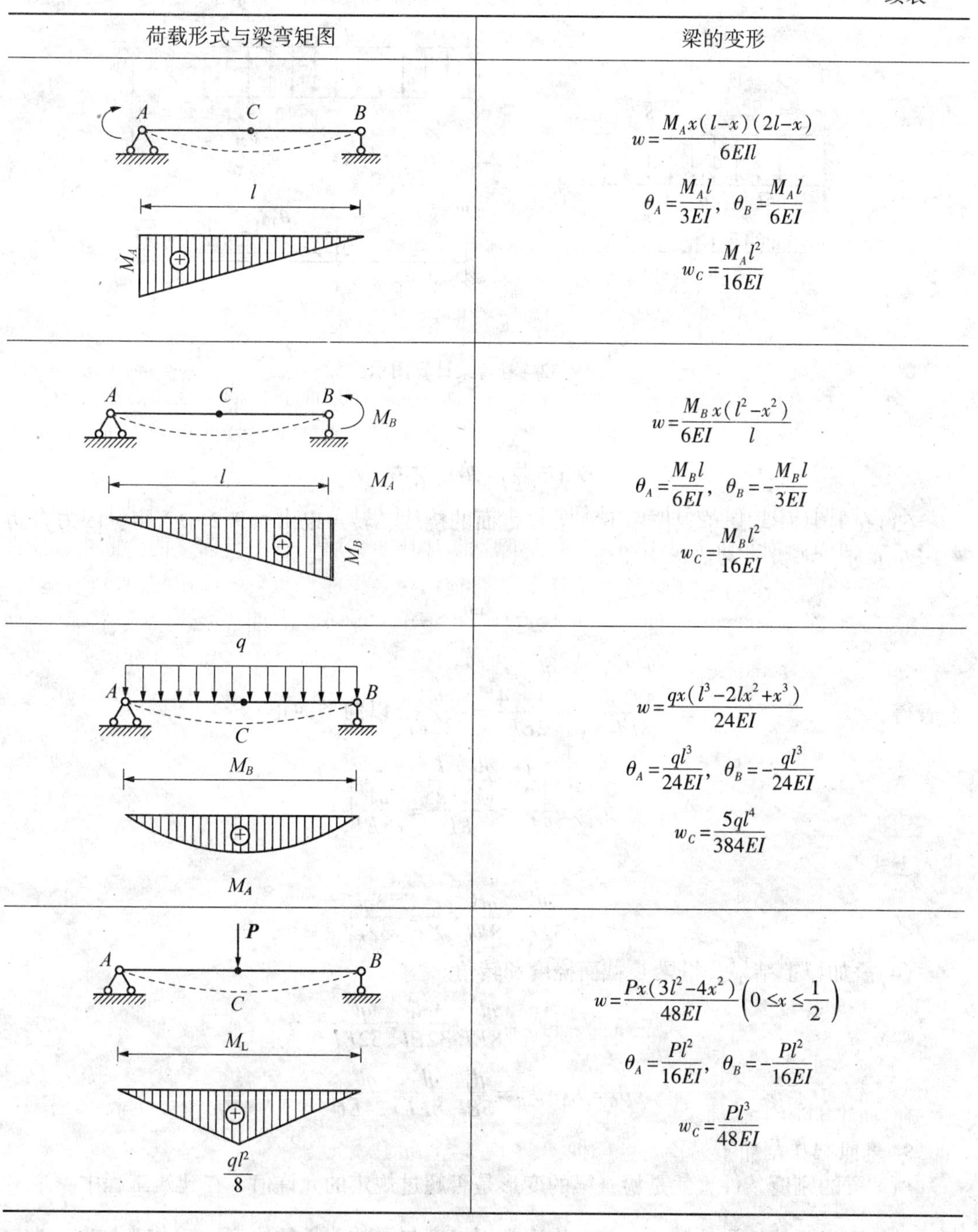

荷载形式与梁弯矩图	梁的变形
	$w=\frac{M_A x(l-x)(2l-x)}{6EIl}$ $\theta_A=\frac{M_A l}{3EI}$，$\theta_B=\frac{M_A l}{6EI}$ $w_C=\frac{M_A l^2}{16EI}$
	$w=\frac{M_B x(l^2-x^2)}{6EI\,l}$ $\theta_A=\frac{M_B l}{6EI}$，$\theta_B=-\frac{M_B l}{3EI}$ $w_C=\frac{M_B l^2}{16EI}$
	$w=\frac{qx(l^3-2lx^2+x^3)}{24EI}$ $\theta_A=\frac{ql^3}{24EI}$，$\theta_B=-\frac{ql^3}{24EI}$ $w_C=\frac{5ql^4}{384EI}$
	$w=\frac{Px(3l^2-4x^2)}{48EI}\left(0\le x\le\frac{1}{2}\right)$ $\theta_A=\frac{Pl^2}{16EI}$，$\theta_B=-\frac{Pl^2}{16EI}$ $w_C=\frac{Pl^3}{48EI}$

【例 9.15】 用叠加法求图 9.32 所示悬臂梁 C 截面的挠度和转角。已知梁的抗弯刚度 EI。

解：（1）将梁上荷载分解成单独荷载作用。

（2）由表 9.2 中查在均布荷载 q 单独作用下梁 C 截面的挠度和转角。

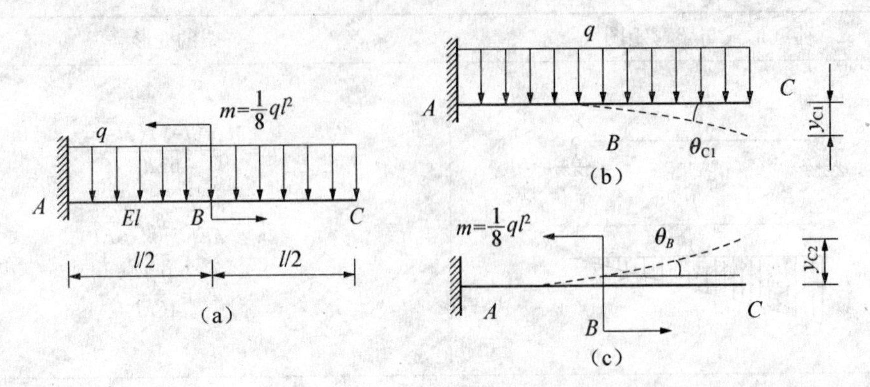

图9.32 悬臂梁计算图示

$$y_{C1}=\frac{ql^4}{8EI},\ \theta_{C1}=\frac{ql^3}{6EI}$$

(3)在集中力偶 M 单独作用下，梁 C 截面的挠度、转角也由表9.2中查得。因为力偶作用在 B 处，所以 C 截面挠度应为

$$y_{C2}=y_B+\theta_B\times\frac{l}{2}$$

查表得
$$y_B=\frac{m\left(\frac{l}{2}\right)^2}{2EI}=\frac{-\frac{ql^2}{4}\times\frac{l^2}{4}}{2EI}=-\frac{ql^4}{32EI}\text{(以向下为正)}$$

$$\theta_B=\frac{m\times\frac{l}{2}}{EI}=\frac{\frac{ql^2}{4}\times\frac{l}{2}}{EI}=-\frac{ql^3}{8EI}$$

代入上式得

$$y_{C2}=-\frac{ql^4}{32EI}-\frac{ql^3}{8EI}\times\frac{l}{2}=-\frac{3ql^4}{32EI}$$

(4)叠加以上结果，得梁C截面挠度和转角。

$$y_C=y_{C1}+y_{C2}=\frac{ql^4}{8EI}-\frac{3ql^4}{32EI}=\frac{ql^4}{32EI}$$

$$\theta_C=\theta_{C1}+\theta_{C2}=\frac{ql^3}{6EI}-\frac{ql^3}{8EI}=\frac{ql^3}{24EI}$$

4. 梁的刚度条件

所谓梁的刚度条件，就是检查梁的变形是否超过规定的允许值。在建筑工程中，通常只校核挠度，不校核梁的转角，其允许值常用挠度与梁的跨长的比值 $\left[\frac{f}{l}\right]$ 作为标准。即

$$\frac{y_{\max}}{l}\leqslant\left[\frac{f}{l}\right]$$

根据构件的不同用途，在有关规范中有具体规定：

一般钢筋混凝土梁的 $\left[\frac{f}{l}\right]=\frac{1}{200}\sim\frac{1}{300}$；

钢筋混凝土吊车梁的$\left[\frac{f}{l}\right]=\frac{1}{500}\sim\frac{1}{600}$。

梁必须同时满足强度和刚度条件，通常是先按强度条件设计，然后用刚度条件校核。

【例 9.16】 图 9.33 中所示的简支梁，受均布荷载 q 和集中力 P 共同作用．截面为 20a 号工字钢，允许应力$[\sigma]=150\text{MPa}$，弹性模量 $E=2.1\times10^5\text{MPa}$，挠度允许值$\left[\frac{f}{l}\right]=\frac{1}{400}$，已知 $l=4\text{m}$，$q=6\text{kN/m}$，$P=10\text{kN}$，试校核梁的强度和刚度。

解：(1)求梁的最大弯矩值。通过作弯矩图可知

$$M_{\max}=22\text{kN}\cdot\text{m}$$

(2)查附录型钢标 20a 工字钢。

$$W_z=237\text{cm}^3 \qquad I=2370\text{cm}^4$$

(3)校核强度。

$$\sigma_{\max}=\frac{M_{\max}}{W_z}=\frac{22\times10^3}{237\times10^{-6}}=92.8(\text{MPa})<[\sigma]$$

满足强度要求。

(4)查表 9.2 最大挠度，在梁跨中将 P 和 q 引起的梁跨中挠度叠加。得

$$\begin{aligned}y_{\max}&=y_{CP}+y_{Cq}=\frac{Pl^3}{48EI}+\frac{5ql^4}{384EI}\\&=\frac{10\times10^3\times4^3}{48\times2.1\times10^{11}\times2370\times10^{-8}}+\frac{5\times6\times10^3\times4^4}{384\times2.1\times10^{11}\times2370\times10^{-8}}\\&=0.00268+0.00402=0.0067\text{m}\end{aligned}$$

(5)校核刚度。

$$\frac{y_{\max}}{l}=\frac{0.0067}{4}=0.00168<\left[\frac{f}{l}\right]=\frac{1}{400}$$

可见该梁的强度和刚度都满足要求。

5. 提高梁刚度的措施

由上述分析计算可知，梁的最大挠度与梁的荷载、跨度、支承情况、横截面的惯性矩 I、材料的弹性模量 E 有关，所以要提高梁的刚度应该从以上因素入手。

(1)提高梁的抗弯刚度。

它包含两个措施：增大材料的弹性模量和增大截面的惯性矩。对于低碳钢和优质钢，增加 E 意义不大，因为两者相差不大。而只有增大梁的横截面的惯性矩，在面积不变的情况下，将面积分布在距中性轴较远处，增大 EI 减少梁的工作应力，所以工程中构件截面常采用箱形、工字形等。

导入案例中，A4 大小的纸张，两端固定，在自重的作用下下凹，但是将纸张折成连续 V 形，其上放置数根粉笔而无明显变形。原因就是后者提高了构件的抗弯刚度。在建筑上，如屋盖做成折板结构等，目的就是为了提高构件的抗弯刚度。

(2)减少梁的跨度。

静定梁的跨度 l 对弯曲变形影响最大，因为挠度与跨度的三次方(集中载荷时)或四次方(分布载荷时)成正比。随着跨度的增加，静定梁的刚度将迅速下降，这一特点大大限

制了静定梁的使用范围。因此，对于变形过大而又不允许减少其跨度的受弯杆件，根据不同要求，可采用超静定梁(增加支座数目)或桁架等结构。

(3)改善加载方式。

在结构允许的条件下，合理地调整荷载的作用方式，可以降低弯矩，从而减小梁的变形。例如，对于长度为 l 的简支梁，如果将作用在跨中的集中力 P 分散作用在全梁上，最大弯矩 M_{max} 就由 $Pl/4$ 降低为 $Pl/8$，最大挠度 f 就由 $Pl^3/48EI$ 减小为 $5Pl^3/384EI$。

9.8 梁的应力状态

9.8.1 应力状态的概念

1. 概述

不同材料在各种荷载作用下的破坏实验表明，杆件的破坏并不总是沿横截面发生，有时是沿斜截面发生的。就杆件中的一点而言，通过该点的截面可以有不同的方位，或者说，受力杆件中的任一点，既可以看做横截面上的点，也可看做任意斜截面上的点。前面所讨论的与横截面垂直的正应力或沿横截面方向的切应力，称为横截面上的应力。在一般情况下，受力杆件中任一点处各个方向面上的应力情况是不相同的。在一点处各方向面上的应力的集合，称为该点的应力状态。研究应力状态，对全面了解受力杆件的应力全貌，以及分析杆件的强度和破坏机理，都是必需的。

为了研究一点处的应力状态，通常是围绕该点取一个无限小的长方体，即单元体。因为单元体无限小，所以可认为其每个面上的应力都是均匀分布的，且相互平行的一对面上的应力对应相等。因此，单元体三对平面上的应力就代表通过所研究点的三个相互垂直截面上的应力，只要知道了这三个面上的应力，则其他任意截面上的应力都可通过截面法求出，该点的应力状态也就完全确定了。因此，可用单元体的三个相互垂直平面上的应力来表示一点的应力状态。

若单元体某个面上不存在切应力，这个面称为主平面。主平面上的正应力称为主应力。若在单元体的三对平面上都不存在切应力，即单元体的三对面均为主平面，这样的单元体称为主单元体。可以证明，受载体上任意一点处总可以切出一个主单元体。主单元体上的三个主应力分别记为 σ_1、σ_2 和 σ_3，其中 σ_1 表示代数值最大的主应力，σ_3 表示代数值最小的主应力。例如，某点处的三个主应力为 60MPa、-20MPa 和 0，则 $\sigma_1 = 60$MPa、$\sigma_2 = 0$、$\sigma_3 = -20$MPa。

一点处的三个主应力中，若一个不为零，其余两个为零，这种情况称为单向应力状态；有两个主应力不为零，而另一个为零的情况称为二向应力状态；三个主应力都不为零的情况称三向应力状态。单向和二向应力状态合称为平面应力状态，三向应力状态称为空间应力状态。二向及三向应力状态又统称为复杂应力状态。

在工程实际中，平面应力状态最为普遍，空间应力状态问题虽然也大量存在，但全面分析较为复杂。本章主要研究平面应力状态的基本理论，应力、应变间的一般关系，以及应变能的分析计算，并以此为基础，介绍材料在复杂应力状态作用下的破坏或失效规律，建立复杂应力状态下的强度理论。

2. 应力状态实例

(1)直杆轴向拉伸。

围绕杆内任一点 A(图9.33(a))以纵横六个截面取出单元体(图9.33(b)),其平面图则如图9.33(c)所示,单元体的左右两侧面是杆件横截面的一部分,其面上的应力皆为 $\sigma=F/A$。单元体的上、下、前、后四个面都是平行于轴线的纵向面,面上皆无任何应力。根据主单元体的定义,知此单元体为主单元体,且三个垂直面上的主应力分别为

$$\sigma_1=\frac{F}{A},\ \sigma_2=0,\ \sigma_3=0$$

围绕 A 点也可用与杆轴线成±45°的截面和纵向面截取单元体(图9.33(d)),前、后面为纵向面,面上无任何应力,而在单元体的外法线与杆轴线成±45°的斜面上既有正应力又有切应力。因此,这样截取的单元体不是主单元体。

由此可见,描述一点的应力状态按不同的方位截取的单元体,单元体各面上的应力也就不同,但它们均可表示同一点的应力状态。

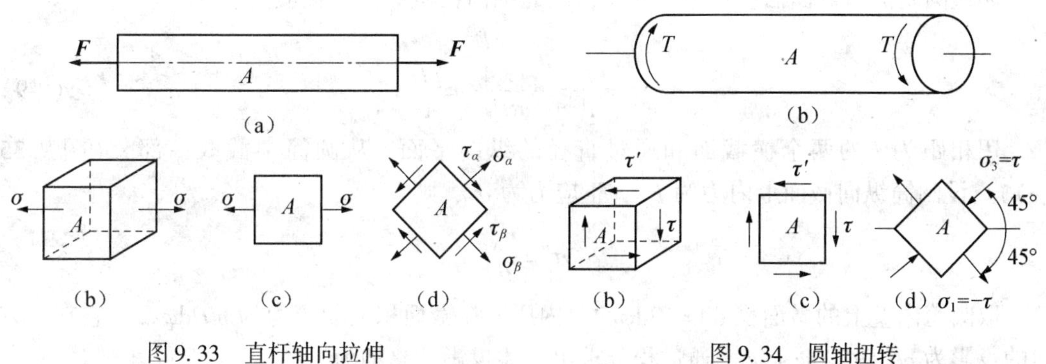

图9.33 直杆轴向拉伸　　图9.34 圆轴扭转

(2)圆轴的扭转。

围绕圆轴上 A 点(图9.34(a))仍以纵横六个截面截取单元体(图9.34(b))。单元体的左、右两侧面为横截面的一部分,正应力为零,而切应力为

$$\tau=\frac{T}{W_P}$$

由切应力互等定理,知在单元体的上、下面上,有 $\tau'=\tau$。因为单元体的前面为圆轴的自由面,故单元体的前、后面上无任何应力。单元体面受力如图9.34(c)所示。由此可见,圆轴受扭时,A 点的应力状态为纯剪切应力状态。

进一步地分析表明,若围绕着 A 点沿与轴线成±45°的截面截取一单元体(图9.34(d)),则其上±45°斜截面上的切应力皆为零。在外法线与轴线成45°的截面上,有压应力,其值为 $-\tau$;在外法线与轴线成-45°的截面上有拉应力,其值为 $+\tau$。考虑到前、后面两侧面无任何应力,故图9.34(d)所示的单元体为主单元体,其主应力分别为

$$\sigma_1=\tau,\ \sigma_2=0,\ \sigma_3=-\tau$$

可见,纯剪切应力状态为二向应力状态。

(3)圆筒形容器承受内压作用时任一点的应力状态。

当圆筒形容器(图9.35(a))的壁厚 t 远小于它的直径 D 时(例如,$t=D/20$),称为薄

壁圆筒。若封闭的薄壁圆筒承受的内压力为 p，则沿圆筒轴线方向作用于筒底的总压力为 F(图9.35(b))，且

$$F=p\cdot\frac{\pi D^2}{4}$$

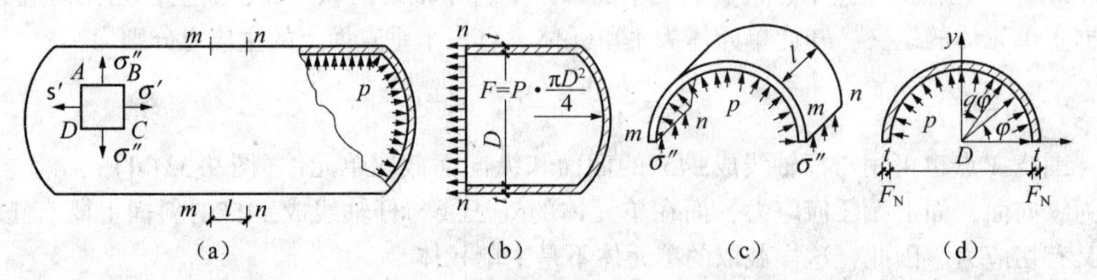

图9.35 圆筒形容器的应力状态

薄壁圆筒的横截面面积近似为 πDt，因此圆筒横截面上的正应力 σ' 为

$$\sigma'=\frac{F}{A}=\frac{p\cdot\frac{\pi D^2}{4}}{\pi Dt}=\frac{pD}{4t} \tag{9-9}$$

用相距为 l 的两个横截面和通过直径的纵向平面，从圆筒中截取一部分(图9.35(c))。设圆筒纵向截面上内力为 F_N，正应力为 σ''，则

$$\sigma''=\frac{F_N}{tl}$$

取圆筒内壁上的微面积 $\mathrm{d}A=lD\mathrm{d}\varphi/2$。内压 p 在微面积上的压力为 $plD\mathrm{d}\varphi/2$。它在 y 方向的投影为 $pl(D/2)\mathrm{d}\varphi\sin\varphi$。通过积分求出上述投影的总和为

$$\int_D pl\frac{D}{2}\mathrm{d}\varphi\sin\varphi=plD$$

积分结果表明：截取部分在纵向平面上的投影面积 lD 与 p 的乘积，应等于内压力在 y 轴方向投影的合力。考虑截取部分在 y 轴方向的平衡(图9.35(d))。

$$\sum F_y=0,\ F_N-plD=0\Rightarrow F_N=\frac{plD}{2}$$

将 F_N 代入 σ'' 表达式中，得

$$\sigma''=\frac{F_N}{tl}=\frac{pD}{2t} \tag{9-10}$$

从式(9-9)和(9-10)看出，纵向截面上的应力 σ'' 是横截面上应力 σ' 的两倍。

由于内压力是轴对称载荷，所以在纵向截面上没有切应力。又由切应力互等定理，知在横截面上也没有切应力。围绕曲壁圆筒任一点 A，沿纵、横截面截取的单元体为主平面。此外，在单元体 $ABCD$ 面上，有作用于内壁的内压力 p 或作用于外壁的大气压力，它们都远小于 σ' 和 σ''。可以认为等于零(式(9-9)和式(9-10)，考虑到 $t\leqslant D$，易得上述结论)。由此可见，A 点的应力状态为二向应力状态，其3个主应力分别为

$$\sigma_1=\frac{pD}{2t},\ \sigma_2=\frac{pD}{4t},\ \sigma_3=0$$

9.8.2　平面应力状态分析

1. 斜截面上的应力状态

为体现一般性，用任意假想斜截面 ac（截面 ac 必须垂直于 xOy 平面）将单元体截开，设其外法线 n 与 x 轴的夹角为 θ，θ 角以由 x 轴逆时针转向外法线 n 者为正。为求斜截面 ac 上的应力 σ_θ 和 τ_θ，取图 9.36(b) 中所示的脱离体为研究对象。斜截面 ac 上的应力用正应力 σ_θ 和剪应力 τ_θ 来表示。

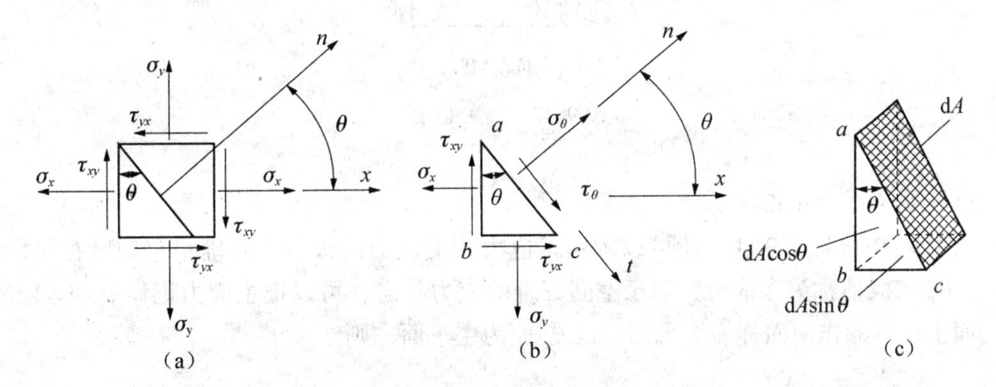

图 9.36　斜截面应力状态

设截面 ac 的面积为 A，则 ab 面和 bc 面的面积分别是 $dA\cos\theta$ 和 $dA\sin\theta$，再把作用于脱离体 abc 上的所有外力都投影到 ac 面的外法线 n 和切线 t 方向上，可得脱离体静力平衡方程。

由　$\sum n=0$，$\sum t=0$，得

$$\begin{cases}\sigma_\theta dA-(\sigma_x dA\cos\theta)\cos\theta+(\tau_{xy}dA\cos\theta)\sin\theta-(\sigma_y dA\sin\theta)\sin\theta+(\tau_{yx}dA\sin\theta)\cos\theta=0\\ \tau_\theta dA-(\sigma_x dA\cos\theta)\sin\theta-(\tau_{xy}dA\cos\theta)\cos\theta+(\sigma_y dA\sin\theta)\cos\theta+(\tau_{yx}dA\sin\theta)\cos\theta=0\end{cases}$$

考虑到 $\tau_{xy}=\tau_{yx}$（剪应力互等定理），利用三角公式，简化上述两个平衡方程，得

$$\sigma_\theta=\frac{\sigma_x+\sigma_y}{2}+\frac{\sigma_x-\sigma_y}{2}\cos2\theta-\tau_{xy}\sin2\theta \tag{9-11}$$

$$\tau_\theta=\frac{\sigma_x-\sigma_y}{2}\sin2\theta+\tau_{xy}\cos2\theta \tag{9-12}$$

式(9-11)和式(9-12)就是平面应力状态下求任意方向面上正应力和切应力的公式。

【例 9.17】求图 9.37 所示单元体中指定斜截面上的正应力和切应力。

解：由图可得：$\sigma_x=-20\text{MPa}$，$\sigma_y=0$，$\tau_x=-45\text{MPa}$，$\alpha=-60°$，代入式(9-11)、(9-12)可得

$$\begin{aligned}\sigma_\alpha&=\frac{\sigma_x+\sigma_y}{2}+\frac{\sigma_x-\sigma_y}{2}\cos2\alpha-\tau_x\sin2\alpha\\&=\left[\frac{-20+0}{2}+\frac{-20-0}{2}\cos(-120°)-(-45)\sin(-120°)\right]=-43.97\text{MPa}\end{aligned}$$

$$\tau_\alpha=\frac{\sigma_x-\sigma_y}{2}\sin2\alpha+\tau_x\cos2\alpha$$

$$=\left[\frac{-20-0}{2}\sin(-120°)-45\cos(-120°)\right]=31.16\text{MPa}$$

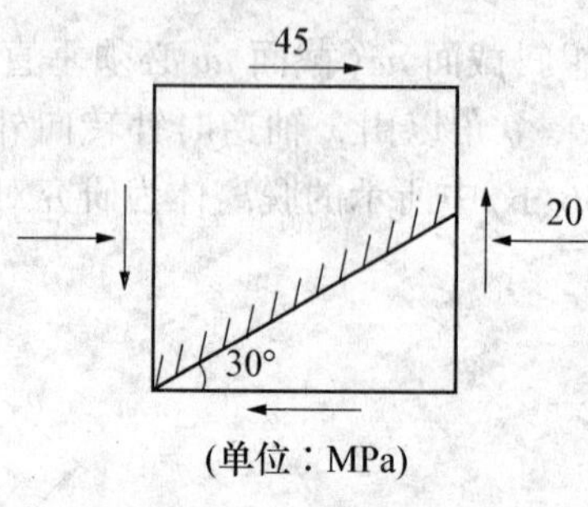

(单位：MPa)

图9.37 例9.17图

2. 主应力与主平面

利用式(9-11)、(9-12)还可以确定正应力和剪应力的极值，并确定它们所在平面的位置。σ_θ 的极值称为主应力，对于空间三维的应力状态，可以把主应力记作 $\sigma_i(i=1,2,3)$，而主应力的作用面称为主平面。设 θ_0 面为主平面，则

$$\left.\frac{d\sigma_\theta}{d\theta}\right|_{\theta=\theta_0}=-(-\sigma_x-\sigma_y)\sin2\theta_0-2\tau_{xy}\cos2\theta_0$$

$$=-2\left(\frac{\sigma_x-\sigma_y}{2}\sin2\theta_0+\tau_{xy}\cos2\theta_0\right)=-2\tau_{\theta_0}=0$$

由上式可见，主平面上的剪应力为零。所以，主平面和主应力也可定义为：在单元体内剪应力等于零的平面为主平面，主平面上的正应力为主应力。而由

$$\tau_\theta=\frac{\sigma_x-\sigma_y}{2}\sin2\theta+\tau_{xy}\cos2\theta$$

可得

$$\tan2\theta=-\frac{2\tau_{xy}}{\sigma_x-\sigma_y} \tag{9-13}$$

式(9-13)就是确定主平面方位的公式，由式(9-13)可以求出相差90°的两个角度 θ_0，可见两个主平面是互相垂直的。

如果在图9.36(c)中，将脱离体上的外力分别向 x 和 y 轴投影，可得

$$\sum X=0\Rightarrow\sigma_\theta dA\cos\theta+\tau_\theta dA\sin\theta+\tau_{yx}dA\sin\theta-\sigma_x dA\cos\theta=0$$

$$\sum Y=0\Rightarrow\sigma_y dA\sin\theta-\tau_{xy}dA\cos\theta-\sigma_\theta dA\sin\theta+\tau_\theta dA\cos\theta=0$$

由于 $\tau_{xy}=\tau_{yx}$(剪应力互等定理)，化简后得到

$$\sigma_\theta\cos\theta-\sigma_x\cos\theta+\tau_\theta\sin\theta=-\tau_{xy}\sin\theta$$

$$\sigma_y\sin\theta-\sigma_\theta\sin\theta+\tau_\theta\cos\theta=-\tau_{xy}\cos\theta$$

对主平面而言，当 $\theta=\theta_0$ 时，$\tau_\theta=\tau_{\theta_0}=0$，$\sigma_\theta=\sigma_{\theta_0}$，$\sigma_{\theta_0}$ 为主应力，即 $\sigma_{\theta_0}=\sigma_i(i=1,2,3)$，则上面公式简化为

$$\sigma_i-\sigma_x=-\tau_{xy}\tan\theta_0$$

$$\sigma_i-\sigma_y=-\tau_{xy}\cot\theta_0$$

即

$$(\sigma_i-\sigma_x)(\sigma_i-\sigma_y)=\tau_{xy}^2$$

$$\sigma_i^2-(\sigma_x+\sigma_y)\sigma_i+(\sigma_x\sigma_y-\tau_{xy}^2)=0$$

最后得到

$$\sigma_i=\frac{\sigma_x+\sigma_y}{2}\pm\frac{1}{2}\sqrt{(\sigma_x-\sigma_y)^2+4\tau_{xy}^2} \tag{9-14}$$

由上式可求得最大主应力 σ_{max} 和最小主应力 σ_{min}，即

$$\left.\begin{matrix}\sigma_{max}\\ \sigma_{min}\end{matrix}\right\}=\frac{\sigma_x+\sigma_y}{2}\pm\frac{1}{2}\sqrt{(\sigma_x-\sigma_y)^2+4\tau_{xy}^2}$$

在导出以上各公式时，只假设了 σ_x 和 σ_y 均为正值，而在使用这些公式时，一般可以约定用 σ_x 表示两个正应力中代数值较大的一个，即 $\sigma_x\geq\sigma_y$，则式(9-13)确定的两个角度 θ_0 中，绝对值较小的一个确定 σ_{max} 所在的平面。

3. 剪应力极值及其所在平面

用完全相似的方法，同样可以确定最大和最小剪应力以及它们所在的平面，将式(9-12)对 θ 求导数，并令 $\theta=\theta_1$ 时有

$$\left.\frac{d\tau_\theta}{d\theta}\right|_{\theta=\theta_1}=0$$

$$\left.\frac{d\tau_\theta}{d\theta}\right|_{\theta=\theta_1}=(\sigma_x-\sigma_y)\cos2\theta_1-2\tau_{xy}\sin2\theta_1=0$$

$$\tan2\theta=\frac{\sigma_x-\sigma_y}{2\tau_{xy}} \tag{9-15}$$

由上式也可以解出两个相差90°的 θ_1 值，可见剪应力极值的所在平面也是两个互相垂直的平面。由式(9-15)及式(9-13)，可得

$$\tan2\theta_0\cdot\tan2\theta_1=-1$$

表明

$$2\theta_1=2\theta_0+\frac{\pi}{2}\Rightarrow\theta_1=\theta_0+\frac{\pi}{4}$$

即最大和最小剪应力所在平面与主平面的夹角为45°，如果将式(9-15)代入式(9-12)的 τ_0 式，可以得到剪应力极值为

$$\left.\begin{matrix}\tau_{max}\\ \tau_{min}\end{matrix}\right\}=\pm\frac{1}{2}\sqrt{(\sigma_x-\sigma_y)^2+4\tau_{xy}^2} \tag{9-16}$$

利用式(9-14)，还能得到

$$\left.\begin{matrix}\tau_{max}\\ \tau_{min}\end{matrix}\right\}=\sigma_i=\pm\frac{\sigma_{max}-\sigma_{min}}{2} \tag{9-17}$$

需要指出的是：τ_{max} 和 τ_{min}，是两个数值相等而方向不同的剪应力，剪应力极值通常也称为最大剪应力。在最大剪应力的作用面上，一般存在有正应力。

【例 9.18】求图 9.38 所示单元体的主应力与主平面，最大剪应力及其作用面，并均在单元体上画出。已知 $\sigma_x=30$MPa，$\sigma_y=0$MPa，$\tau_{xy}=\tau_{yx}=-20$MPa。

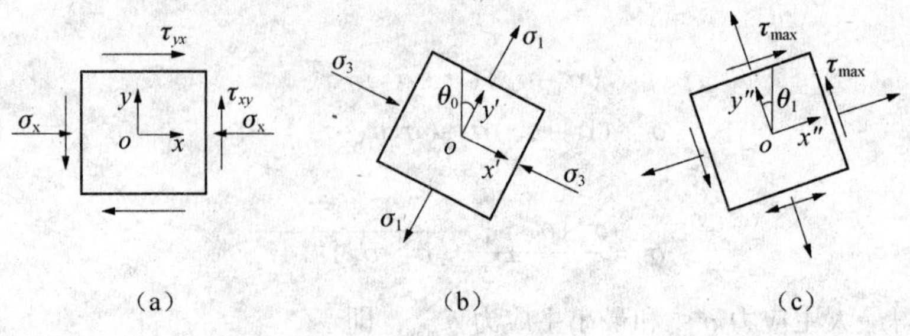

图 9.38 例 9.18 图

解：(1)确定单元体的主平面。由式(9-13)得

$$\tan 2\theta_0=-\frac{2\tau_{xy}}{\sigma_x-\sigma_y}=-\frac{2(-20)}{-30-0}=-1.33$$

$$\theta_0=-26.5°,\ \theta_0+90°=63.5°$$

(2)计算主应力。由式(9-14)得

$$\sigma_i=\frac{\sigma_x+\sigma_y}{2}\pm\frac{1}{2}\sqrt{(\sigma_x-\sigma_y)^2+4\tau_{xy}^2}=-\frac{30}{2}\pm\frac{1}{2}\sqrt{(-30)^2+4(-20)^2}=\begin{cases}10\\-40\end{cases}\text{MPa}$$

再考虑到对于平面应力状态，必有一个主应力为0，所以按大小排列，空间的3个主应力分别为

$$\sigma_1=10\text{MPa},\ \sigma_2=0,\ \sigma_3=-40\text{MPa}$$

在画主平面的时候要注意，由于本题，$\sigma_x<\sigma_y$. 所以，σ_1 所在主平面的法线应从 y 轴顺时针旋转 26.5°到 y' 轴，如图 9.38(b)所示。

(3)计算最大剪应力。可由式(9-17)直接得出

$$\tau_{max}=\left|\frac{\sigma_1-\sigma_3}{2}\right|=\left|\frac{10-(-40)}{2}\right|=25\text{MPa}$$

τ_{max} 的作用面与主平面夹角为45°，方向和作用面如图 9.38(c)所示。

习 题

9-1 用截面法求图 9.39 所示各梁指定截面上的内力。

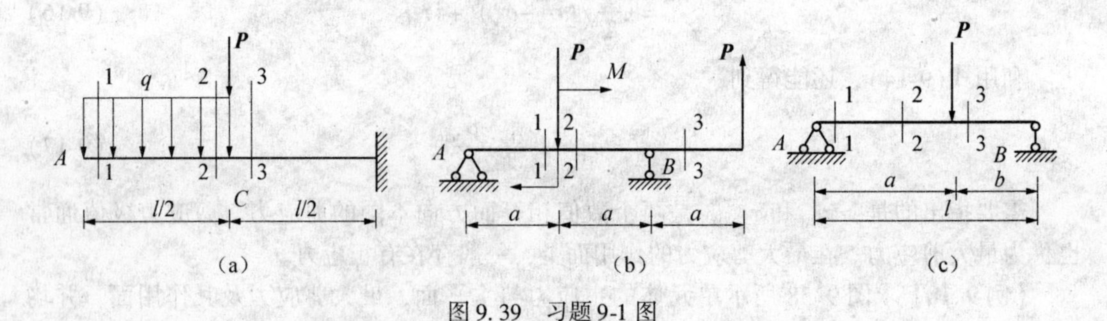

图 9.39 习题 9-1 图

9-2　列出图 9.40 所示各梁的剪力方程和弯矩方程，并画出 F_Q、M 图。

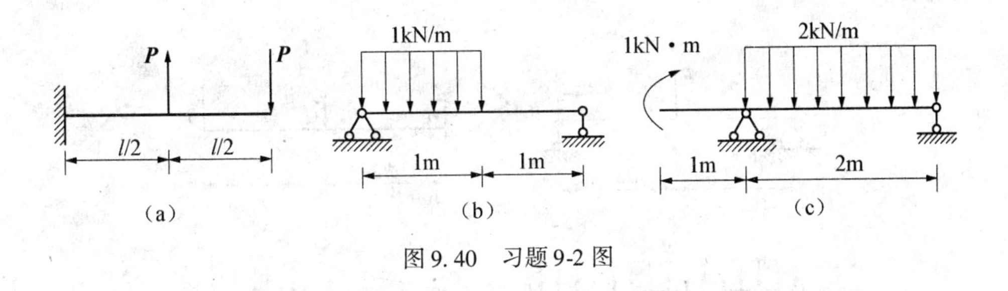

图 9.40　习题 9-2 图

9-3　应用内力图的规律直接绘出图 9.41 所示梁的剪力图和弯矩图。

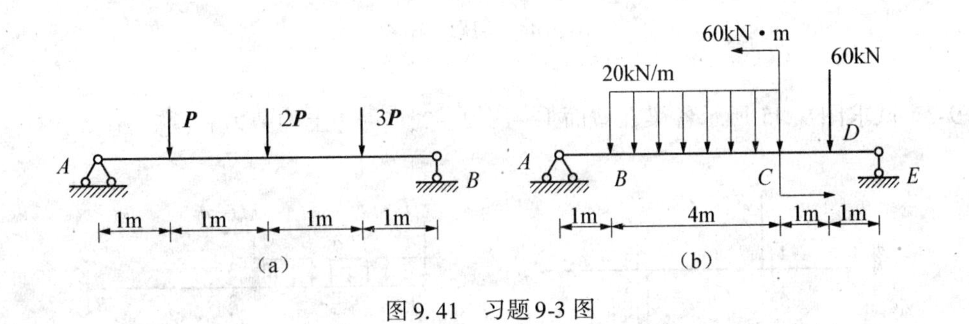

图 9.41　习题 9-3 图

9-4　矩形截面外形伸梁受载如图 9.42 所示，求 σ_{max} 的大小。

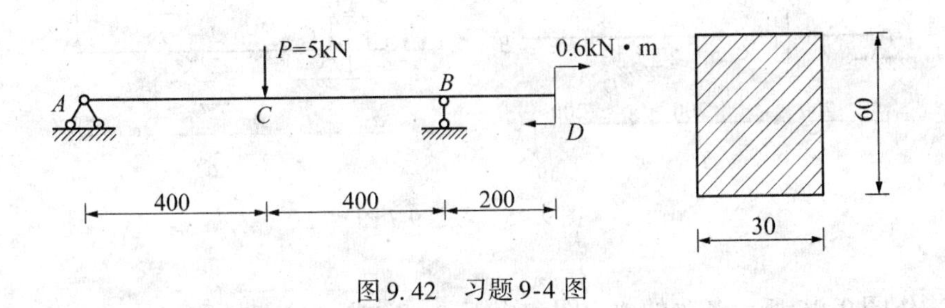

图 9.42　习题 9-4 图

9-5　如图 9.43 所示矩形截面梁，截面高 $h=30\text{cm}$，宽 $b=15\text{cm}$。若 $[\sigma]=10\text{MPa}$，$[\tau]=0.8\text{MPa}$。不计梁的自重。求荷载 P 的许可值。

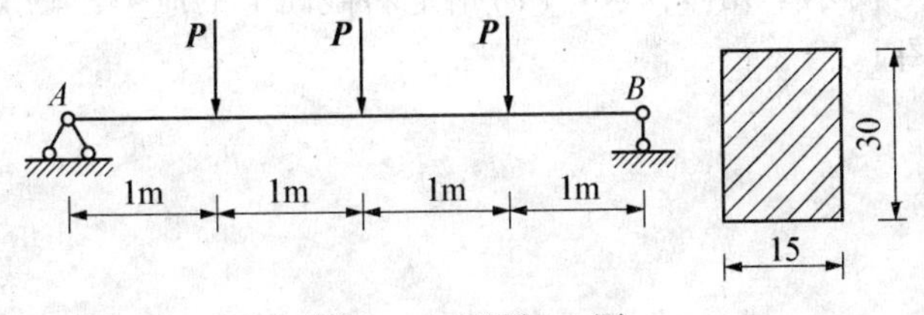

图 9.43　习题 9-5 图

9-6 图9.44所示各梁的弯曲刚度 EI 均为常数。试用叠加法计算截面 B 的转角与截面 C 的挠度。

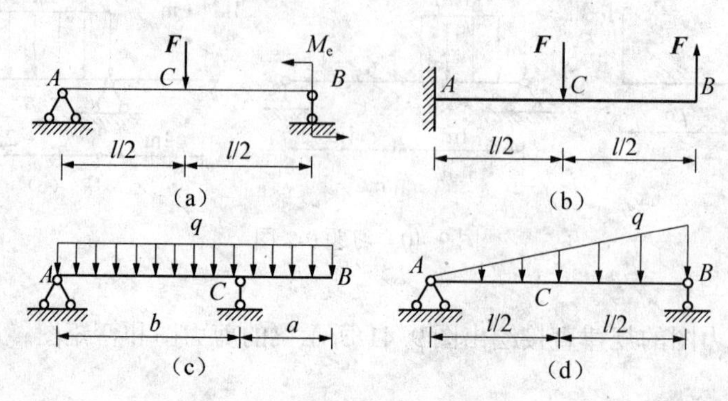

图9.44 习题9-6图

9-7 试求图9.45所示各梁在截面1—1，2—2，3—3上的剪力和弯矩。

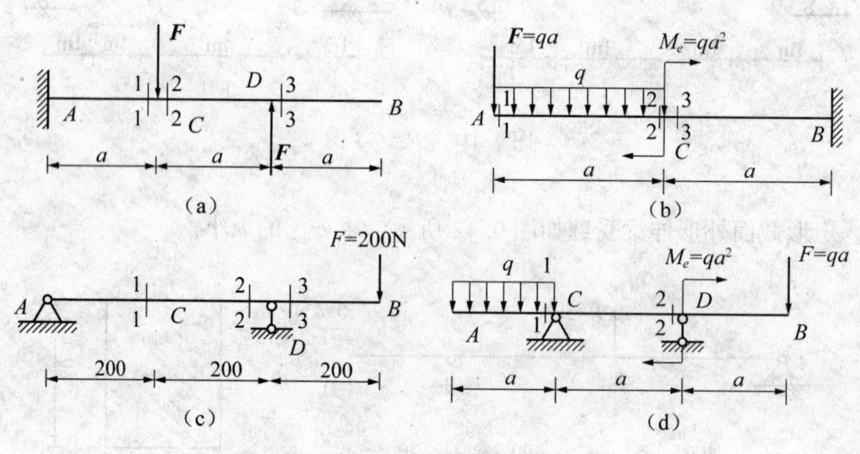

图9.45 习题9-7图

9-8 作图9.46所示各梁的剪力图和弯矩图，并求出 $|F_Q|_{\max}$ 和 $|M|_{\max}$。

9-9 求图9.47所示的单元体的主应力，并在单元体上标出其作用面的位置。

9-10 A、B 两点的应力状态如图9.48所示，试求各点的主应力和最大剪应力。

9-11 在图9.49所示单元体中，$\sigma_x=\sigma_y=40\text{MPa}$，且 a—a 面上无应力，试求主应力。

9-12 对图9.50所示单元体，求：(1)指定斜截面上的应力；(2)主应力大小，并将主平面标在单元体图上。

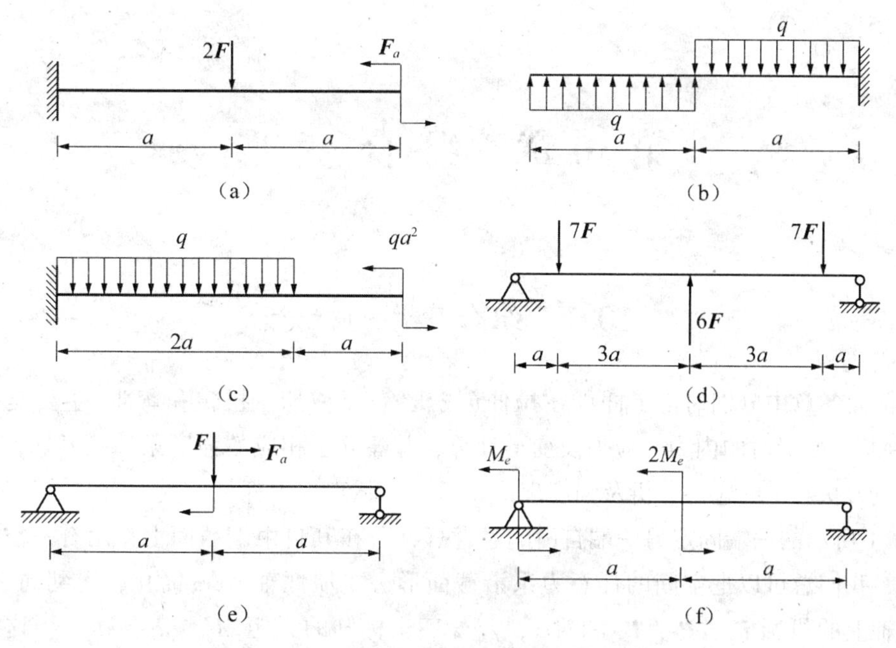

图 9.46　习题 9-8 图

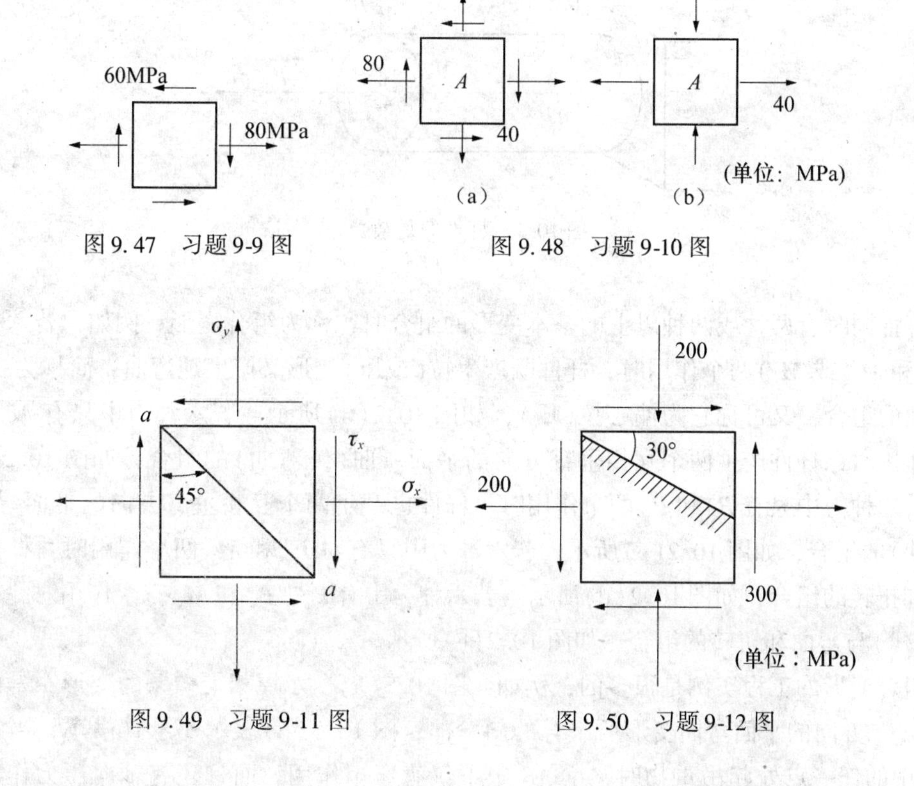

图 9.47　习题 9-9 图

图 9.48　习题 9-10 图

图 9.49　习题 9-11 图

图 9.50　习题 9-12 图

第10章 组合变形

10.1 组合变形的概念

在前面各章中分别讨论了杆件在拉伸(或压缩)、剪切、扭转和弯曲(主要是平面弯曲)四种基本变形时的内力、应力及变形计算，并建立了相应的强度条件。另外，也讨论了复杂应力状态下的应力分析及强度理论。但在实际工程中杆件的受力有时是很复杂的，如图10.1所示的一端固定另一端自由的悬臂杆，若在其自由端截面上作用有一空间任意的力系，我们总可以把空间的任意力系沿截面形心主惯性轴 $Oxyz$ 简化，得到向 x，y，z 三坐标轴上的投影 $\boldsymbol{P}_x$，$\boldsymbol{P}_y$，$\boldsymbol{P}_z$ 和对 x，y，z 三坐标轴的力矩 M_x，M_y，M_z。当这六种力(或力矩)中只有某一个作用时，杆件产生基本变形，这在前面已经讨论过了。

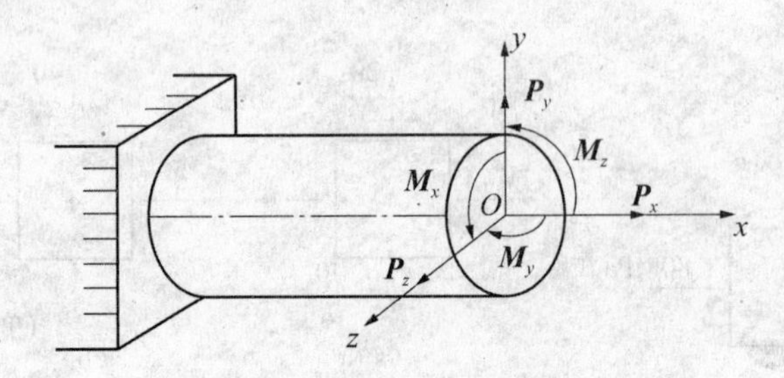

图10.1 杆件的复杂受力

杆件同时有两种或两种以上的基本变形的组合时，称为组合变形。例如，若六种力只有 $\boldsymbol{P}_x$ 和 $\boldsymbol{M}_z$(或 $\boldsymbol{M}_y$)两个作用时，杆件既产生拉(或压)变形又产生纯弯曲，简称为拉(压)纯弯曲的组合，又可称它为偏心拉(压)，如图10.2(a)所示。若六种力中只有 $\boldsymbol{M}_z$ 和 $\boldsymbol{M}_y$ 两个作用时，杆件产生两个互相垂直方向的平面弯曲(纯弯曲)的组合，如图10.2(b)所示。若六种力中只有 $\boldsymbol{P}_z$ 和 $\boldsymbol{P}_y$ 两个作用时，杆件也产生两个互相垂直方向的平面弯曲(横力弯曲)的组合，如图10.2(c)所示。若六种力中只有对 $\boldsymbol{P}_y$ 和 $\boldsymbol{M}_x$ 两个作用时，杆件产生弯曲和扭转的组合，如图10.2(d)所示。若六种力中有 $\boldsymbol{P}_x$，$\boldsymbol{P}_y$ 和 $\boldsymbol{M}_x$ 三个作用时，杆件产生拉(压)与弯曲和扭转的组合，如图10.2(e)所示。

组合变形的工程实例是很多的，例如，图10.3(a)所示屋架上檩条的变形，是由檩条在 y，z 二方向的平面弯曲变形所组合的斜弯曲；图10.3(b)表示一悬臂吊车，当在横梁 AB 跨中的任一点处起吊重物时，梁 AB 中不仅有弯矩作用，而且还有轴向压力作用，从

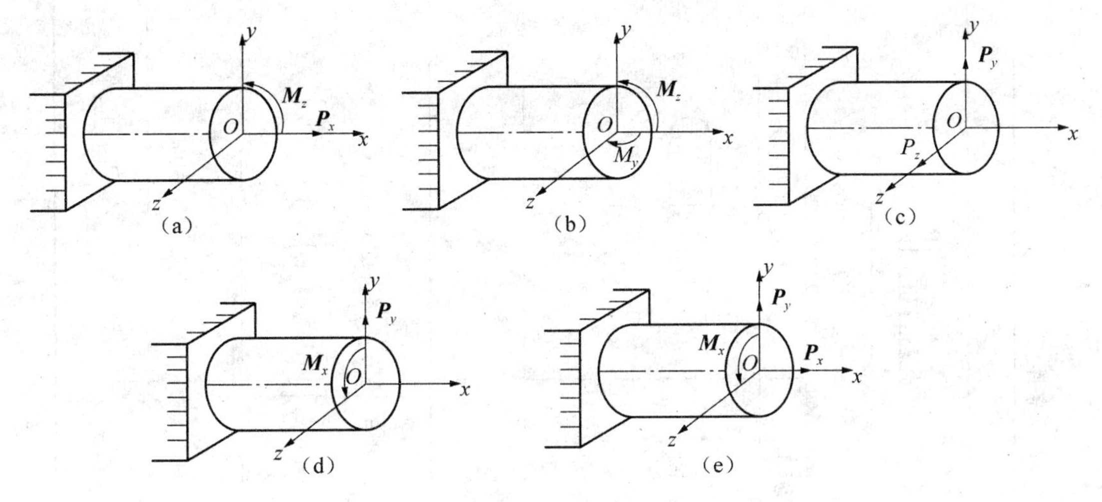

图 10.2 几种组合变形

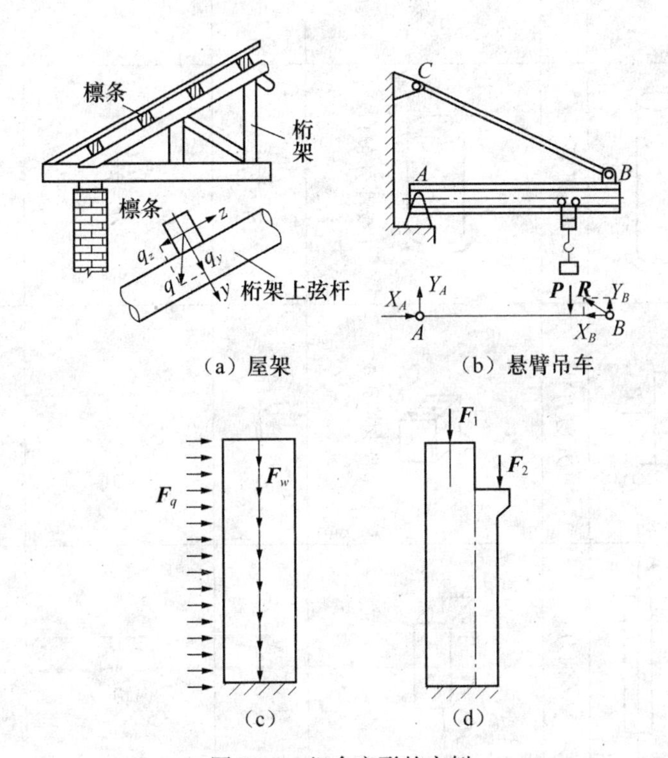

图 10.3 组合变形的实例

而使梁处在压缩和弯曲的组合变形情况下；烟囱的变形除了其本身的自重 W 作用下的轴向压缩外，还有水平方向的风力引起的弯曲变形，即同时产生两种基本变形，如图 10.3(c)所示；又如设有吊车的厂房的柱子，在自重作用下，由于上柱轴线与下柱轴线不重合，所以下柱既产生压缩变形也产生弯曲变形，如图 10.3(d)所示。

表 10.1 杆件在四种基本变形情况下的外力、内力、应力和变形的计算公式以及强度条件

基本变形类型	拉伸(压缩)	剪切	扭转	弯曲	
受力特点		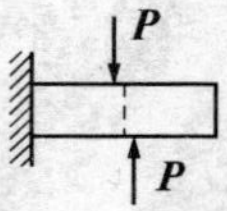		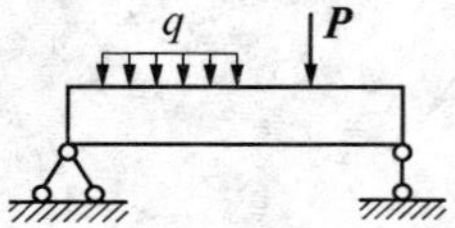	
横截面内力	N(轴力)	Q(剪力)	M_n(扭矩)	M(弯矩)	Q(剪力)
横截面上的应力分布情况	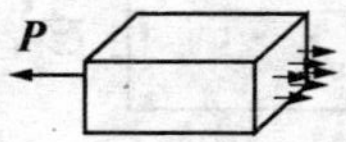 (均布)	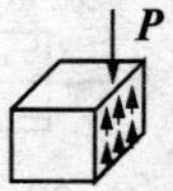 (假设均布)	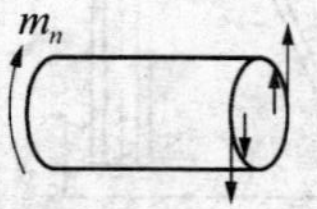 (线性分布)	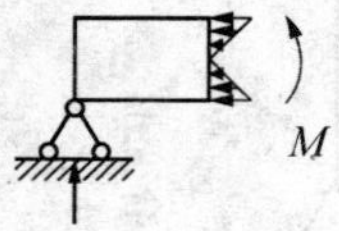 (线性分布)	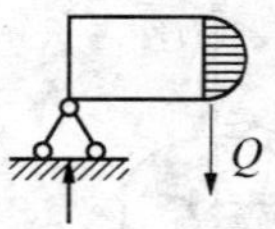 (抛物线分布)
应力计算公式	$\sigma=\frac{N}{A}$	$\tau=\frac{Q}{A}$	$\tau_\rho=\frac{M_n\rho}{I_\rho}$	$\sigma=\frac{My}{I}$	$\tau=\frac{QS}{bI}$
变形计算公式	$\Delta l=\frac{Nl}{EA}$		$\varphi=\frac{M_n l}{GI_p}$	$\theta=\frac{\mathrm{d}y}{\mathrm{d}x}=-\frac{1}{EI}\left[\int M(x)\mathrm{d}x+C\right]$ $y=-\frac{1}{EI}\left[\int\left(\int M(x)\mathrm{d}x\right)\mathrm{d}x+Cx+D\right]$	
危险截面上最大应力计算公式	$\sigma_{\max}=\frac{N_{\max}}{A}$		$\tau_{\max}=\frac{M_{n\max}}{W_p}$	$\sigma_{\max}=\frac{M_{\max}}{W}$	$\tau_{\max}=\frac{Q_{\max}S_{\max}}{bI}$
强度条件	$\sigma_{\max}=\frac{N_{\max}}{A}\leqslant[\sigma]$	$\tau\leqslant[\tau]$	$\tau_{\max}=\frac{M_{n\max}}{W_p}\leqslant[\tau]$	$\sigma_{\max}=\frac{M_{\max}}{W}\leqslant[\sigma]$	$\tau_{\max}=\frac{Q_{\max}S_{\max}}{bI}\leqslant[\tau]$

对于组合变形的构件，在线弹性范围内，可利用叠加原理来进行求解组合变形问题。具体做法如下：首先将杆件的变形分解为基本变形，然后分别考虑杆件在每一种基本变形情况下所发生的应力、应变或位移，最后再利用叠加原理将它们叠加起来，即可得到杆件在组合变形情况下所发生的应力、应变或位移，以确定构件的危险截面、危险点的位置以及危险点的应力状态，并据此进行强度、刚度计算。

为了便于读者研究杆件的组合变形问题，表 10.1 列出了杆件在四种基本变形情况下的外力、内力、应力和变形的计算公式以及强度条件，作为前面内容的小结。

10.2　斜弯曲变形的应力和强度计算

对于横截面有竖向对称轴(即形心主轴)的梁，若所有的外力都作用在包含此竖向对称轴与梁轴线的纵向对称平面内，则梁在发生弯曲变形时，其弯曲平面(即挠曲轴线所在平面)将与外力的作用平面相重合，并将梁的这种弯曲叫做平面弯曲。如图 10.4(a)所示，横截面为矩形的悬臂梁，外力 $\boldsymbol{F}$ 作用在梁的对称平面内，挠曲线也在此平面内，此类弯曲即为平面弯曲。但是还有一种弯曲其特点是外力 $\boldsymbol{F}$ 的作用线只通过横截面的形心，而不与截面对称轴重合，这类弯曲梁变形后，挠曲线不在外力的作用平面内，我们通常把这种外力所在平面与变形曲线所在平面不重合的弯曲称为斜弯曲，如图 10.4(b)所示。这种情况下，斜弯曲可以看出分别以 y、z 为中性轴的两个平面弯曲的组合。

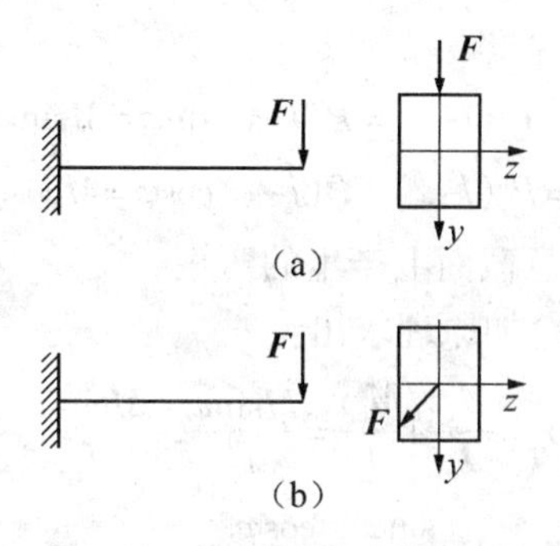

图 10.4　平面弯曲和斜弯曲

处理梁的斜弯曲问题的方法是，首先将外力分解为在梁的二形心主惯性平面内的分量，然后分别求解由每一外力分量引起的梁的平面弯曲问题，将所得的结果叠加起来，即为斜弯曲问题的解答。

10.2.1　梁在斜弯曲情况下的应力

如图 10.5 所示的悬臂梁，当在其自由端作用有一与截面纵向形心主轴成一夹角 φ 的集中荷载 P 时(为了便于说明，设外力 P 的作用线处在 yOz 坐标系的第一象限内)，梁发生了斜弯曲。若要求在此悬臂梁中距固定端距离为 x 的任一截面上，坐标为(y, z)的任一点 A 处的应力，可按照如下步骤进行。

将荷载 P 沿 y，z 两个形心主轴方向进行分解，得到

$$P_y = P\cos\varphi \quad 和 \quad P_z = P\sin\varphi$$

P_y 和 P_z 将分别使梁在 xOy 和 xOz 两个主惯性平面内发生平面弯曲，它们在任意截面上产生的弯矩为

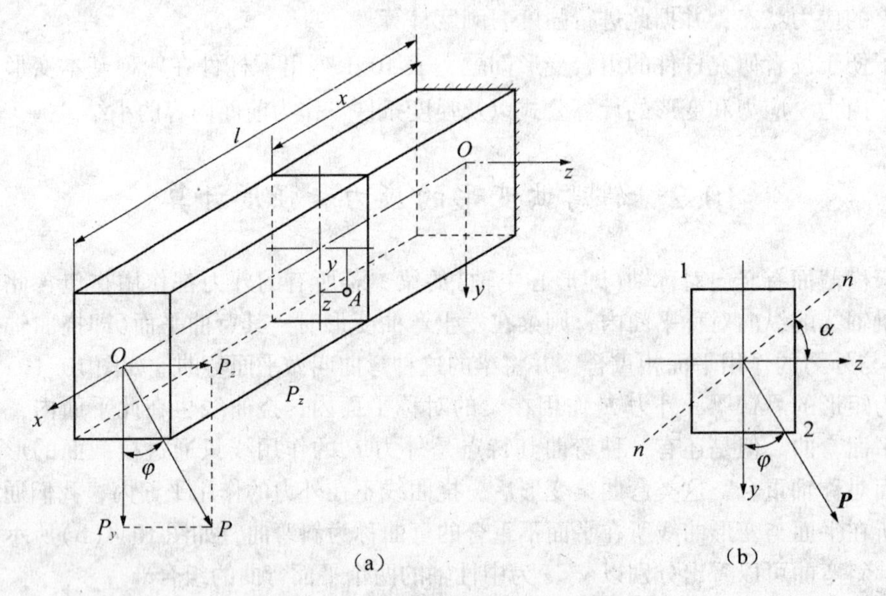

图 10.5 在斜弯曲情况下的悬臂梁

$$\left.\begin{aligned} M_y &= P_z(l-x) = P(l-x)\sin\varphi = M\sin\varphi \\ M_z &= P_y(l-x) = P(l-x)\cos\varphi = M\cos\varphi \end{aligned}\right\} \tag{10-1}$$

式中：M 表示斜向荷载 P 在任意截面上产生的弯矩。

点 A 处的正应力，可根据叠加原理求出：

$$\begin{aligned} \sigma &= \frac{M_y z}{I_y} + \frac{M_z y}{I_z} = \frac{M\sin\varphi}{I_y}z + \frac{M\cos\varphi}{I_z}y \\ &= M\left(\frac{\sin\varphi}{I_y}z + \frac{\cos\varphi}{I_z}y\right) \end{aligned} \tag{10-2}$$

式(10-2)是计算梁在斜弯曲情况下其横截面上正应力的一般公式，它适用于具有任意支承形式和在通过截面形心且垂直于梁轴的任意荷载作用下的梁。但在应用此公式时，要注意随着支承情况和荷载情况的不同，正确地根据弯矩 M 确定其分量 $M_y = M\sin\varphi$，$M_z = M\cos\varphi$ 的大小和正负号。对弯矩的正负号规定是：凡能使梁横截面上，在选定坐标系的第一象限内的各点产生拉应力的弯矩为正，反之为负。

同样，荷载 P 使梁发生斜弯曲时，在梁横截面上所引起的剪应力，也可将由 P_y、P_z 分别引起的剪应力 τ_y 和 τ_z 进行叠加而求得。但应注意，因 τ_y 与 τ_z 的指向互相垂直，故叠加时是几何叠加，即

$$\tau = \sqrt{\tau_y^2 + \tau_z^2} \tag{10-3}$$

10.2.2 梁在斜弯曲情况下的强度条件

在工程设计计算中，通常认为梁在斜弯曲情况下的强度仍是由最大正应力来控制。因横截面上的最大正应力发生在离中性轴最远处，故要求得最大正应力，必须先确定中性轴的位置。由于在中性轴上的正应力为零，故可用将 $\sigma=0$ 代入式(10-2)的办法得到中性轴的方程并确定它在横截面上的位置。为此，设在中性轴上任一点的坐标为 y_0 和 z_0，代入式(10-2)，则有

$$\sigma=M\left(\frac{\sin\varphi}{I_y}z_0+\frac{\cos\varphi}{I_z}y_0\right)=0$$

或

$$\frac{z_0}{I_y}\sin\varphi+\frac{y_0}{I_z}\cos\varphi=0 \tag{10-4}$$

式(10-4)就是中性轴(图 10.5(b)中的 $n—n$)线的方程。不难看出，它是一条通过截面形心($y_0=0$，$z_0=0$)且穿过第二、四象限的直线，故在此直线上，除截面形心外，其他各点的坐标 y_0 和 z_0 的正负号一定相反。中性轴与 z 轴间的夹角 α(见图 10.5(b))可用式(10-4)求出，即

$$\tan\alpha\left|\frac{y_0}{z_0}\right|=\frac{I_z}{I_y}\tan\varphi \tag{10-5}$$

在一般情况下，$I_y\neq I_z$，故 $\alpha\neq\varphi$，即中性轴不垂直于荷载作用平面。只有当 $\varphi=0°$，$\varphi=90°$或 $I_y=I_z$ 时，才有 $\alpha=\varphi$，中性轴才垂直于荷载作用平面。显而易见，$\varphi=0°$或 $\varphi=90°$的情况就是平面弯曲情况，相应的中性轴就是 z 轴或 y 轴。对于矩形截面梁来说，$I_z=I_y$ 说明梁的横截面是正方形，而通过正方形截面形心的任意坐标轴都是形心主轴，故无论荷载所在平面的方向如何，都只会引起平面弯曲。

梁的最大正应力显然会发生在最大弯矩所在截面上离中性轴最远的点处，例如图 10.5(b)中的 1、2 两点处，且点 1 处的正应力为最大拉应力，点 2 处的正应力为最大压应力。将最大弯矩 M_{max} 和点 1、点 2 的坐标(y_1，z_1)，(y_2，z_2)代入式(10-2)可以得

$$\left.\begin{aligned}\sigma_{max}&=M_{max}\left(\frac{\sin\varphi}{I_y}z_1+\frac{\cos\varphi}{I_z}y_1\right)\\ \sigma_{min}&=-M_{max}\left(\frac{\sin\varphi}{I_y}z_2+\frac{\cos\varphi}{I_z}y_2\right)\end{aligned}\right\} \tag{10-6}$$

对于具有凸角而又有两条对称轴的截面(如矩形、工字形截面等)，因 $|y_1|=|y_2|=y_{max}$，$|z_1|=|z_2|=z_{max}$，故 $\sigma_{max}=|\sigma_{min}|$。这样，当梁所用材料的抗拉、抗压能力相同时，其强度条件就可写为

$$\begin{aligned}\sigma_{max}&=\left|M_{max}\left(\frac{z_{max}\sin\varphi}{I_y}+\frac{y_{max}\cos\varphi}{I_z}\right)\right|\\ &=\left|\frac{M_{max}}{W_z}\left(\cos\varphi+\frac{W_z}{W_y}\sin\varphi\right)\right|\leqslant[\sigma]\end{aligned} \tag{10-7}$$

式中：

$$W_z=\frac{I_z}{y_{max}},\ W_y=\frac{I_y}{z_{max}}$$

10.2.3 梁在斜弯曲情况下的变形

梁在斜弯曲情况下的变形，也可根据叠加原理求得。例如图10.5(a)所示悬臂梁在自由端的挠度就等于斜向荷载 P 的分量 P_y，P_z 在各自弯曲平面内的挠度的几何叠加，因

$$f_y=\frac{P_y l^3}{3EI_z}=\frac{Pl^3}{3EI_z}\cos\varphi$$

$$f_z=\frac{P_z l^3}{3EI_y}=\frac{Pl^3}{3EI_y}\sin\varphi$$

故梁在自由端的总挠度为

$$f=\sqrt{f_y^2+f_z^2} \tag{10-8}$$

总挠度 f 的方向线与 y 轴之间的夹角 β 可由下式求得

$$\tan\beta=\frac{f_z}{f_y}=\frac{I_z\sin\varphi}{I_y\cos\varphi}=\frac{I_z}{I_y}\tan\varphi \tag{10-9}$$

将式(10-9)与式(10-5)比较，可知

$$\tan\beta=\tan\alpha \text{ 或 } \beta=\alpha$$

这就说明，梁在斜弯曲时其总挠度的方向是与中性轴垂直的，即梁的弯曲一般不发生在外力作用平面内，而发生在垂直于中性轴 n—n 的平面内，如图10.6所示。

从式(10-9)可以看出，当$\frac{I_z}{I_y}$值很大时(例如梁横截面为狭长矩形时)，即使荷载作用线与 y 轴间的夹角 φ 非常微小，也会使总挠度 f 对 y 轴发生很大的偏离，这是非常不利的。因此，在较难估计外力作用平面与主轴平面是否能相当准确地重合的情况下，应尽量避免采用 I_z 和 I_y 相差很大的截面，否则就应采用一些结构上的辅助措施，以防止梁在斜弯曲时所发生的侧向变形。

【例10.1】 矩形截面简支梁承受均布荷载如图10.7所示，已知 $F_q=2\text{kN/m}$，$l=4\text{m}$，$b=4\text{cm}$，$h=20\text{cm}$，$\varphi=15°$，试求梁的最大应力。

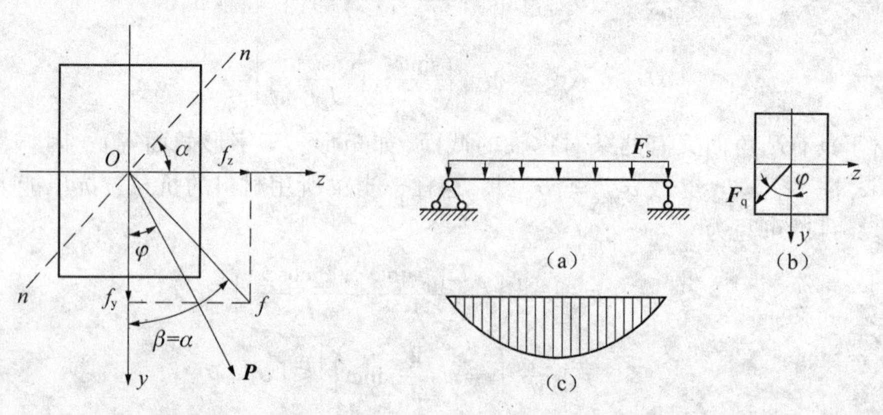

图10.6 梁在斜弯曲情况下的弯曲变形　　图10.7 例题10.1图

解：(1)将 F_q 沿截面的两个对称轴 y、z 方向分解为 F_{qy} 和 F_{qz}。

$$F_{qy}=F_q\cos\varphi=2\times\cos 15°=1.93\text{kN}$$
$$F_{qz}=F_q\sin\varphi=2\times\sin 15°=0.52\text{kN}$$

(2)计算简支梁最大弯矩。对于简支梁而言，跨中截面的弯矩最大，是危险截面，跨中截面的最大弯矩为

$$M_{z\max}=\frac{1}{8}q_{y\max}l^2=\frac{1}{8}\times1.93\times4^2=3.86\text{kN}\cdot\text{m}$$

$$M_{y\max}=\frac{1}{8}q_{z\max}l^2=\frac{1}{8}\times0.52\times4^2=1.04\text{kN}\cdot\text{m}$$

(3)计算梁截面抗弯截面模量。

$$W_z=bh^2/6=10\times20^2/6=666.7\text{cm}^3$$
$$W_y=hb^2/6=20\times10^2/6=333.3\text{cm}^3$$

(4)计算危险截面的最大正应力。

$$\sigma=\frac{M_y}{W_y}+\frac{M_z}{W_z}=\frac{1.04\times10^3}{333.3\times10^{-6}}+\frac{3.86\times10^3}{666.7\times10^{-6}}=8.91\times10^6\text{Pa}$$

在危险截面上，最大正应力有两点：一点为最大拉应力，一点为最大压应力。

10.3　拉压和弯曲组合变形

若作用在杆上的外力除轴向力外，还有横向力，则杆将发生拉伸(若压缩)与弯曲的组合变形。

如图10.8(a)、(b)所示的矩形等截面石墩。它同时受到水平方向的土压力和竖直方向的自重作用。显然土压力会使它发生弯曲变形，而自重则会使它发生压缩变形。

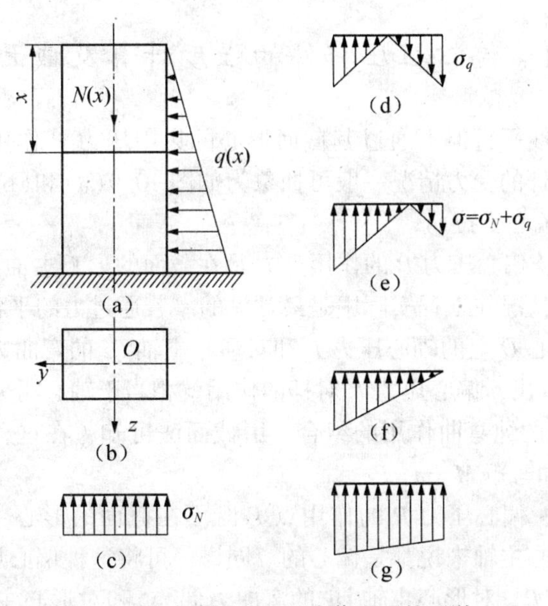

图10.8　在自重和土压力作用下的石墩

因石墩的横截面积 A 和惯性矩 I 都比较大，在受力后其变形很小，故可以忽略其压缩变形和弯曲变形间的相互影响，并根据叠加原理求得石墩任一截面上的应力。

现研究距墩顶端的距离为 x 的任意截面上的应力。由于自重作用，在此截面上将引起均匀分布的压应力为

$$\sigma_N=\frac{N(x)}{A}$$

由于土压力的作用，在同一截面上离中性轴 Oz 的距离为 y 的任一点处的弯曲应力为

$$\sigma_q=\frac{M(x)y}{I_z}$$

根据叠加原理，在此截面上离中性轴的距离为 y 的点上的总应力为

$$\sigma=\sigma_N+\sigma_q=\frac{N(x)}{A}+\frac{M(x)y}{I_z}$$

应用上式时注意将 $N(x)$、$M(x)$、y 的大小和正负号同时代入。

石墩横截面上应力 σ_N、σ_q 和 σ 的分布情况一般如图 10.8(c)、(d)、(e)所示。由于土压力和自重大小的不同，总应力 σ 的分布也可能有如图 10.8(f)或(g)所示的情况。

石墩的最大正应力 σ_{max} 及最小正应力 σ_{min}，都发生在最大弯矩 M_{max} 及最大轴力 N_{max} 所在的截面上离中性轴最远处。故石墩的强度条件为

$$\sigma_{max}=\left|\frac{N_{max}}{A}+\frac{M_{max}}{W_z}\right|\leqslant[\sigma] \tag{10-10}$$

式中：$W_z=\dfrac{I_z}{y_{max}}$ 是石墩矩形横截面对 z 轴的抗弯截面模量。

上面以石墩为例介绍了怎样计算杆在拉伸(或压缩)与弯曲组合变形情况下的应力。也可用同样方法求解其他有类似情况的问题。

10.4 偏心拉压杆件的强度计算及截面核心

当杆受到与杆轴线平行但不通过其截面形心的集中压力 P 作用时，杆处在偏心压缩的情况下。偏心受压杆的受力情况一般可抽象为如图 10.9(a)和(b)所示的两种偏心受压情况(当 P 向上时为偏心受拉。)

在图 10.9(a)中，偏心压力 P 的作用点 F 是在截面的形心主轴 Oy 上，即它只在轴 Oy 的方向上偏心，这种情况在工程实际中是最常见的。若通过力的平移规则，将偏心压力 P 简化为作用在截面形心 O 上的轴心压力 P 和对形心主轴 Oz 的弯曲力偶 $m=Pe$(这里的 e 称为**偏心距**)，则不难看出，偏心压力 P 对杆的作用就相当于轴心压力 P 对杆的轴心压缩作用和弯曲力偶 m 对杆的纯弯曲作用的组合。由截面法可知，在这种杆的横截面上，同时存在轴向压力 $N=P$ 和弯矩 $M=m=Pe$。

在图 10.9(b)中，偏心压力 P 的作用点 F 既不在截面的形心主轴 Oy 上，也不在 Oz 上，即它对于两个形心主轴来说都是偏心的。同样，可将这种偏心压力简化为作用在截面形心 O 上的轴心压力 P、对形心主轴 Oy 的弯曲力偶 m_y 和对形心主轴 Oz 的弯曲力偶 m_z。故在杆的横截面上，同时存在轴向压力 $N=P$、弯矩 $M_z=m_z=Pe_y$ 和弯矩 $M_y=m_y=Pe_z$。

从上面的分析可见，杆的偏心压缩，即相当于杆的轴心压缩和弯曲的组合。

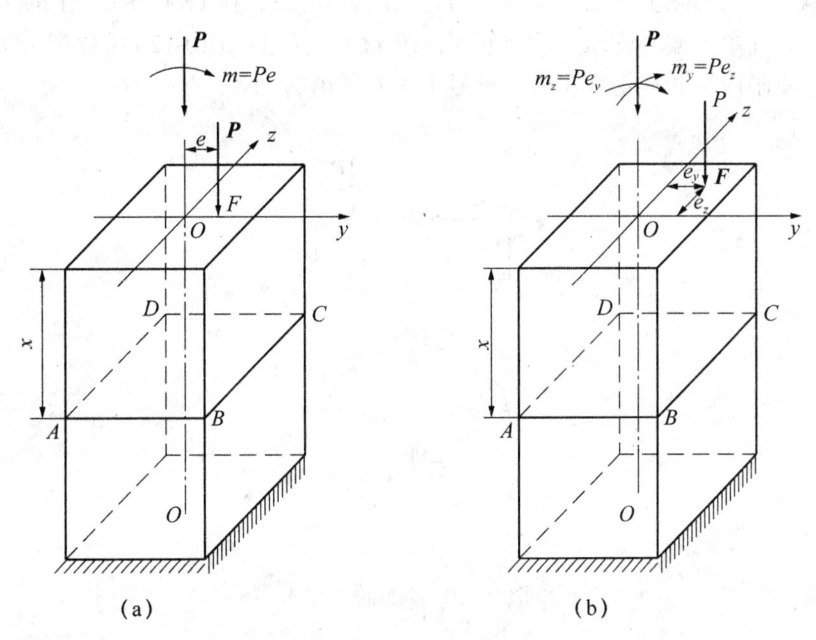

图 10.9 偏心受压的两种情况

因为在偏心受压杆中，出现的正应力主要是压应力，故在本节里，为了计算上的方便，我们对正应力正负号的规定作如下的改变，即令压应力的符号为正，拉应力的符号为负。

10.4.1 偏心拉压的应力计算

图 10.9(a)所示的情况也称为单向偏心受压。因压力 P 的作用线平行于杆轴线，故在杆的各横截面上有同样的轴力 N 和同样的弯矩 M。根据叠加原理，可求得杆任一横截面上任一点处的正应力为

$$\sigma=\frac{N}{A}\pm\frac{M_y}{I_z} \tag{10-11}$$

在应用式(10-11)时，对第二项前的正负号一般可根据弯矩 M 的转向凭直观来选定，即当 M 对计算点处引起的正应力为压应力时取正号，为拉应力时取负号。但应注意，在这种情况下，M 和 y 都只要代入它们的绝对值。

如上所述，当偏心压力 P 的作用点 F 不在横截面的任一形心主轴上(图 10.9(b)和图 10.10)，这种情况可称为双向偏心受压。力 P 可简化为作用在截面形心 O 处的轴向压力 P 和二弯曲力偶 $m_y=Pe_z$，$m_z=Pe_y$。故在杆任一横截面上的内力，将包括轴力 $N=P$ 和弯矩 $M_y=Pe_z$，$M_z=Pe_y$，根据叠加原理，可得到杆横截面上任一点(y，z)处的正应力计算公式为

$$\sigma=\frac{N}{A}+\frac{M_yz}{I_y}+\frac{M_zy}{I_z}=\frac{P}{A}+\frac{Pe_zz}{I_y}+\frac{Pe_yy}{I_z} \tag{10-12}$$

式中：I_y 和 I_z 为横截面分别对 y 轴和 z 轴的惯性矩。将式(10-14)与式(10-2)比较可以看

出，双向偏心受压实际上是轴心受压与斜弯曲的叠加。另外当式(10-12)中的 e_z 或 e_y 为零时，它就成为在单向偏心受压情况下的式(10-11)。注意式(10-12)是根据力 P 作用在坐标系的第一象限内，并规定压应力的符号为正而导出的。

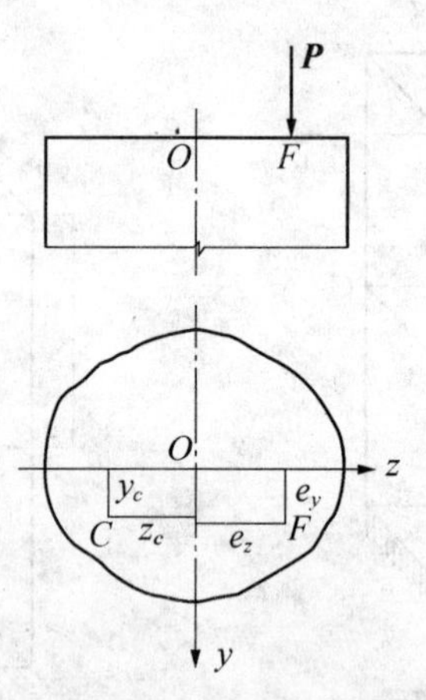

图 10.10 双向偏心受压

10.4.2 偏心拉压的最大应力及强度条件

杆件受到单向偏心受压时最大正应力和最小正应力分别发生在截面的两个边缘上，其计算公式为

$$\sigma_{\substack{\max\\\min}}=\frac{N}{A}\pm\frac{M}{W} \tag{10-13}$$

式中：A 为杆的横截面面积；W 为相应的抗弯截面模量。

对如图 10.9(a)所示的矩形截面偏心受压杆，从偏心力 P 所在的位置可以看出，在任一横截面上，最大的正应力发生在边缘 BC 上。在边缘 AD 上则根据 N 和 M 的不同大小，可能发生最小的压应力，最大的拉应力或在该处的应力等于零。若将矩形截面的面积 $A=bh$，抗弯截面模量 $W=\frac{bh^2}{6}$ 和截面上的弯矩 $M=Ne$ 代入式(10-12)，即可将其改写为

$$\sigma_{\substack{\max\\\min}}=\frac{N}{bh}\pm\frac{6Ne}{bh^2}=\frac{N}{bh}\left(1\pm\frac{6e}{h}\right) \tag{10-14}$$

对其进行强度校核，即令：$\sigma_{\max}\leq[\sigma]$。

杆件受到双向偏心受压的情况，为了进行强度计算，我们需要求出在截面上所产生的最大正应力和最小正应力，为此需先确定出中性轴的位置。同样，根据中性轴的概念可将 $\sigma=0$ 代入式(10-12)，求得中性轴的方程为

$$\frac{P}{A}+\frac{Pe_z z}{I_y}+\frac{Pe_y y}{I_z}=0$$

将 $I_y=Ar_y^2$，$I_z=Ar_z^2$ 代入，则上式可改写为

$$1+\frac{e_y y}{r_z^2}+\frac{e_z z}{r_y^2}=0 \tag{10-15}$$

这个方程是一直线方程，故中性轴为一直线，如图 10.11 中的直线 $n—n$ 所示。由式(10-15)还可看出，坐标 y 和 z 不能同时为零，故中性轴不通过截面的形心。至于中性轴是在截面之内还是在截面之外，则与力 P 的作用点 F 的位置(e_y，e_z)有关。将 $z=0$ 和 $y=0$ 分别代入式(10-15)，即可求得中性轴与轴 y 和轴 z 的截距 a_y、a_z 如下：

$$\left.\begin{aligned} a_y &= -\frac{r_z^2}{e_y} \\ a_z &= -\frac{r_y^2}{e_z} \end{aligned}\right\} \tag{10-16}$$

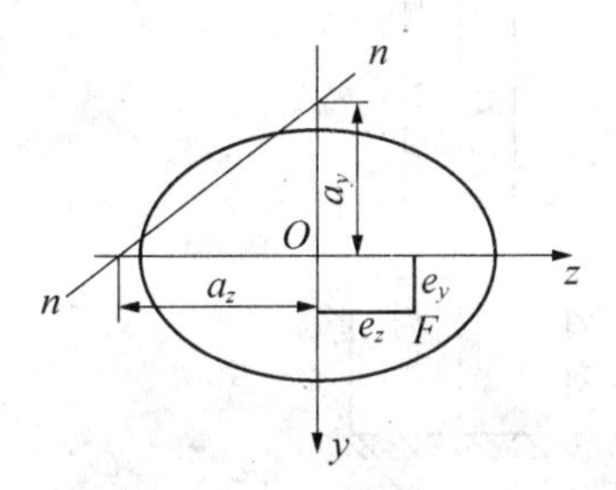

图 10.11 中性轴的位置

由式(10-16)可以看出，e_y、e_z 愈小时，a_y、a_z 就愈大，即力 P 的作用点愈向截面形心靠近，截面的中性轴就离开截面形心愈远，甚至会移到截面以外去。中性轴不在截面上面，则意味着在整个截面上只有压应力作用。

【例 10.2】起重能力为 80kN 的起重机，安装在混凝土基础上(图 10.12)。起重机支架的轴线通过基础的中心。已知起重机的自重为 180kN(荷载 P 及平衡锤 Q 的重量不包括在内)，其作用线通过基础底面的轴 Oz，且有偏心距 $e=0.6$m。若矩形基础的短边长为 3m，问：(1)其长边的尺寸 a 应为多少才能使基础上不产生拉应力？(2)在所选的 a 值之下，基础底面上的最大压应力等于多少？(已知混凝土的密度 $\rho=2.243\times10^3\text{kg/m}^3$)

解：(1)将有关各力向基础的中心简化，得到轴向压力。

$$\begin{aligned} P &= 50+80+180+2.4\times3\times a\times2.243\times9.81 \\ &= (310+158.4a)\text{kN} \end{aligned}$$

对主轴 Oy 的力矩为

$$M=-50\times4+180\times0.6+80\times8=548\text{kN}\cdot\text{m}$$

要使基础上不产生拉应力，必须使式(10-12)中的 $\sigma_{\min}=\dfrac{N}{A}-\dfrac{M}{W}=0$，将 $N=P$，$A=3a$，M 和 $W=\dfrac{3a^2}{6}$代入，可得

$$\sigma_{\min}=\frac{310+158.4a}{3a}-\frac{548}{\dfrac{3a^2}{6}}=0$$

从而解得 $a=3.68$m，取 $a=3.7$m。

(2)在基础底面上产生的最大压应力可以由式(10-12)中的另一式求得。

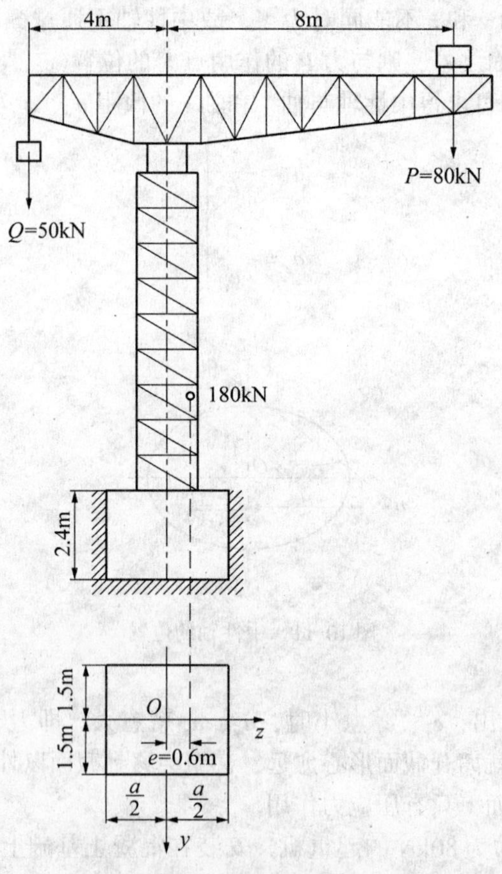

图 10.12 例 10.2 图

$$\sigma_{\min}=\frac{N}{A}+\frac{M}{W}=\frac{310+158.4\times3.7a}{3\times3.7}+\frac{548}{\frac{3\times3.7^2}{6}}$$

$$=161\text{kN/m}^2=0.161\text{MPa}$$

【**例 10.3**】如图 10.13 所示的钻床，当它工作时，钻孔进刀力 $P=2\text{kN}$。已知力 P 的作用线与立柱轴线间的距离为 $e=180\text{mm}$，立柱的横截面为外径 $D=40\text{mm}$，内径 $d=30\text{mm}$ 的空心圆，材料的许用应力$[\sigma]=100\text{MPa}$，试校核此钻床立柱的强度。

解：对于钻床立柱来说，外力 P 是偏心的拉力。它将使立柱受到偏心拉伸，在立柱任一横截面上产生的内力是(图 10.13(b))。

轴力为 $N=P=2\text{kN}=2000\text{N}$

弯矩为 $M=Pe2000\times0.18=360\text{N}\cdot\text{m}$

因轴向拉力 N 与弯矩 M 都会使横截面的内侧边缘的点 a 处产生拉应力，并使该处的拉应力最大，应对其进行强度校核。

$$\sigma_a=\sigma_{\max}=\left|\frac{N}{A}+\frac{M}{W}\right|$$

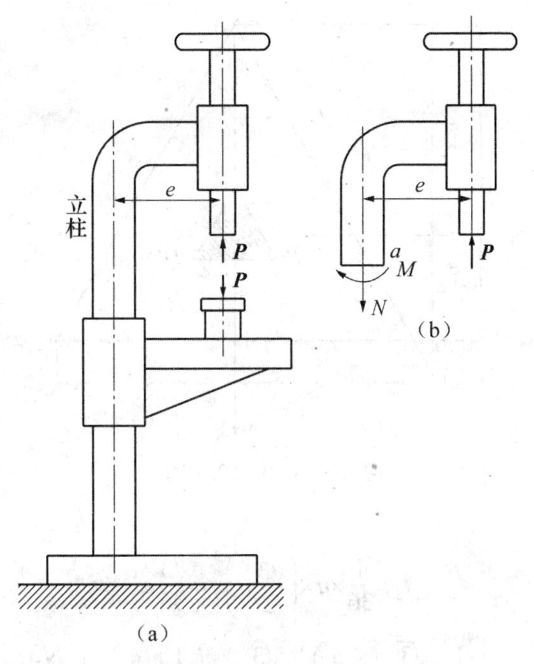

图 10.13 例 10.3 图

$$=\frac{2000}{\frac{\pi}{4}(40^2-30^2)\times10^{-6}}+\frac{2000\times0.18}{\frac{\frac{\pi}{4}(40^4-30^4)\times10^{-12}}{\frac{40}{2}\times10^{-3}}}$$

$$=3.64\times10^6+83.2\times10^6$$

$$=87.46\text{MPa}<[\sigma]=100\text{MPa}$$

满足强度要求。

我们知道，采用使偏心压力 P 向截面形心靠近(即减小偏心距 e_y，e_z)的办法，可使杆横截面上的正应力全部为压应力而不出现拉应力。当偏心压力作用在截面的某个范围以内时，中性轴的位置将在截面以外或与截面周边相切，这样在整个截面上就只会产生压应力。通常把截面上的这个范围称为**截面核心**。

在工程实际中，砖、石、混凝土一类的建筑材料，其承压能力比抗拉能力要强得多，故在设计由这类材料制成的构件时，应充分发挥材料的抗压能力，在构件的横截面上最好不要出现拉应力，或使拉应力控制在许可的范围以内，以避免出现拉裂破坏。这就要用到截面核心的概念。

【例 10.4】试作出如图 10.14 所示边长为 a 的等边三角形截面的截面核心。

解：(1)取坐标系 yOz 如图 10.14 中所示，并将坐标原点 O 放在三角形的形心上。

(2)计算出三角形的一些几何性质。

$$A=\frac{1}{2}a\times\frac{\sqrt{3}}{2}a=\frac{\sqrt{3}}{4}a^2$$

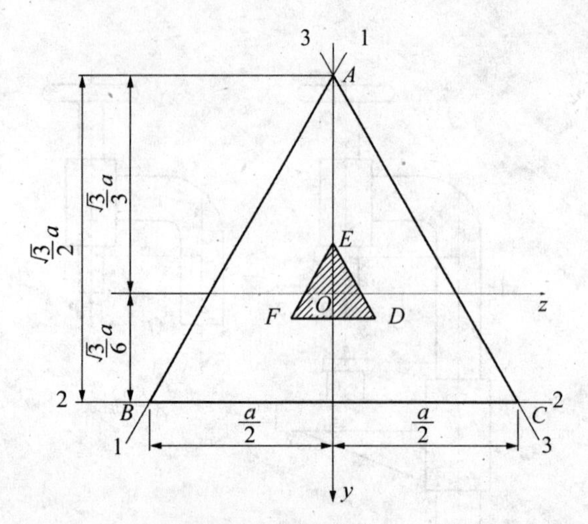

图10.14 例10.4图

$$I_z=\frac{1}{36}\times a\times\left(\frac{\sqrt{3}}{2}a\right)^3=\frac{\sqrt{3}}{96}a^4$$

$$I_y=2\left[\frac{1}{36}\times\frac{\sqrt{3}}{2}a\times\left(\frac{a}{2}\right)^3+\frac{\sqrt{3}}{4}a^2\times\left(\frac{1}{3}\times\frac{a}{2}\right)^2\right]=\frac{\sqrt{3}}{96}a^4$$

可以看出，$I_z=I_y$(事实上，任何正多边形对通过其形心的任一轴线的惯性矩都是相等的)，与其相应的惯性半径 r_z 和 r_y 也相等，且有 $r_z^2=r_y^2=\frac{I_z}{A}=\frac{a^2}{24}$。

(3)求截面核心。

由式(10-15)知中性轴的方程为

$$1+\frac{e_y}{r_z^2}y+\frac{e_z}{r_y^2}z=0$$

当中性轴1—1与三角形的 AB 边重合时，将点 A 和点 B 的坐标 $\left(y=-\frac{\sqrt{3}}{3}a,\ z=0\right)$，$\left(y=-\frac{\sqrt{3}}{6}a,\ z=-\frac{a}{2}\right)$ 以及上面算得的 $r_z^2=r_y^2=\frac{a^2}{24}$。代入中性轴方程，可以得到

$$\left.\begin{aligned}1+\frac{e_y}{\frac{a^2}{24}}\left(-\frac{\sqrt{3}}{3}a\right)=1-\frac{8\sqrt{3}}{a}e_y=0\\1+\frac{e_y}{\frac{a^2}{24}}\left(\frac{\sqrt{3}}{6}a\right)+\frac{e_z}{\frac{a^2}{24}}\left(-\frac{a}{2}\right)=1+\frac{4\sqrt{3}}{a}e_y-\frac{12}{a}e_z=0\end{aligned}\right\}$$

由此二式可解得

$$e_y=\frac{\sqrt{3}\,a}{24},\quad e_z=\frac{a}{8}$$

它们就是与中性轴1—1相对应的力 P 的作用点 D 的坐标。

用同样方法可求得：当中性轴2—2与 BC 边重合时，力 P 的作用点 E 的坐标为

$$e_y=-\frac{\sqrt{3}}{12}a,\ e_z=0$$

当中性轴3—3与 CA 边重合时，力 P 的作用点 F 的坐标为

$$e_y=\frac{\sqrt{3}\,a}{24},\ e_z=-\frac{a}{8}$$

以 D、E、F 为顶点所作的小三角形 DEF 即为三角形截面 ABC 的截面核心。不难证明，小三角形 DEF 也是等边三角形，其边长为$\frac{a}{4}$，其形心与三角形 ABC 的形心重合。

思　考　题

10-1　什么叫组合变形？

10-2　如图10.15所示结构由三段组成，AB 杆为 y 轴方向，BC 杆为水平 x 轴方向，CD 为水平 z 轴方向。三杆在 P_1、P_2 共同作用下，试分析各为何种组合变形。

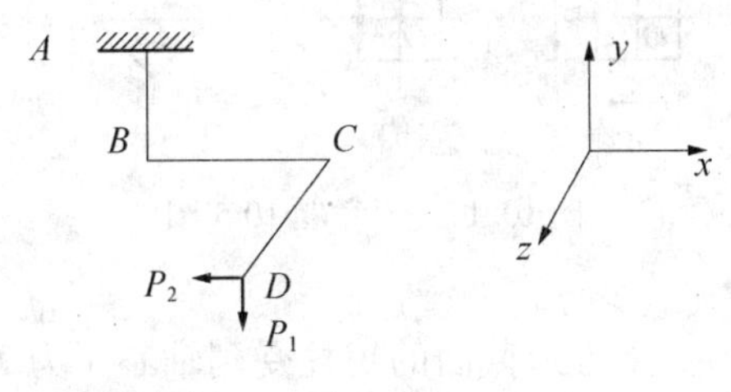

图10.15

10-3　圆形截面杆，在相互垂直的两个平面内发生平面弯曲，如何计算截面上的合成弯矩？

10-4　在图10.16所示各梁的横截面上，画出了外力的作用平面 a—a，试指出哪些梁发生平面弯曲，哪些梁发生斜弯曲？

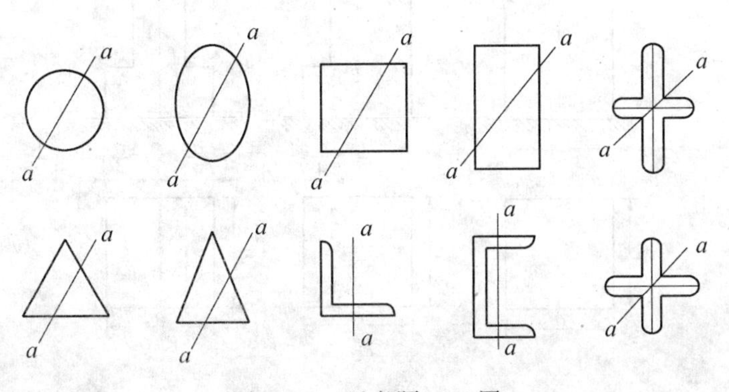

图10.16　思考题10-4图

10-5　图10.17(a)表示一正方形截面杆受到轴心拉力 $\boldsymbol{P}$ 作用。若将力 $\boldsymbol{P}$ 沿 OA 线平移

到截面边缘中点如图10.17(b)所示，或将力P沿对角线OB平移到截面角点B如图10.17(c)所示，问杆内的应力将怎样变化？

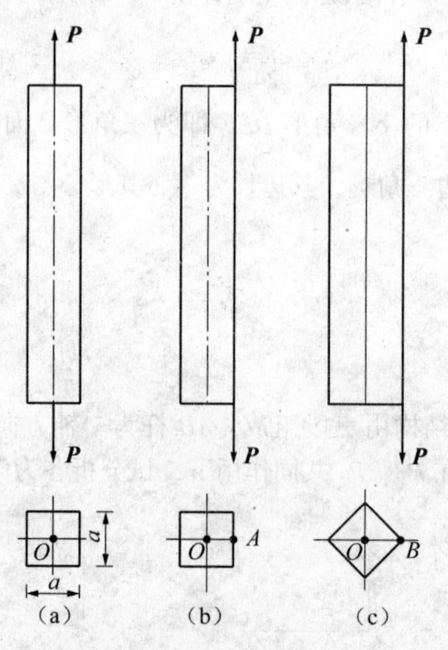

图10.17 思考题10-5图

10-6 图10.18(a)表示一正方形截面的短柱受到轴心压力$\boldsymbol{P}$作用，图10.18(b)表示将柱的一侧挖去一部分，图10.18(c)表示将柱的两侧各挖去一部分。试判断在(a)、(b)、(c)三种情况下，短柱中的最大正应力的大小及位置。

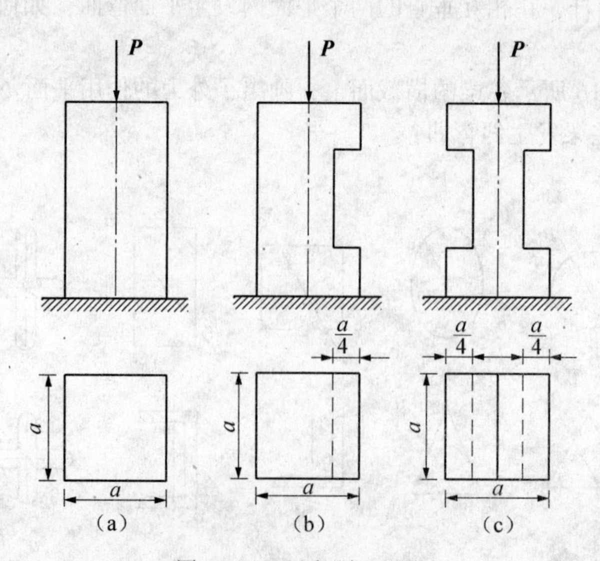

图10.18 思考题1-6图

10-7 什么是“截面核心”？怎样画出一截面的截面核心？

10-8　对处在扭转和弯曲组合变形下的杆，怎样进行应力分析，怎样进行强度校核？

习　题

10-1　如图 10.19 所示一木悬臂梁，梁长 $l=2\text{m}$，矩形截面 $b\times h=0.15\text{m}\times 0.3\text{m}$，集中荷载 $P=800\text{N}$，要求：

(a)计算 α 为 0°和 90°时的最大拉应力，并指出最大拉应力发生在什么地方。

(b)计算 α 为 45°时的最大拉应力，并指出最大拉应力发生在什么地方。

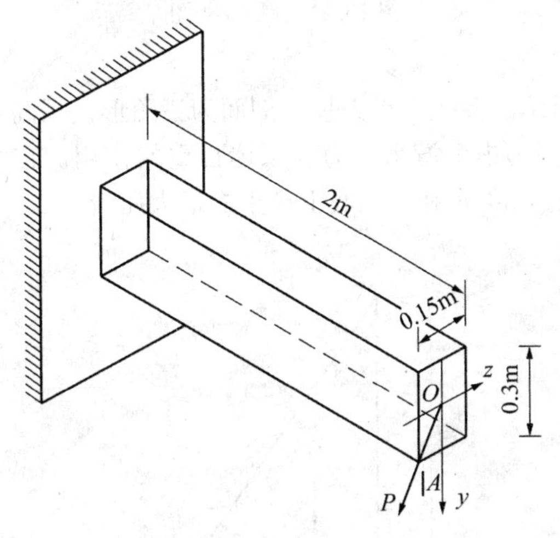

图 10.19　题 10-1 图

10-2　试证明对于矩形截面梁，当集中荷载 P 沿矩形截面的一对角线作用时，其中性轴将与另一对角线重合。

10-3　如图 10.20 所示一搁置在屋架上的檩条的计算简图。已知：檩条的跨度 $l=5\text{m}$，均布荷载 $q=2\text{kN/m}$，矩形截面 $b\times h=0.15\text{m}\times 0.20\text{m}$，所用松木的弹性模量 $E=10\text{GPa}$，许用应力 $[\sigma]=10\text{MPa}$，檩条的许可挠度为 $[f]=\dfrac{l}{250}$，试校核檩条的强度和刚度。

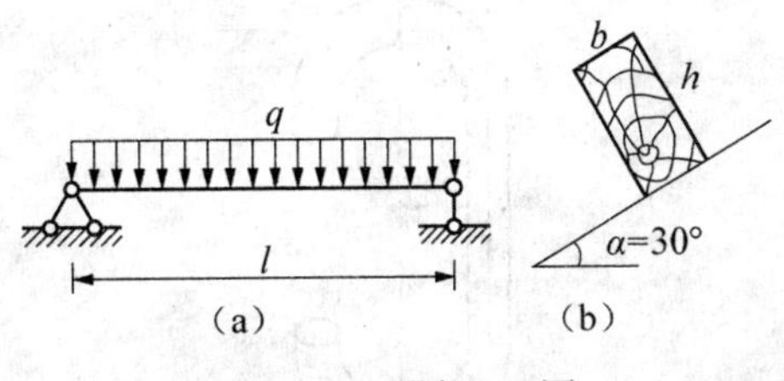

图 10.20　题 10-3 图

10-4　如图 10.21 所示一简支梁，选用了 25a 号工字钢。已知：作用在跨中的集中荷载 $P=5\text{kN}$，荷载 P 的作用线与截面的竖直主轴间的夹角 $\alpha=30°$，钢材的弹性模量 $E=210\text{GPa}$，许用应力$[\sigma]=160\text{MPa}$，梁的许可挠度$[f]=\frac{l}{500}$。试对此梁进行强度校核和刚度校核。

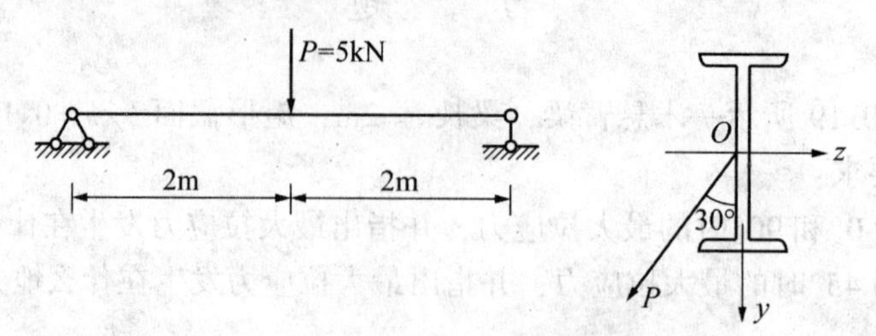

图10.21 题10-4图

10-5 如图10.22所示的混凝土重力坝，剖面为三角形，坝高$h=30\text{m}$，混凝土的密度为$2.396\times10^3\text{kg/m}^3$。若只考虑上游水压力和坝体自重的作用，在坝底截面上不允许出现拉应力，试求所需的坝底宽度B和在坝底上产生的最大压应力。

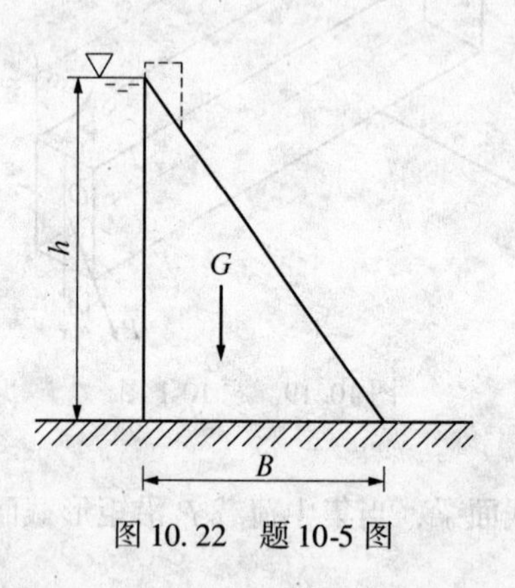

图10.22 题10-5图

10-6 如图10.23所示链条中的一环，受到拉力$P=10\text{kN}$的作用。已知链环的横截面为直径$d=50\text{mm}$的圆形，材料的许用应力$[\sigma]=80\text{MPa}$。试校核链条的强度。

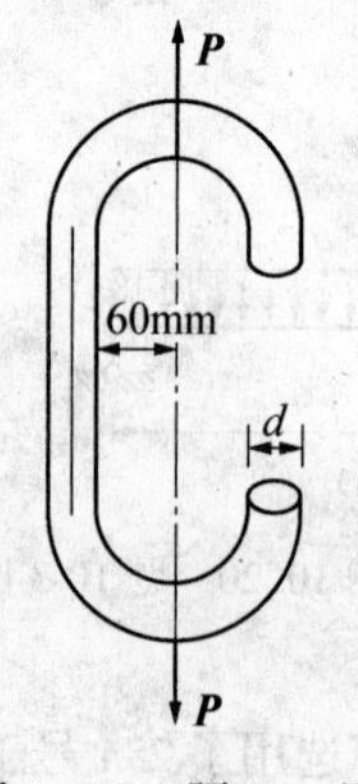

图10.23 题10-6图

10-7　受拉构件形状如图 10.24 所示，已知截面尺寸为 40mm×5mm，通过轴线的拉力 $P=12$kN。现拉杆开有切口，如不计应力集中影响，当材料的$[\sigma]=100$MPa 时。试确定切口的最大许可深度，并绘出切口截面的应力变化图。

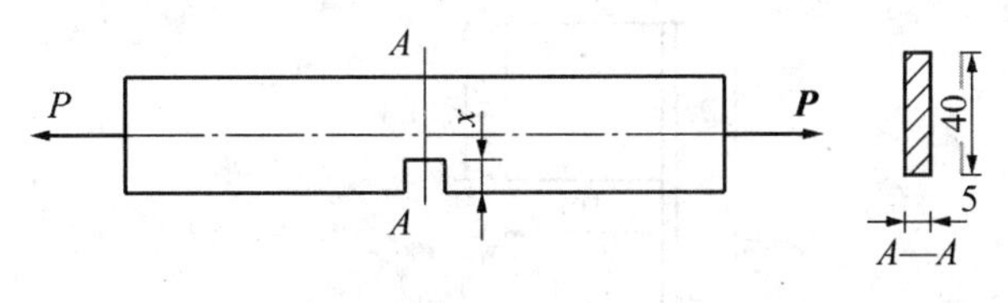

图 10.24　题 10-7 图

10-8　一圆截面直杆受偏心拉力作用，偏心距 $e=20$mm，杆的直径为 70mm，许用拉应力$[\sigma]$为 120MPa，试求此杆的许可偏心拉力值。

10-9　求如图 10.25 所示杆内的最大正应力(力 P 与杆的轴线平行)。

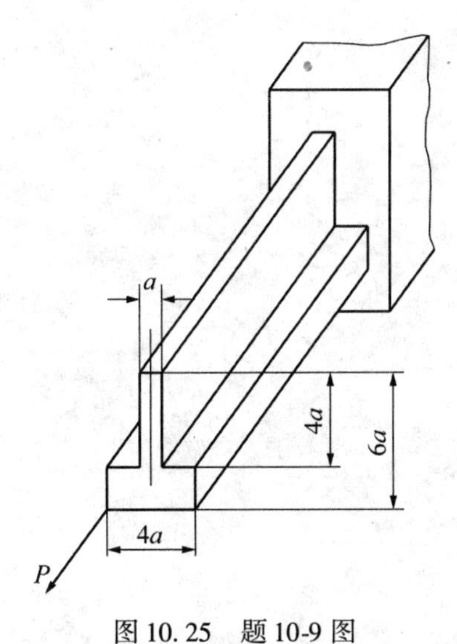

图 10.25　题 10-9 图

10-10　试画出如图 10.26 所示截面的截面核心。

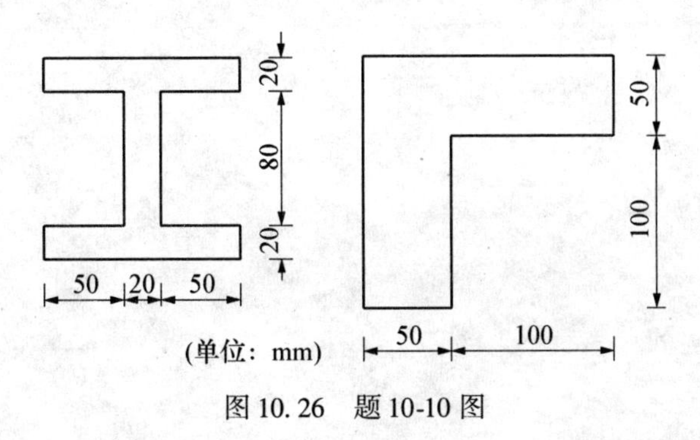

图 10.26　题 10-10 图

10-11 如图 10.27 所示一标志牌，支在外直径为 50mm、内直径为 40mm、高为 3m 的圆管上。若标志牌的尺寸为 1m×1mm，作用在标志牌上风压力的压强为 400Pa，试求由于风压作用使管底截面在点 *A* 处产生的主应力和点 *B*、*C* 处产生的剪应力。

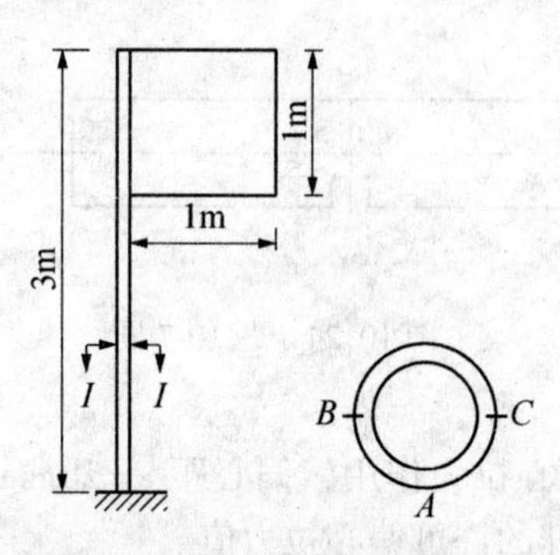

图 10.27 题 10-11 图

第11章　几何组成分析

11.1　几何组成分析的概述

工程结构作为用来承受、传递荷载而起骨架作用的体系，它必须是牢固的，必须能维持自己的位置和形状不变。

几何组成分析是从运动学的角度，研究杆件如何联结和布置才能牢固的结构。它是进行结构方案选择、结构布置和计算的必备知识。几何组成分析又称为机动分析或几何构造分析。

物体在任意荷载作用下，材料会发生应变，物体会发生变形。由于这种变形一般是很微小的，所以在几何组成分析中，将不考虑这种由于材料应变所产生的变形，即假设物体是刚性的物体。

工程中的杆件体系可分为几何可变体系和几何不变体系两类。本章主要介绍无多余约束几何不变体系的几何组成规则，及常见体系的几何组成分析方法，并分析了结构的几何特性与静力特性之间的关系，为以后内容的学习及正确选择结构计算方法奠定了基础。

11.1.1　几何不变体系与几何可变体系的概念

如图11.1(a)所示的平面体系，如果忽略材料变形引起的位移，在任何外荷载作用下都能保持其原有的几何形状和位置不变，这类体系称为几何不变体系。而图11.1(b)所示为另一类平面体系，即使只有微小的外力作用，也会引起其几何形状和位置的改变，这类体系称为几何可变体系。显然几何可变体系不能用来承受荷载，所以几何可变体系不能作为建筑结构使用，建筑结构必须是几何不变的。

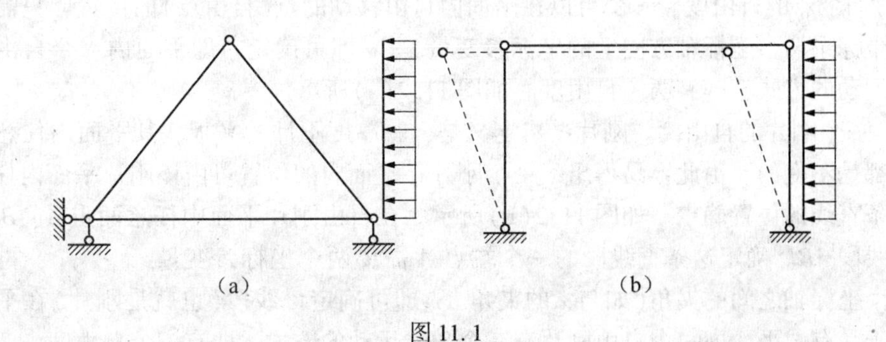

图11.1

11.1.2 几何组成分析的目的

几何组成分析又称几何构造分析，是对体系中各杆间及体系与基础之间连接方式进行分析，从而确定体系是几何不变体系还是几何可变体系。几何组成分析的目的主要包括以下三个方面：

(1)研究几何不变体系的组成规律，保证所设计的结构能够承受相应的荷载并保持平衡。

(2)判别某一结构体系的几何性质，确定该结构体系能否作为结构使用。

(3)了解结构各部分之间的构造关系，提高和改善结构的性能。

(4)通过体系的几何组成分析，判定结构是静定结构还是超静定结构，以便确定正确的结构计算方法。

11.2 几何组成分析的几个概念

11.2.1 刚片

刚片指厚度不计且平面形状不改变的理想刚性平板。在研究体系的几何组成时，由于忽略了材料的变形，可将体系中的杆件视为刚体。进行平面几何组成分析时，将平面内的刚体称为刚片。分析时，一根梁、一根链杆以及结构中的几何不变部分、地基基础等均可视为刚片。

11.2.2 自由体和自由度

不受限制而自由运动的物体称为自由体。自由体运动时，确定其几何位置所需的独立坐标的数目称为自由度。

(1)体系自由度。体系的自由度概念可以说是研究体系几何组成和几何不变体系基本组成规则思路的起点。体系自由度指体系能够运动的独立方式，或是确定体系所处位置所需的独立参变量数。平面体系的自由度，即确定平面体系在平面内位置所需的独立参变量数。

(2)一个点的自由度。一个可以在平面内自由移动的点(自由点)的位置，只需用平面内直角坐标系两个坐标轴方向上的坐标参变量 x、y 即可确定。即平面内一个自由点有两个独立运动的方式，即有两个自由度。如图 11.2(a)所示。

(3)一个刚片的自由度。刚片严格定义是，一厚度不计的平板，其平面内任意两点间的距离都是不变的。由此容易得出，一个刚片在平面内的位置可由该刚片平面内任意两点间的一条直线的位置确定。如图 11.2(b)所示，在自由刚片平面中任意两点 A、B 间作一已知直线段 AB。确定这条直线段的一个端点 A 需要两个坐标参变量，x_A 、y_A ，再由该线段与一个坐标轴之间的夹角(如与 x 的夹角 α)即可确定该线段(也就是刚片)在平面内的位置。于是有，平面内一个自由刚片有三个独立运动的方式，即有三个自由度。

工程结构应是几何不变体系，其自由度小于或等于零；凡是自由度大于零的体系都是几何可变体系。显然，自由体不能作为结构。

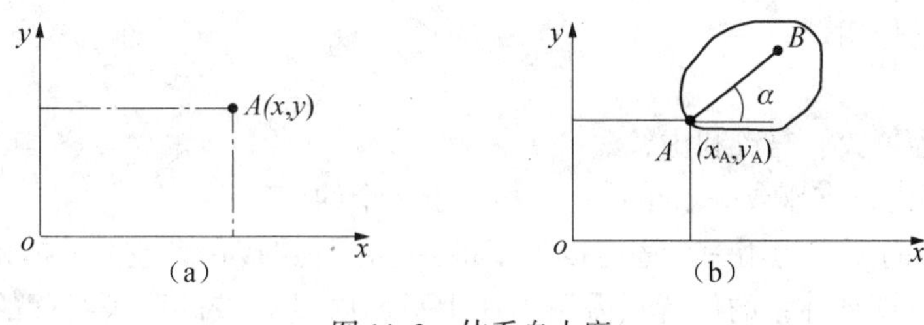

图 11.2 体系自由度

11.2.3 约束

对物体的运动起限制作用的其他物体称为约束。约束也称为联系，约束是杆件体系与基础间、杆件与杆件间的联结装置。约束使杆件体系内各构件之间的相对运动受到限制。因此，约束将减小体系的自由度。可以把约束(联系)理解为是使体系自由度减少的装置。如果一个装置能减少1个自由度，则称它为1个约束或1个联系；如果一个装置能减少 n 个自由度，则称它为 n 个约束或 n 个联系。

不同约束对体系自由度减少的数量是不同的，下面讨论常见约束对体系自由度的影响。

1. 一个活动铰支座或一个单连杆——相当于1个约束作用

链杆是用两端铰与其他物体相连的刚片。如图11.3(a)所示一相对大地不动的、且垂直大地平面的平面直角坐标系 xOy(以下所用坐标均如此，不再赘述)中，刚片Ⅰ用一根支座链杆 AB(即活动铰支座)与大地相连。该体系的位置可由链杆 AB 绕 A 点的转角 α 和刚片Ⅰ内一条一端与 B 铰共点的线段 BC 的转角 β 确定。即体系有两个自由度。而当去除链杆 AB 时，体系是一个自由刚片，有三个自由度。所以，一个活动铰支座(即一个支座链杆)，可以减少一个自由度。

图11.3(b)所示是平面内两个刚片用一根链杆 AB 连接的体系。确定该体系的位置，可先用 x_A、y_A 和 α 确定链杆 AB 的位置，然后用 β、γ 分别确定刚片Ⅰ和Ⅱ平面内过 A 铰和过 B 铰线段的位置。共用了五个坐标参变量，即该体系共有五个自由度。当切断链杆 AB 时，是两个自由刚片体系，有六个自由度。所以一根链杆可减少一个自由度。

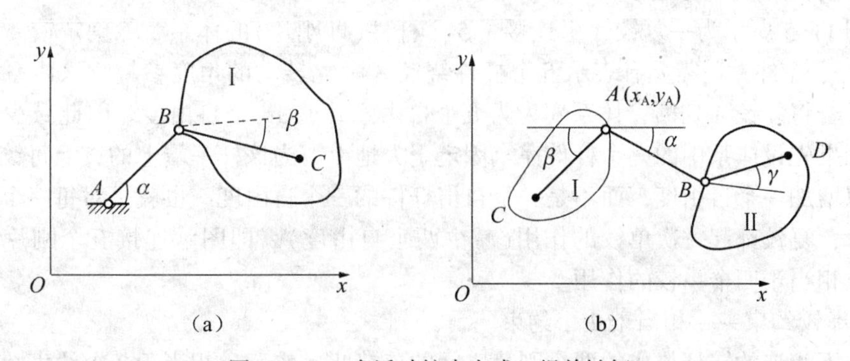

图 11.3 一个活动铰支座或一根单链杆

体系内的一根链杆和一根支座链杆的约束作用是等价的，都能减少一个自由度，即都具有一个约束的作用。

2. 铰约束

铰约束分为单铰、复铰和虚铰。

(1)一个固定铰支座或一个单铰——相当于2个约束作用。

如图11.4(a)所示为用一个固定铰支座将一个刚片连接在大地上的体系。刚片Ⅰ只有绕铰B的转动，即该体系的位置只需用刚片Ⅰ平面内过B铰的一条线段的夹角α便可确定。该体系有一个自由度。若去除固定铰支座，是一个自由刚片，有三个自由度。因此，一个固定铰支座可减少两个自由度。

如图11.4(b)所示为用一单铰A连接两个刚片的体系(只连接两个刚片的铰叫单铰)。确定该体系的位置，可先用x_A、y_A确定单铰A的位置后，再用α、β分别确定刚片Ⅰ和Ⅱ平面内过A铰线段的位置。共用了四个坐标参变量，即该体系有四个自由度。而切开单铰A为两个自由刚片体系，有六个自由度。因此一个单铰也减少两个自由度。

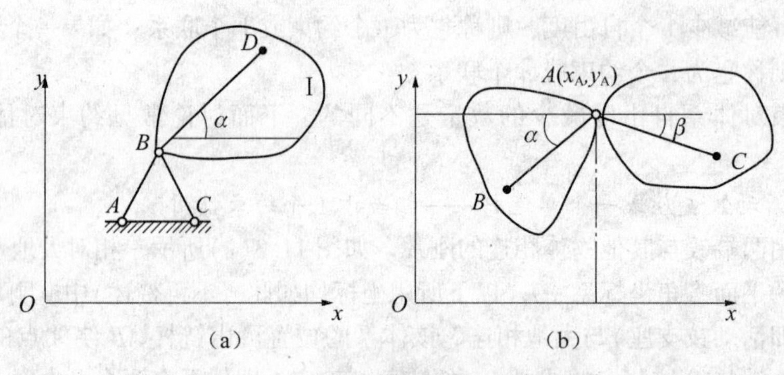

图11.4 一个固定铰支座或一个单铰

体系内一个单铰和一个固定铰支座的约束作用等价，都能减少两个自由度，具有两个约束(相当于两根链杆)的作用。

(2)复铰约束。

连接两个以上刚片的铰称为复铰。连接n个刚片的一个复铰，相当于$2(n-1)$个约束(或者单链杆数)，或相当于$(n-1)$个单铰的作用。

如图11.5所示为一复铰A上连接了5个杆件(即刚片)的体系。除确定铰A位置需两个参量x_A、y_A外，还需要有表示五个杆件绕铰A独立转动的角度参量。该体系共有七个自由度，若将复铰A切断，体系变为为五个自由刚片共15个自由度。因此减少了8个自由度。如果先设体系中的一个杆件完全固定于大地上，当该杆一端上的铰上每铰接一个杆件时，只增加一个自由度，而不是一个自由杆件的三个自由度。也就是对每一个加到复铰上的刚片，复铰都起一次单铰的作用(减少两个自由度)。即图示连接五个刚片的复铰体系的复铰相当于四个单铰的作用。

(3)虚铰约束——相当于2个约束。

两根不相连的链杆构成的两个刚片之间的连接叫虚铰——相当于2个约束。

虚铰可分有限远虚铰和无限远虚铰。有限远虚铰由两根不平行的链杆构成，它们的延

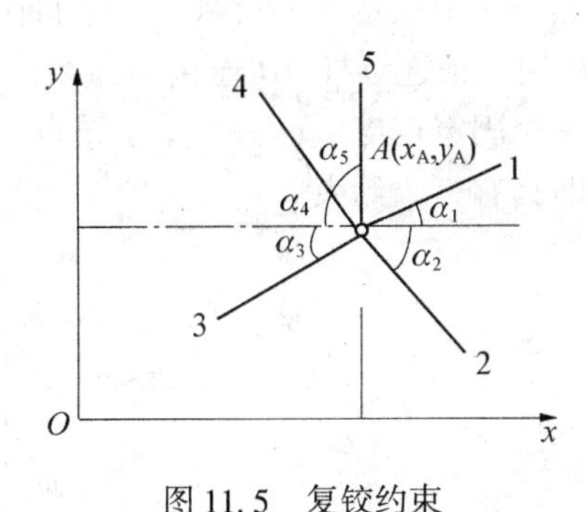

图 11.5 复铰约束

长线交于一点上、或杆轴有交叉点，见图 11.6(a)、(c)所示。如图 11.6(a)所示，刚片Ⅰ和地基间用两根链杆相连，两根链杆轴线的延长线交于 O 点，假设地基固定不动，则刚片Ⅰ的瞬间运动只能是绕 O 点的转动，两根链杆的延长线交点的位置随着刚片Ⅰ的转动不断改变。因此，刚片Ⅰ的运动是绕不断变化的中心(瞬时转动中心，简称瞬心)转动。有限远虚铰的作用，相当于这个虚铰瞬心处的一个实铰的作用，见图 11.6(b)，可减少两个自由度。

无限远虚铰由两根平行的链杆构成。如图 11.7 所示，可视虚铰的瞬心在两链杆平行方向的无限远点。在半径为无限大的两个同心圆弧上的两个刚片的相对转动退化为相对平行错动。也具有减少两个自由度的作用。

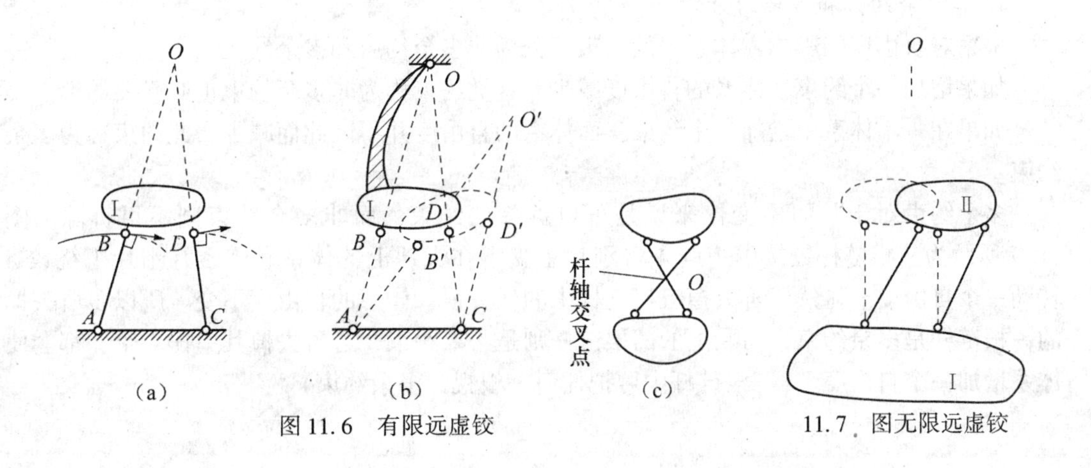

图 11.6 有限远虚铰　　11.7 图无限远虚铰

3. 刚结点约束

刚结点分为单刚结点和复刚结点。

(1)一个单刚结点或一个固定支座或一根连续杆——相当于 3 个约束。

仅联结两个刚片的刚结点称为单刚结点。如图 11.8(b)所示一个单刚结点 A 连接两个杆件的体系，因刚结点约束各杆端不能发生任何相对位移，所以刚结点上无论连接几个杆件后的体系，都可视为一个刚片。单刚结点 A 使两个自由刚片成为一个自由刚片，起到减少三个自由度的作用。即一个单刚结点具有三个约束。

图 11.8(a)所示一杆件一端用固定支座和地基连在一起，该杆件(刚片)便不能发生任

何移动，自由度等于零。显然，一个固定支座可减少三个自由度，具有三个约束。

图11.8(c)所示两个刚片用一根连续杆 AB 连接的体系。实际上连续杆连接相当于一个延长的单刚结点。所以，一个固定铰支座、一个单刚结点和一个单连续杆的约束作用等价，都能减少三个自由度，即具有三个约束。

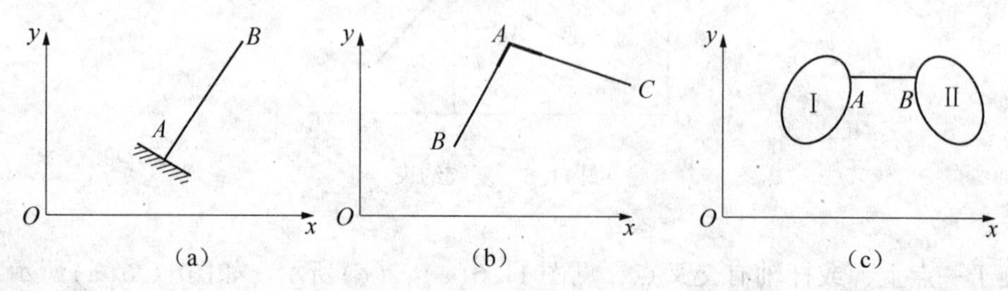

图11.8 一个固定铰支座或一个单刚结点或一根连续杆

(2)复刚结点约束。

联结两个以上刚片的刚结点称为复刚结点。假设四个刚片用一个刚结点相连，未用刚结点联结前，四个刚片处于自由状态，共有12个自由度，用刚结点联结后，体系只有3个自由度，共减少了9个自由度。由此可见，联结四个刚片的复刚结点相当于3个单刚结点的作用。一般来说，联结 n 个刚片的复刚结点相当于 $(n-1)$ 个单刚结点的作用，可以减少 $3(n-1)$ 个自由度，相当于 $3(n-1)$ 个约束的作用。

4. 非多余约束和多余约束

根据对自由度的影响，体系中的约束可分为非多余约束和多余约束。

如果增加一个约束，体系的自由度减少，这类约束称为非多余约束也叫必要约束。

如果在一个体系中增加一个约束，而体系的自由度并不因此而减少，此约束称为多余约束。

多余约束对于几何不变性来说是可以拆除的约束，而非多余约束则不可拆除。图11.9所示为三根链杆铰接于一点 A 将刚片Ⅰ支承在大地上的体系。体系有刚片Ⅰ绕铰 A 转动一个自由度。显然，若去掉三根锭杆中的任一根，体系的自由度不变。所以，所去掉的一根链杆是多余约束，而剩下的两根链杆则是必要约束，若再去掉其中任一个，都会使体系增加一个自由度。(三根链杆中可把任何一根视为多余约束)。

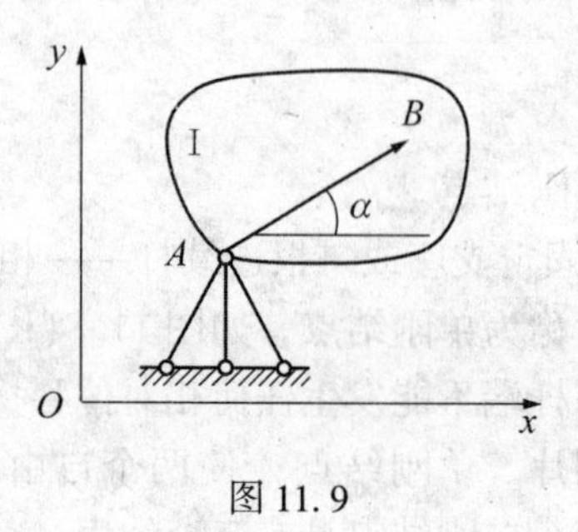

图11.9

11.2.4 平面杆件体系的计算自由度

体系中自由体自由度减去约束总数的差值称为体系的计算自由度 W。

杆件体系可以看成是自由体加约束组成。若把刚片视为自由体，把铰结点、刚结点和链杆视为约束，由此可得计算自由度的公式：

$$W = 3m - (2h + 3g + r)$$

式中：m——刚片(杆件)总数；

h——单铰(复铰换算成等效的单铰计入)总数；

g——单刚结点(复刚结点换算成等效的单刚结点计入)总数；

r——链杆(包括支座链杆)总数。

需要注意：当所计算的是与大地之间没有联系的体系的计算自由度时，称为计算体系内部(或上部)的计算自由度，用 V 表示。与上两式对应的体系内部的计算自由度的计算式为

$$V = 3m - (2h + 3g + r) - 3$$

计算自由度的力学意义是：从计算的角度反映了加约束前后体系自由度的变化，它是几何组成分析的一个辅助手段。

【例 11.1】求图 11.10 所示体系的计算自由度。

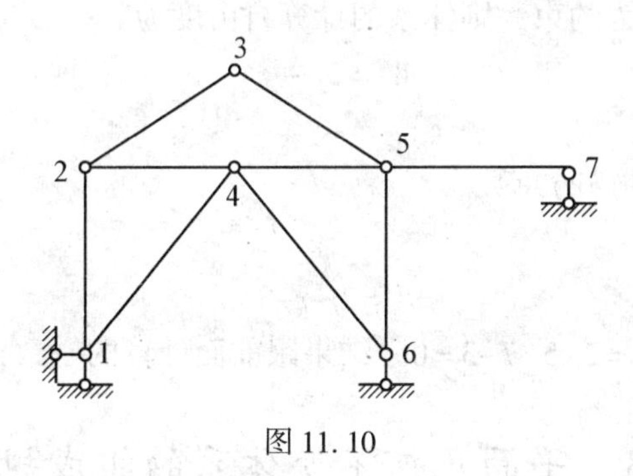

图 11.10

解：以刚片(杆件)为研究对象，体系中刚片总数：$m=9$

单铰(复铰换算成等效的单铰计入)总数：$h=11$

单刚结点(复刚结点换算成等效的单刚结点计入)总数：$g=0$

链杆(包括支座链杆)总数：$r=4$

所以计算自由度 $W = 3m - (2h + 3g + r) = 3\times9-(2\times11+3\times0+4)=1$

计算自由度的力学意义如下：

(1)当 $W>0$ 时，体系所具有的约束总数小于体系自由度总数，该体系缺少足够的约束数，因此体系必为几何不变体系。

(2)当 $W=0$ 时，体系所具有的约束总数等于体系保持几何不变所需的最少约束数。但体系是否几何不变，还要看约束的配置情况。

(3)当 $W<0$ 时，体系所具有的约束总数大于体系保持几何不变所需的最少约束数。但体系是否几何不变，还要看约束的配置情况。这表明体系有多余约束。

【**例11.2**】求图11.11所示体系的计算自由度。

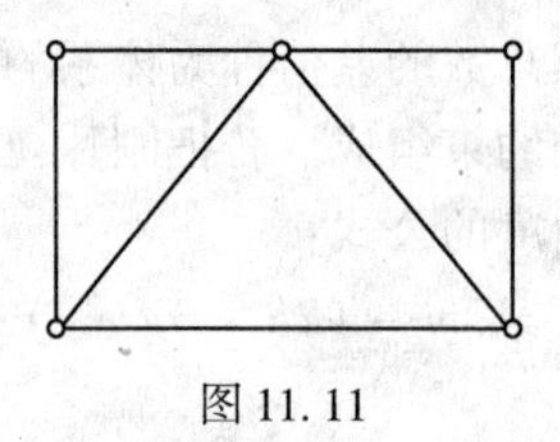

图11.11

解：此体系没有与地基相连，是求体系内部计算自由度的问题。

体系中刚片总数：$m=7$

单铰(复铰换算成等效的单铰计入)总数：$h=9$

单刚结点(复刚结点换算成等效的单刚结点计入)总数：$g=0$

链杆(包括支座链杆)总数：$r=0$

因此计算自由度 $V=3m-(2h+3g+r)-3=3\times7-(2\times9+3\times0+0)-3=0$

此题目计算自由度的计算，还可以从另一个角度进行分析：设铰结点为自由体，铰结点之间的链杆和支座链杆为约束，则体系的计算自由度为：

$$W=2j-r$$

式中 j——铰结点总数；

r——链杆(含支座链杆)总数。

相应的：

$$V=2j-r-3$$

对于此题：$V=2j-r-3=2\times5-7-3=0$。结果跟前面计算的一致，但计算更简便。

11.3 平面几何不变体系的组成规则

由11.2节得知，只有当体系有足够的必要约束才能称为几何不变体系。必要约束在体系中的位置和约束方式是其能减少体系自由度的关键，而这是计算自由度 W 所不能解决的。也就是说，体系的几何组成分析，除了要有足够的必要约束，还必须考虑必要约束在体系中的约束方式。本节主要讨论无多余约束几何不变体系的组成规则，这是几何组成分析的重点内容。

11.3.1 三角形规则

平面内由三根链杆组成的一个铰接三角形，是几何不变体系，且无多余约束。如图11.12(a)所示。铰接三角形的每条边都是一根不变形的刚性杆，即三角形的三条边长(杆长)是确定的。由平面几何知道，已知三角形的三条边，则这个三角形是唯一的。据此得出，平面内一个铰接三角形是无多余约束的几何不变体系。

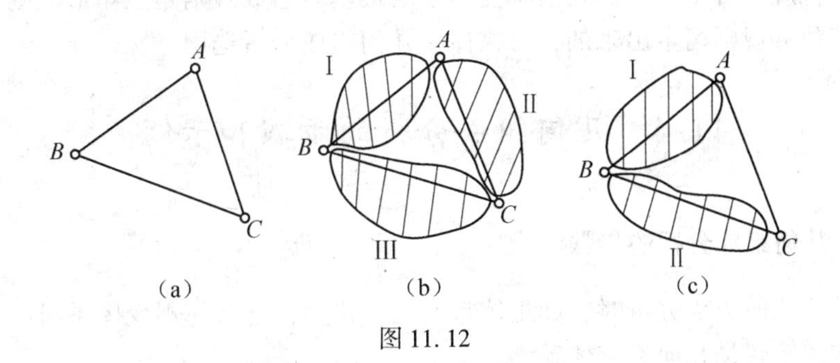

图 11.12

11.3.2 三刚片规则

若将一个铰接三角形的三根链杆都看成是刚片，如图 11.12(b)所示，即可得到三刚片规则。即三个刚片用三个不共线的铰两两相连，组成几何不变且无多余约束的体系。

11.3.3 二刚片规则

若将一个铰接三角形的三根链杆中的两根看成是刚片，如图 11.12(c)所示，即可得到二刚片规则。即两个刚片用一个实铰和轴线及延长线不过该铰的链杆相连，组成几何不变且无多余约束体系。

考虑一个单铰(实铰或虚铰)相当于两根链杆的作用，将图 11.12(c)中的实铰 B 用虚铰代替，即用两根不共线、不平行的链杆相连，如图 11.13 所示。二刚片规则又可表达为：两个刚片用不完全平行且不交于一点的三根链杆相连，则组成无多余约束的几何不变体系。

11.3.4 二元体规则

把一端共铰而不共线的两根链杆装置(或两根不共线链杆用铰连接成整体的装置)，称为二元体。当二元体加在一个几何不变体系上，如图 11.14 所示将其加在大地上，此时大地(可用 B、C 两个铰间的一根链杆代替)便和该二元体构成一个铰接三角形，仍为几何不变体系，根据一个自由点在平面内有两个自由度恰与两根链杆约束作用相等，易得出在任何体系上加上、或减去一个二元体时，体系的自由度也都不会改变，即依次增加或减少二元体，不影响对体系的几何组成分析，即为二元体规则。

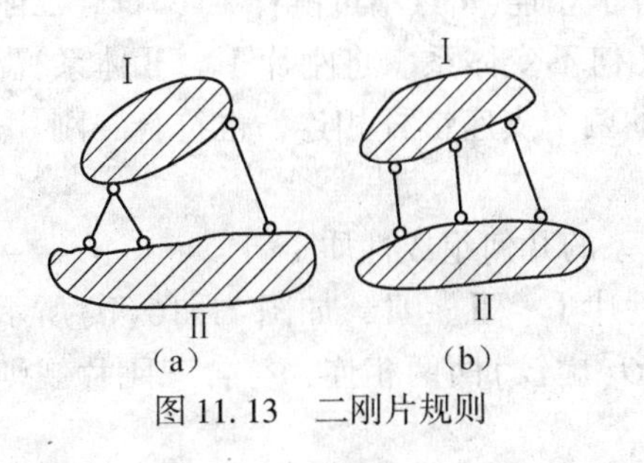

图 11.13 二刚片规则

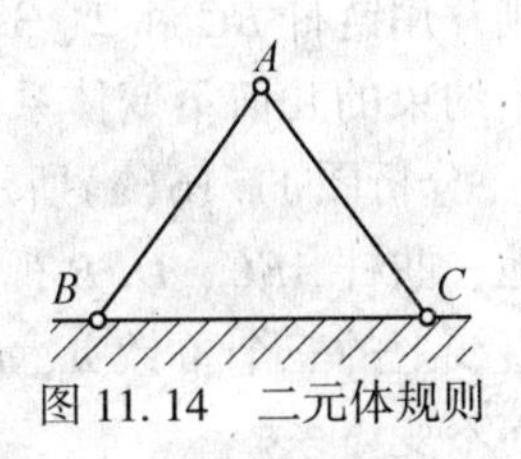

图 11.14 二元体规则

根据以上各规则可知，平面几何不变体系的最基本组成规则是三角形规则，其他三个规则均是由三角形规则衍生出来的，可供体系几何组成分析选用。

11.4 几何组成分析的步骤和示例

11.4.1 几何组成分析的步骤

对体系进行几何组成分析时，如果体系的几何构造符合几何不变体系组成规则中的任何一个，则该体系就是几何不变体系。

(1)找二元体并将其拆除，使体系简化。

(2)分清体系中自由运动的刚片(点)和约束(可为链杆、铰)。

(3)灵活套用几何不变体系组成规则进行分析。

注意：当大地与杆件体系用三根链杆相连时，可以先把三个联系拆除后再对此杆件体系进行分析，其分析结论即为原体系(联系拆除前)的分析结果。当大地与杆件体系用四根链杆相连时，一般用含大地在内的三刚片规则进行分析。

11.4.2 几何组成分析的示例

【例 11.3】 分析图 11.15(a)所示体系的几何组成性质。

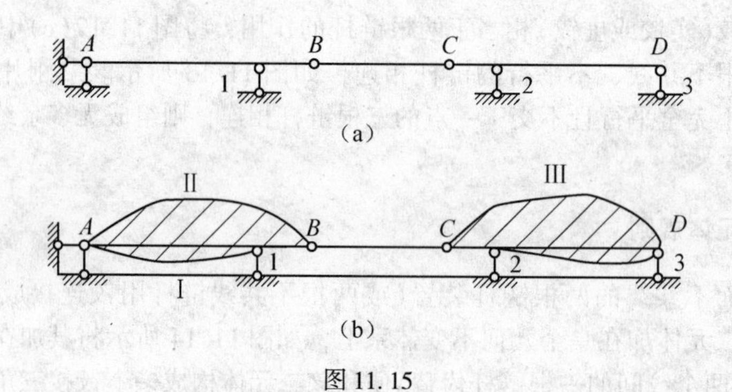

图 11.15

解：当上部体系与大地之间的约束超过三个以上，通常要将大地也作为刚片和上部体系一同分析。把大地、杆 *AB* 和杆 *CD* 分别当做刚片Ⅰ、Ⅱ和Ⅲ，见图 11.15(b)。以大地为参照，刚片Ⅱ与刚片Ⅰ用实铰 *A* 和链杆 1 相连(*A* 点不过链杆 1)，符合二刚片规则。所以，刚片Ⅰ和刚片Ⅱ组成无多余约束的几何不变体系。将刚片Ⅰ、Ⅱ体系视为扩大刚片，刚片Ⅲ与扩大刚片用链杆 *BC* 和 2、3 处的两个支座链杆相连，也符合二刚片规则。因此，原体系是无多余约束的几何不变体系。

【例 11.4】 分析图 11.16(a)所示体系的几何组成性质。

解：将大地、曲杆 *AEC*、*DFB* 视为刚片Ⅰ、Ⅱ、Ⅲ，如图 11.16(b)所示。三个刚片用不全在一条直线上的三个单铰 *A*、*B*、*O*(虚铰)两两相连，符合三刚片规则。体系是无多余约束的几何不变体系。

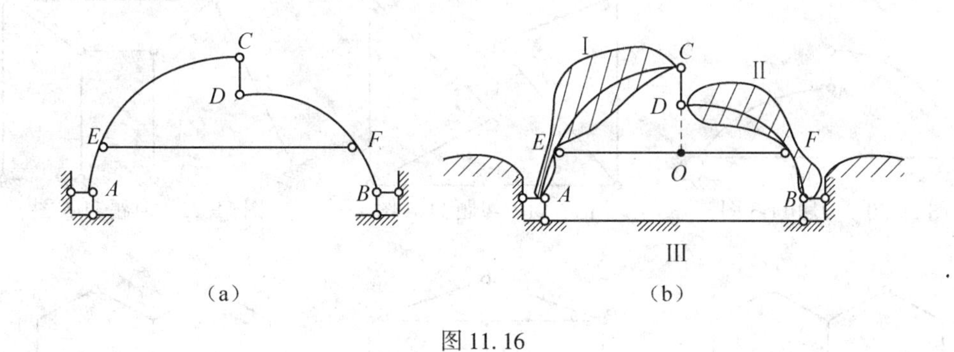

图 11.16

【例 11.5】分析图 11.17(a)所示体系的几何组成性质。

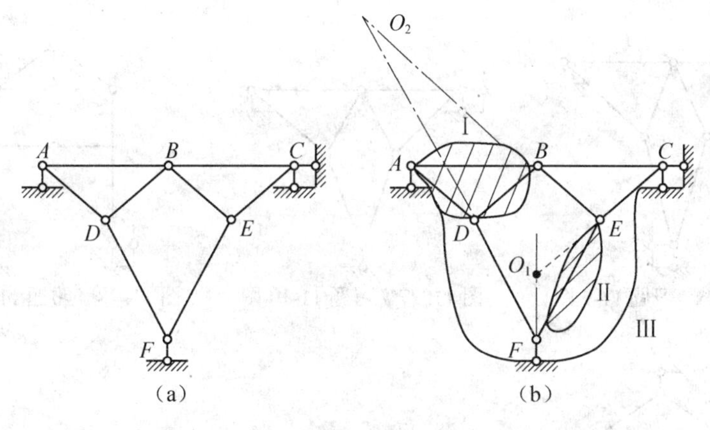

图 11.17

解：如图 11.17(b)所示，将铰接三角形 *ABD*、链杆 *FE* 和大地分别视为刚片Ⅰ、Ⅱ和Ⅲ。链杆 *DF* 和 *BE* 构成虚铰 O_2 连接刚片Ⅰ和Ⅱ；链杆 *BC* 和 *A* 支座链杆构成虚铰 *A* 连接刚片Ⅰ和Ⅲ；链杆 *CE* 和 *F* 支座链杆构成虚铰 O_1 连接刚片Ⅱ和Ⅲ。三个铰不全在一条直线上，符合三刚片规则，所以体系是无多余约束的几何不变体系。

习　题

习题 11-1 ~ 11-13　试对图 10.18 ~ 11.30 所示体系作几何组成分析(若为几何不变体系，指出有无多余约束)。

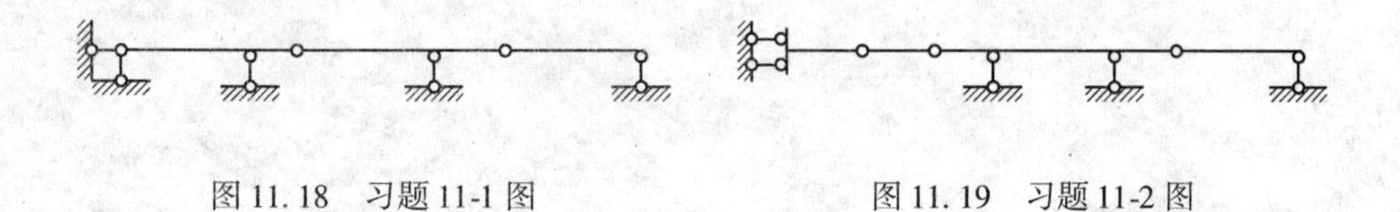

图 11.18　习题 11-1 图　　　　图 11.19　习题 11-2 图

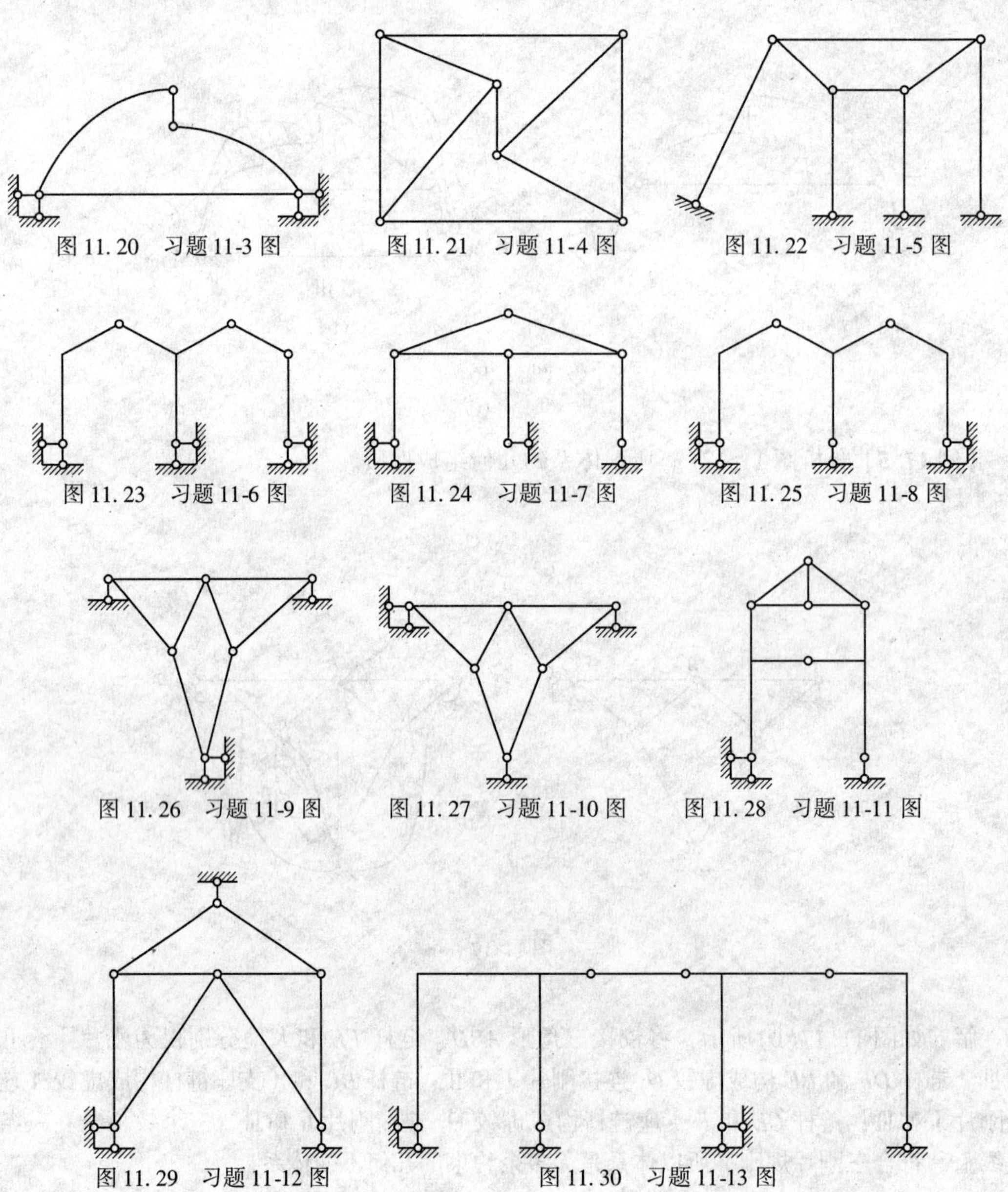

图11.20 习题11-3图

图11.21 习题11-4图

图11.22 习题11-5图

图11.23 习题11-6图

图11.24 习题11-7图

图11.25 习题11-8图

图11.26 习题11-9图

图11.27 习题11-10图

图11.28 习题11-11图

图11.29 习题11-12图

图11.30 习题11-13图

第12章 静定结构的受力分析

静定结构与超静定结构的主要区别表现在几何组成性质和静力特性两个方面。静定结构是无多余约束的几何不变体系，其全部支座反力和内力都可以由静力平衡条件唯一确定。超静定结构是有多余约束的几何不变体系，其全部支座反力和内力不能由静力平衡条件唯一确定。

本章结合几种常用的典型结构形式讨论静定结构的受力分析问题，包括梁、刚架、拱、桁架、组合结构等。主要内容有：求解约束反力；计算内力；绘制内力图；受力性能分析。这部分内容具有较强的工程实用性，对结构受力分析、变形验算非常重要，务必高度重视。

12.1 静定梁的受力分析

12.1.1 简支梁内力分析回顾

1. 用截面法求指定截面的内力

在任意荷载作用下，平面杆件任一截面上一般有三个内力分量，轴力 F_N、剪力 F_Q、弯矩 M。

(1)正负号规定。

轴力以拉为正，以压为负；剪力以绕隔离体顺时针转者为正，反之为负；弯矩以水平梁下侧纤维受拉为正，反之为负。

(2)截面法求内力。

截面法是求解截面内力的基本方法，主要包括截开、画隔离体受力图和列平衡方程三个环节：

①截开：将指定截面假想切开，将整体一分为二，切开后截面的内力暴露为外力；

②画隔离体受力图：任取一部分作为隔离体，画隔离体的受力图(荷载、反力、内力组成的平面一般力系或平面汇交力系)；

③列平衡方程：根据隔离体的平衡条件列平衡方程并求解，则可求出所求截面的三个内力。

画隔离体受力图时，要注意以下几点：

①隔离体与其周围的约束要全部截断，以相应的约束力代替。

②约束力要符合约束的性质：截断链杆加轴力；截断受弯杆加轴力、剪力和弯矩。不同支座分别用相应的反力代替。

③隔离体受力图只画隔离体本身所受的荷载与截断约束处的约束力。

④隔离体上的已知力按实际方向画出，未知假设为正号方向。由隔离体平衡条件解得未知力时，其符号就是其实际的正负号。

由截面法可得截面内力算式如下：

①轴力等于(±)截面任一边所有外力沿杆轴切线方向的投影的代数和；

②剪力等于(±)截面任一边所有外力沿杆轴法线方向的投影的代数和；

③弯矩等于(±)截面任一边所有外力(包括外力偶)对该截面形心的力矩的代数和。

2. 荷载与内力之间的关系

(1)微分关系。

弯矩 M、剪力 F_Q 与荷载集度 q 的关系：

如图12.1(a)所示梁上分别取有分布荷载微段和含竖向集中力、集中力偶微段。如图12.1(b)所示微段上的荷载可以看做荷载集度等于 $q(x)$ 的均布荷载，由该微段的平衡条件(其力矩平衡方程中略去高阶微量)可得内力与荷载的微分关系：

$$\frac{\mathrm{d}F_Q}{\mathrm{d}x}=-q(x)\qquad \frac{\mathrm{d}M}{\mathrm{d}x}=F_Q\qquad \frac{\mathrm{d}^2M}{\mathrm{d}x^2}=-q(x)$$

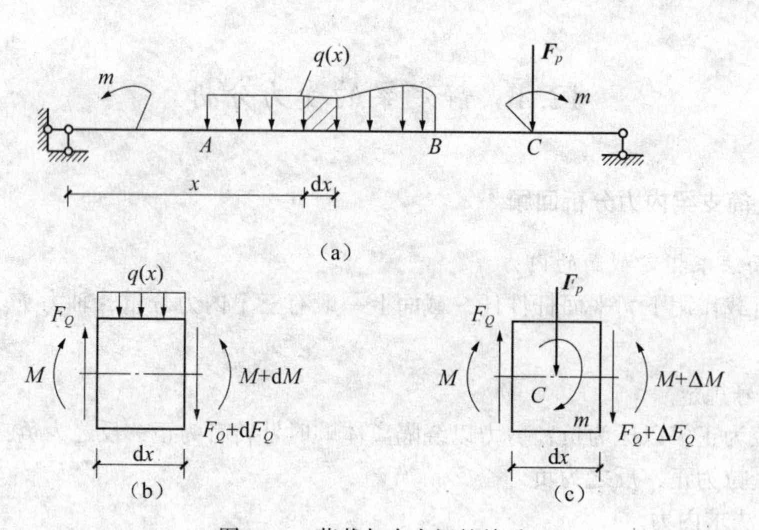

图12.1 荷载与内力间的关系

上述微分关系的几何意义：

①剪力图在某点的切线斜率等于该点处的荷载集度 $q(x)$，但符号相反。

②弯矩图在某点的切线斜率等于该点处的剪力。

③弯矩图在某点的二阶导数(曲率)等于该点的荷载集度 q_y，但符号相反。

由此可知，内力图有如下重要特征：

①在 $q(x)=0$ 的区段，剪力图为水平线，弯矩图为斜直线。在 q_y 为非零常数区段，剪力图为斜直线，弯矩图为二次抛物线；当荷载向下时，弯矩图曲线向下凸。

②弯矩图的极值：剪力等于零的截面上弯矩具有极值；反之，弯矩具有极值的截面上剪力一定等于零。

(2)增量关系。

图 12.1(c)所示微段受到集中力和集中力偶作用，由该微段的平衡条件可得荷载与内力的增量关系：

$$\Delta F_Q = -F_P \quad \Delta M = m$$

增量关系的几何意义：

①竖向集中力 F_P 处：剪力图发生突变，突变差值等于该集中力的大小；弯矩图发生转折，形成尖角；轴力图不变，是连续的。

②力偶 m 作用处：剪力图不变，是连续的；弯矩图发生突变，突变差的绝对值为该集中力偶的大小。

3. 分段叠加法作弯矩图

(1)简支梁弯矩图的叠加法。

现在以图 12.2 所示简支梁说明弯矩图的叠加法。简支梁的荷载可分解为两个状态的叠加：一个状态是简支梁两端有力偶矩 M_A 和 M_B，另一个状态是简支梁作用均布荷载 q。简支梁的弯矩图即为这两种状态下绘制出的弯矩图的叠加，我们可先绘制出简支梁两端上的弯矩 M_A 和 M_B，将两竖标值连直线，然后以该直线为新的基线叠加简支梁在均布荷载 q 作用下的曲线弯矩图，如图 12.2(b)所示。注意图 12.2(b)所示的最后弯矩图叠加形成的过程，是先将直线弯矩图相叠加，后叠加曲线弯矩图，并且叠加的弯矩图均是以前一个图形叠加后的完成线作为新的基线，竖标始终与杆轴垂直画出。所以，弯矩图叠加是同一截面处的弯矩竖标叠加，而不是图形的简单拼合。

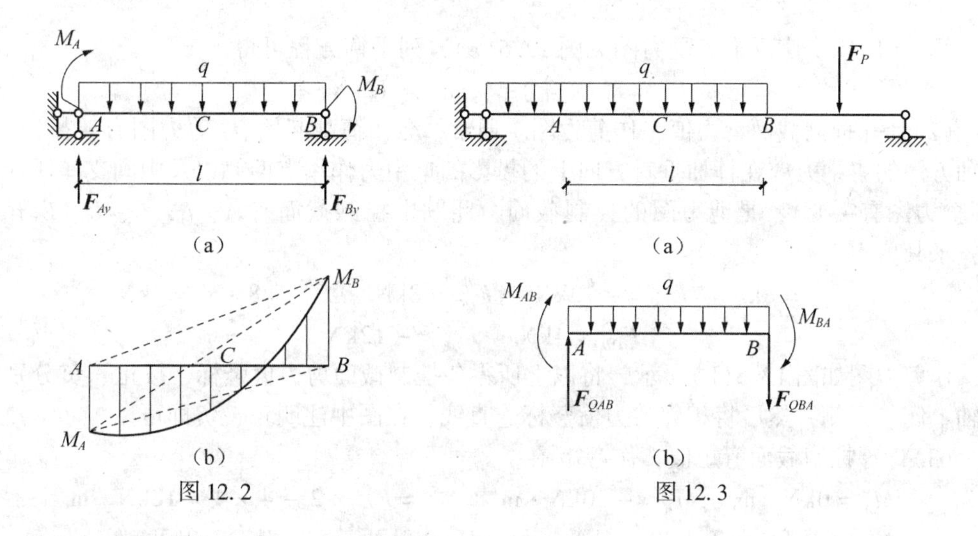

图 12.2　　图 12.3

(2)弯矩图的分段叠加。

当杆件上作用的荷载或结构比较复杂时，往往把结构划分成若干直杆段，把每一段看做简支梁，再把简支梁弯矩图的叠加法推广应用到结构弯矩图的做法中，这就叫弯矩图的分段叠加法。采用此方法，将使绘制弯矩图的工作得到很大的简化，问题的关键是要会作任一段直杆的弯矩图。

如图 12.3(a)所示一跨度较大的简支梁，其上作用的均布荷载 q 与竖向集中力 F_P。若要绘制 AB 段的弯矩图，取 AB 段作为隔离体并画其受力图，见图 12.3(b)所示，其受力状态跟杆端作用集中力偶M_{AB}、M_{BA}，以及杆件上作用均布荷载q的简支梁AB的受力图完全一致，所以直杆段AB的弯矩图即可仿照简支梁弯矩图的叠加法画出。

利用弯矩图的分段叠加法和内力图特性，可将梁的弯矩图的一般作法归纳如下：

①求支座反力。

②选定外力的不连续点(集中力、力偶作用点，分布荷载的起点和终点等)为控制截面，求出各控制截面的剪力值和弯矩值。

③绘内力图。根据各控制截面的剪力值和弯矩值，利用上述规律可画出各段的剪力图和弯矩图。

作内力图时规定：轴力图、剪力图要注明正负号，弯矩图绘在杆件受拉一侧，不用注明正负号。

【**例12.1**】试绘制图12.4所示简支梁的内力图。

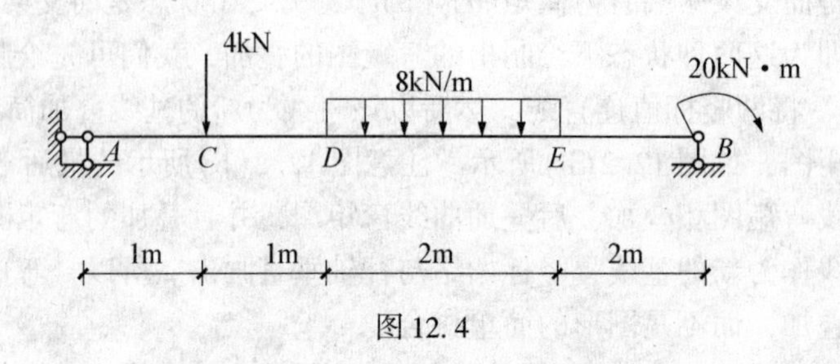

图12.4

解：(1)求支座反力。受力图见图12.5(a)，列平衡方程可得

$$F_{Ay}=8\text{kN}(\uparrow) \qquad F_{By}=12\text{kN}(\uparrow)$$

(2)计算控制截面剪力值，作剪力图。通常，分布荷载起始点(剪力图有转折)，垂直杆轴方向的集中力或在杆抽垂直方向上的投影的集中力作用点两侧以及中间支座所在点两侧(剪力图有突变)，是剪力图的控制截面。此题中控制截面有A、B、C、D、E五个截面，求其剪力。

$$F_{QA}=8\text{kN} \quad F_{QB}=-12\text{kN} \quad F_{QC}^{左}=8\text{kN} \quad F_{QC}^{右}=8-4=4\text{kN}$$

$$F_{QD}=4\text{kN} \quad F_{QE}=-12\text{kN}$$

作剪力图如图12.5(b)所示，将以上所得各控制截面剪力值竖标，按正、负分别绘在杆轴上侧、下侧，然后将相邻剪力值竖标连直线，在图中注明正、负即可。

(3)计算控制截面弯矩值，作弯矩图。

$$M_A=0\text{kN}\cdot\text{m} \quad M_B=-20\text{kN}\cdot\text{m} \quad M_D=F_{Ay}\times 2-4\times 1=12\text{kN}\cdot\text{m}$$

$$M_E=F_{By}\times 2-20=4\text{kN}\cdot\text{m} \quad M_C=8\text{kN}\cdot\text{m} \quad M_G=12\text{kN}\cdot\text{m}$$

作弯矩图如图12.5(c)所示。

12.1.2 多跨静定梁受力分析

多跨静定梁是由若干根单跨梁通过铰结点与支座相连而成的。多用作公路桥梁等一类的结构。图12.6(a)所示的是多跨静定梁在公路桥中应用的一个例子，图12.6(b)所示的是其计算简图，图12.6(c)所示的是多跨静定梁各部分之间的构造关系图(亦称为支承层次图)。

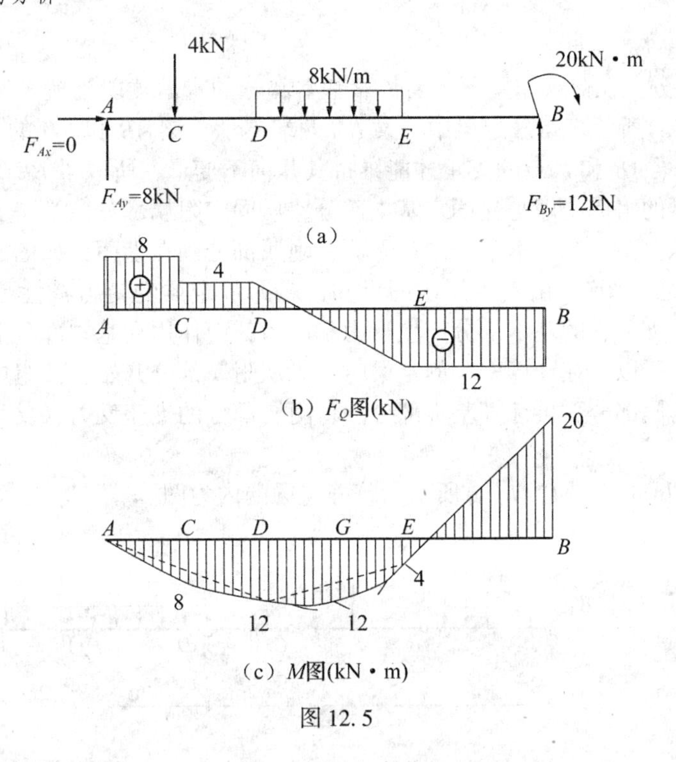

图 12.5

多跨静定梁的支座反力多于三个。平面内一个隔离体，若为一般力系时有三个独立的平衡方程，若为平行力系时有两个独立的平衡方程。因此多路静定梁的支座反力不可能用其整体的平衡条件全部求出。但是，如未能求出梁的全部支座反力和铰连接处的约束力，便可将其拆成若干单跨静定梁分别计算内力及绘制内力图。

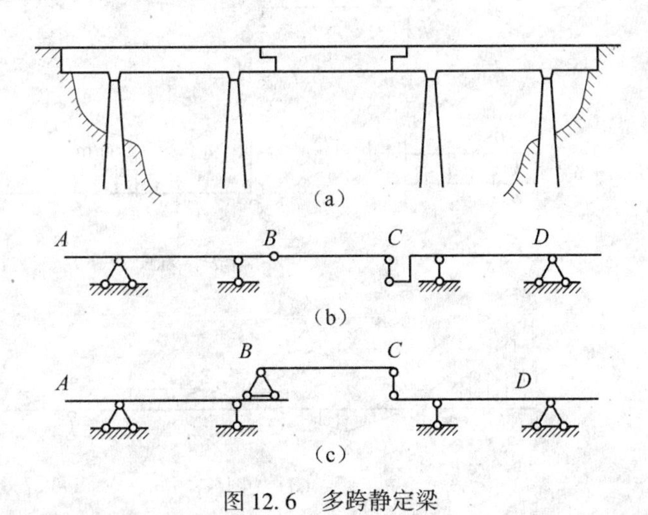

图 12.6　多跨静定梁

从几何构造上来看，多跨静定梁由以下两部分组成：

(1)基本部分：在荷载作用下，本身可以维持平衡的部分称为基本部分。图 12.6(a)所示多跨静定梁中，梁 AB 和 CD 由支杆直接固定于基础，是几何不变的，因此梁 AB 和

CD 是基本部分。

(2)附属部分：在荷载作用下，要依靠基本部分的支承才能维持平衡的部分称为附属部分。图12.6(a)所示多跨静定梁中，梁 BC 两端支承于梁 AB 和 CD 的上面，梁 BC 必须依靠基本部分(梁 AB 和 CD)的支承才能维持其几何不变形，所以梁 BC 是附属部分。

多跨静定梁的组成次序是先固定基本部分，后固定附属部分。为了更加清晰地表示各部分之间的支承关系，把基本部分画在下面，附属部分画在上面，如图12.6(c)所示，这个图称为"支承层次图"。由支承层次图可知，多跨静定梁的受力特性是：作用在附属部分上的荷载将使支承它的基本部分产生反力和内力，而作用在基本部分上的荷载则对附属部分没有影响。所以，在计算多跨静定梁时，先从附属部分开始，按组成顺序的逆过程进行。即先计算附属部分，再计算基本部分。将附属部分的支座反力，反其指向加于基本部分进行计算。

【例12.2】试作出图12.7(a)所示多跨静定梁的内力图。

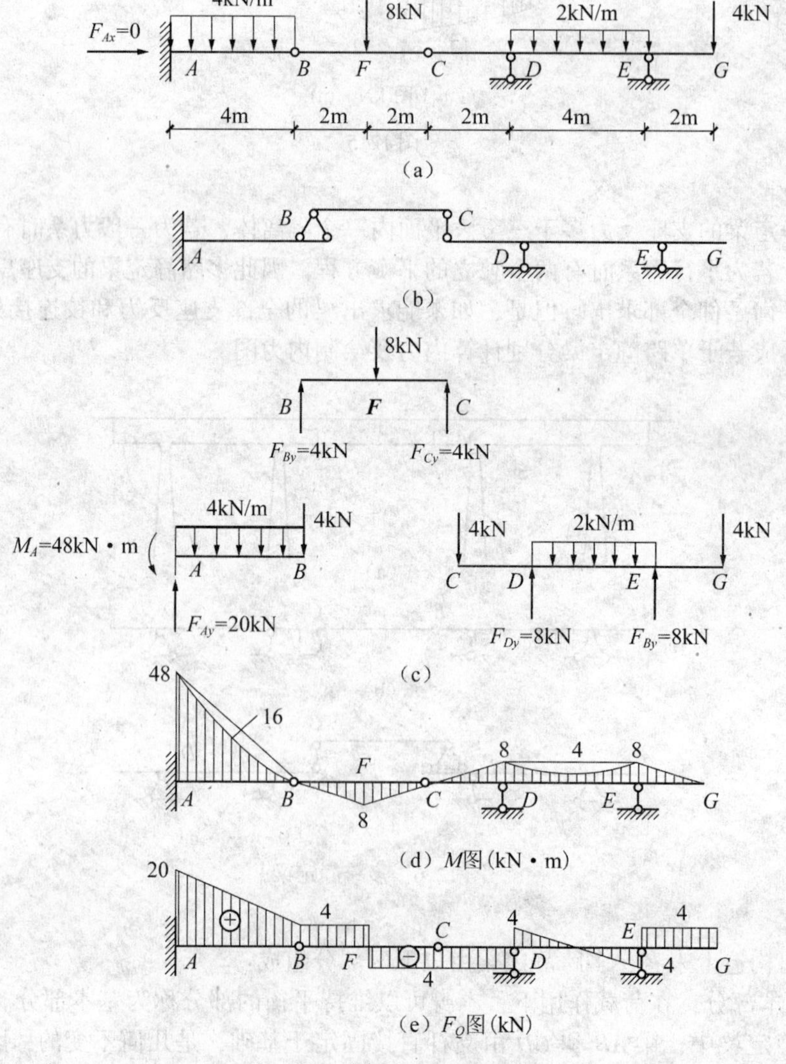

图12.7

解：(1)画支承层次图。

基本部分和附属部分之间的支承层次图如图 12.7(b)所示。

从最上层的附属部分(梁 *BC*)开始，求支座反力，然后将其反作用于下一层，作为下一层的外荷载，传至基本部分(梁 *AB* 和 *CG*)，如图 12.7(c)所示。

(2)作内力图。

分别作各单跨梁的内力图，然后将它们合在一起，就成为多跨静定梁的内力图。弯矩图如图 12.7(d)所示，剪力图如图 12.7(e)所示。

12.2 静定平面刚架受力分析

12.2.1 刚架的特点和类型

刚架是由若干直杆组成的几何不变体系，其中结点全部或部分是刚结点。当刚架各杆轴线和外力作用线都处于同一平面时称为平面刚架。

刚结点和铰结点相比具有不同的特点。从变形的角度来看，在刚结点处各杆不能发生相对转动，因而，刚结点除各杆的切线夹角始终保持不变；从受力角度来看，刚结点可以承受和传递弯矩，在刚架中弯矩是主要的内力。由于刚结点的特点，刚架就具有刚度大、内力分布较均匀、结点构造简单和内部空间大等优点，在工程上得到了广泛的应用。

刚架可分为静定刚架和超静定刚架，本节主要讨论静定平面刚架。

静定平面刚架的类型有悬臂刚架、简支刚架、三铰刚架等，这几种是刚架的基本形式。由基本刚架可以组成比较复杂的静定平面刚架。不论哪种形式，其共同特点都是无多余约束的几何不变体系。图 12.8 所示的是几种常见的刚架结构。

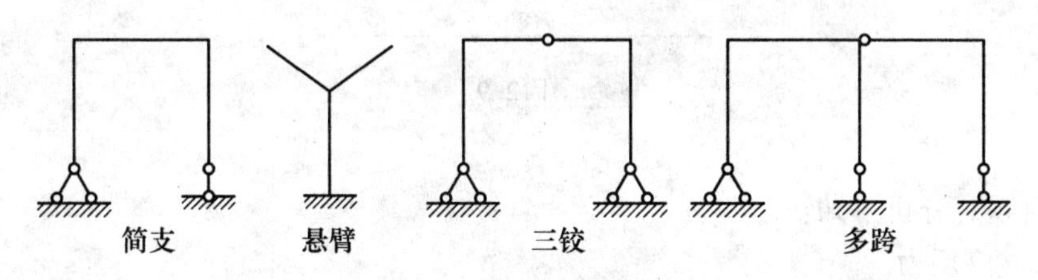

图 12.8 静定平面刚架

12.2.2 刚架受力分析

1. 刚架中各杆的杆端内力

(1)内力正负号规定。(与梁相同)轴力以拉为正，以压为负；剪力以绕隔离体顺时针转者为正，反之为负；弯矩不规定正负号。

(2)内力符号表示。在内力符号的右下端加两下标以标明内力所属杆件，其中第一下标代表截面所在的一端，第二下标代表杆的另一端。

(3)正确地选取隔离体。每个横截面上有三个未知内力(轴力 F_N、剪力 F_Q、弯矩 M)。未知力轴力 F_N、剪力 F_Q 都按正方向画出，未知力 M 按任一指定的方向画出。

(4)注意结点隔离体的平衡条件。常用作计算的校核。

(5)注意正确判断截面上剪力的符号和弯矩的性质(哪一侧受拉)。

2. 刚架结构受力分析步骤

对于平面刚架，一般有三个内力分量，即弯矩、剪力和轴力。

刚架受力分析方法和静定梁相同。其分析的一般步骤如下：

(1)计算支座反力；

(2)利用截面法，由隔离体的平衡条件，求出控制截面(如杆端、集中力作用点、集中力偶作用点、均布荷载的起点和终点等)的内力；

(3)作内力图。

基本作法：一般在求出支座反力后，将刚架拆成杆件，求出各杆杆端内力后，利用杆端内力及杆上荷载与内力关系规律(包括 M 叠加法)分别作各杆内力图，各杆内力图合在一起就是刚架的内力图。

轴力图、剪力图可画在杆的任一侧，但要注明正负号；弯矩图绘在杆的受拉纤维一边，不用注明正负号。

【例 12.3】 绘制图 12.9 所示结构的弯矩图。

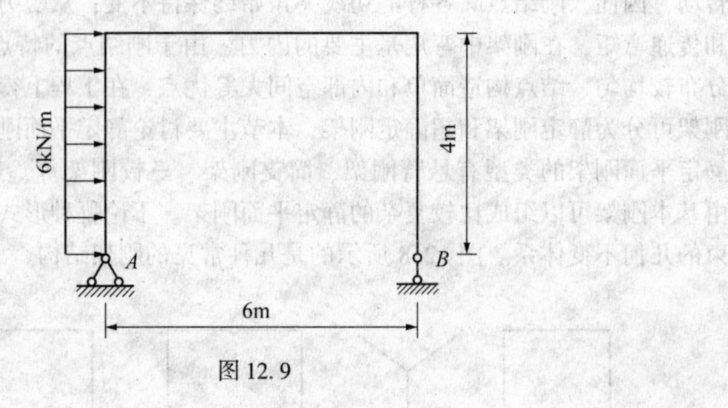

图 12.9

解：由题意分析可知：

(1)求支座反力。

$$\sum M_A = 0 \Rightarrow V_B \cdot 6 = 6 \times 4 \times 2 \text{，} \quad \text{可得 } V_B = 8\text{kN}(\uparrow)$$

$$\sum F_y = 0 \Rightarrow V_A = -8\text{kN}(\downarrow)$$

(2)求控制截面内力。

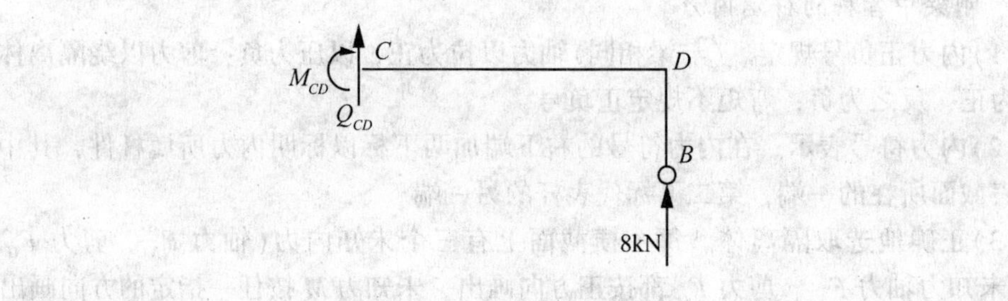

$$M_{DC} = 0$$

$\sum M_C = 0 \Rightarrow M_{CD} = 8 \times 6 = 48\text{kN} \cdot \text{m}$，可得 $M_{CD} = 48\text{kN} \cdot \text{m}$

(3)利用叠加法绘制该刚架的弯矩图。如图 12.10 所示。

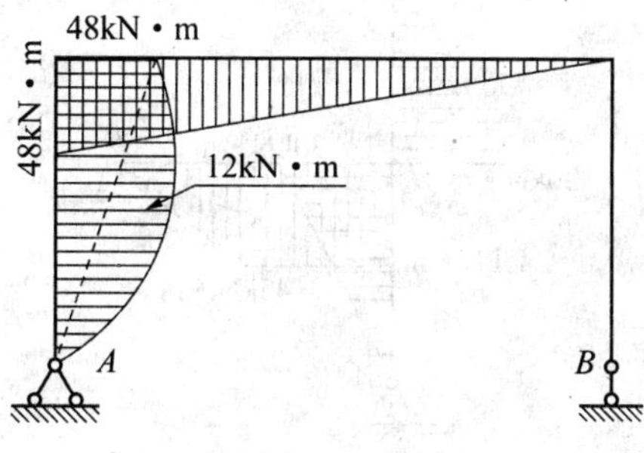

图 12.10

【**例 12.4**】绘制图 12.11 所示结构的弯矩图。

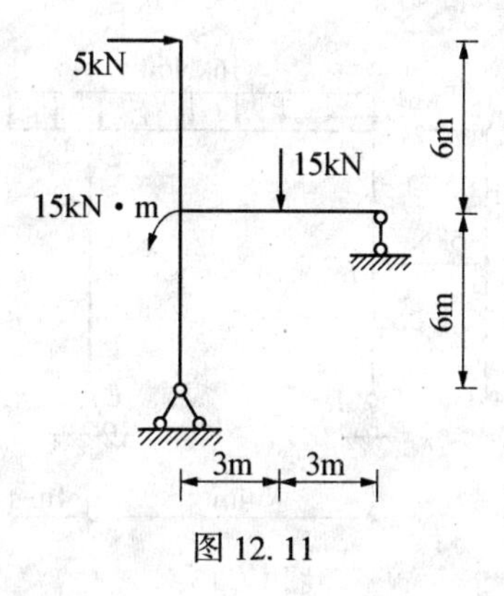

图 12.11

解：由题意分析可知：(1)求支座反力。

$$\sum M_A = 0 \Rightarrow 5 \times 12 + 15 \times 3 = V_B \cdot 6 + 15 \text{，可得 } V_B = 15\text{kN}(\uparrow)$$

$$\sum F_y = 0 \Rightarrow V_A = 0 \text{，} \sum F_x = 0 \Rightarrow H_A = 5(\leftarrow)$$

(2)求控制截面内力。

$$\sum M_C = 0 \Rightarrow M_{CB} + 15 \times 3 = 15 \times 6 \text{，可得 } M_{CB} = 45\text{kN} \cdot \text{m}$$

$M_{CA}=30\text{kN}\cdot\text{m}$(右侧受拉)，$M_{CD}=30\text{kN}\cdot\text{m}$(左侧受拉)

(3)利用叠加法绘制该刚架的弯矩图。如图 12.12 所示。

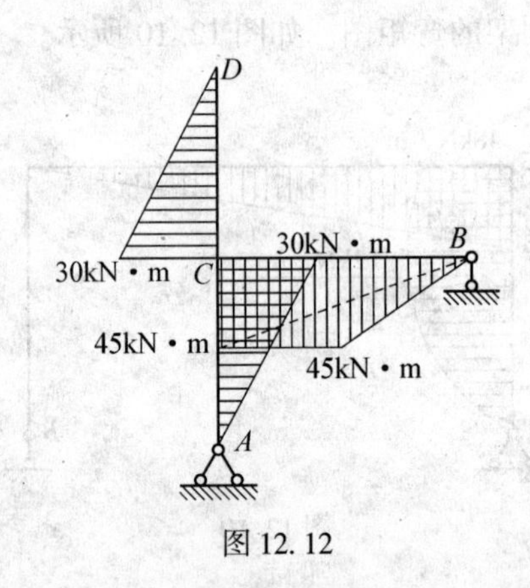

图 12.12

【**例 12.5**】试作图 12.13 所示简支刚架的内力图。

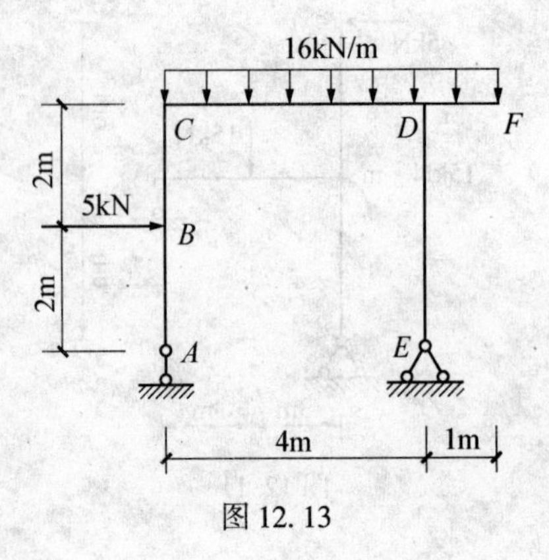

图 12.13

解：(1)计算支座反力。

$H_E=5\text{kN}(\leftarrow)$，$V_E=52.5\text{kN}(\downarrow)$，$V_{Ay}=15.5\text{kN}(\uparrow)$

(2)作内力图。

①求控制截面的弯矩值，作弯矩图(内侧受拉的为正)。

$M_{AB}=0$，　$M_{CB}=-5\times2=-10\text{kN}\cdot\text{m}$，　$M_{CD}=-10\text{kN}\cdot\text{m}$，$M_{DC}=-28\text{kN}\cdot\text{m}$，$M_{DF}=-8\text{kN}\cdot\text{m}$，　$M_{DE}=-20\text{kN}\cdot\text{m}$。

②求控制截面的剪力值，作剪力图。

$F_{QBC}=-5\text{kN}$，$F_{QCD}=27.5\text{kN}$，　$F_{QDC}=-36.5\text{kN}$，　$F_{QDF}=16\text{kN}$，　$F_{QDE}=5\text{kN}$

③求控制截面的轴力值，作 F_N 图。

$$F_{NAC}=-27.5\text{kN},\quad F_{NCD}=-5.0\text{kN},\quad F_{NDE}=-52.5\text{kN}。$$

④校核(图 12.14)。

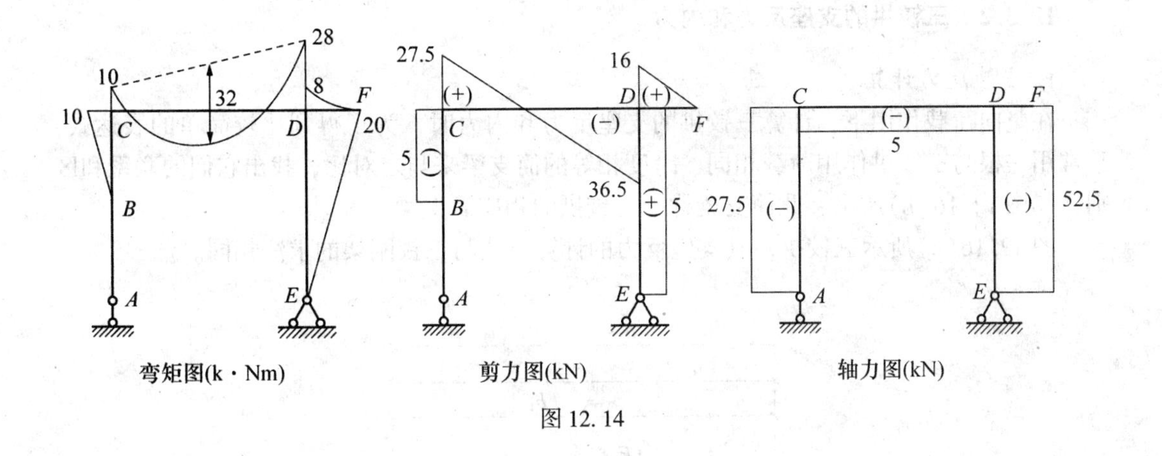

图 12.14

12.3 三铰拱受力分析

12.3.1 三铰拱的几何组成和类型

拱是杆轴线为曲线，并且在竖向荷载作用下产生水平推力的结构，故也可称为推力结构。静定拱有三铰拱和带拉杆三铰拱两种形式，如图 12.15 所示。与三铰刚架一样，三铰拱也因有三个铰而得名。由曲杆组成的三铰结构称为三铰拱。三铰拱的各部分名称如图 12.15(a)所示。曲线表示拱轴线，拱的两个底铰 A、B 称为拱趾，拱的最高点称为拱顶，通常顶铰 C 设在拱顶，两拱趾间的水平距离 l 称为拱的跨度，两拱趾的连线为起拱线，若起拱线为水平线称为平拱，若为斜线则称为斜拱。由起拱线到拱顶的竖直距离 f 称为拱高或矢高。拱高 f 与跨度 l 之比值称为矢跨比，是拱的一个重要的几何参数，对拱的内力有重要影响，实际工程中，矢跨比通常在 1 ~1/10 之间。

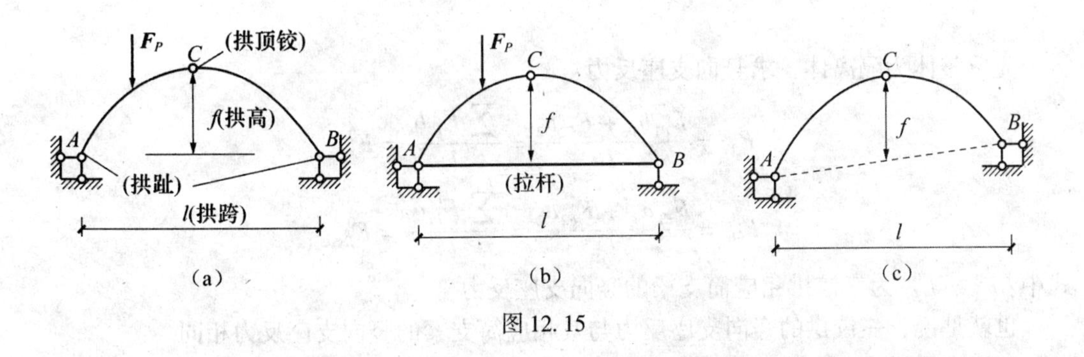

图 12.15

设计合理的拱的横截面上将以压力为主，弯矩和剪力都很小，且压应力沿拱轴分布较为均匀，能充分发挥材料的作用。因此，拱结构常采用如砖、石、混凝土等抗拉性能较差而抗压能力强的材料来建造，易于就地取材。另外，拱结构具有良好的跨越能力，能形成较大空间，且造型美观，在大跨度建筑和桥梁工程中得到广泛应用。

12.3.2 三铰拱的支座反力和内力

1. 支座反力计算

在竖向荷载作用下，计算三铰拱的支座反力和内力时，为了得到比较简单的表达式，常常用一根与三铰拱作用荷载相同、跨度相等的简支梁来与之对比，找出它们的联系和区别，如图12.16(b)所示，此简支梁称为三铰拱的相应简支梁。

图12.16(a)所示三铰拱，其支座反力的计算方法与三铰刚架的求法相同。

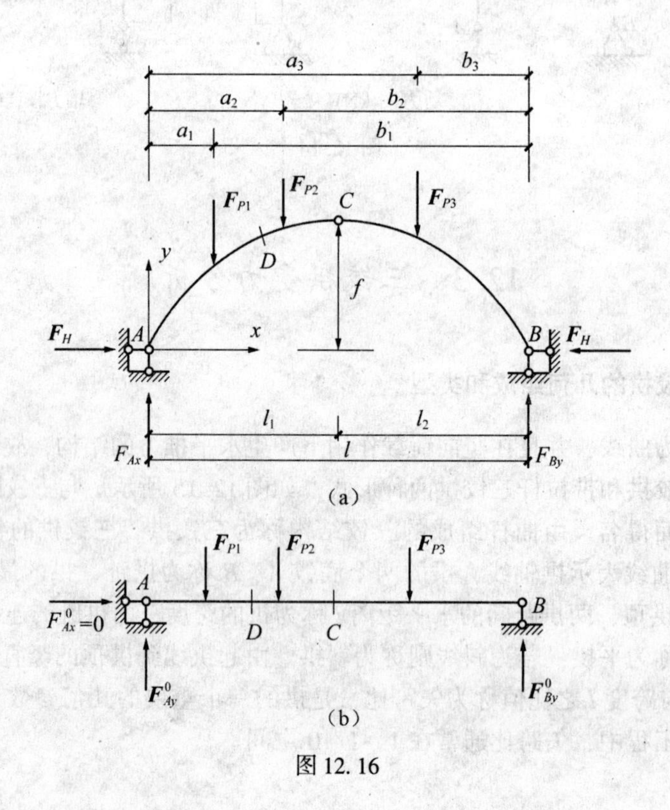

图12.16

先取整体为隔离体，求竖向支座反力：

$$F_{Ay}=\frac{F_{P1}b_1+F_{P2}b_2}{l}=\frac{\sum F_{Pi}b_i}{l}=F_{Ay}^0$$

$$F_{By}=\frac{F_{P1}a_1+F_{P2}a_2}{l}=\frac{\sum F_{Pi}a_i}{l}=F_{By}^0$$

式中：F_{Ay}^0、F_{By}^0 为三铰拱相应简支梁的竖向支座反力。

也就是说，三铰拱的竖向支座反力与其相应简支梁的竖向支座反力相同。

再取半边拱为隔离体，求水平支座反力：

$$F_H=F_{AH}=F_{BH}=\frac{F_{Ay}\cdot l_1-F_{P1}(l_1-a_1)}{f}=\frac{M_C^0}{f}$$

由此可知，三铰拱的水平推力 F_H 等于相应简支梁截面 C 的弯矩 M_C^0 除以拱高 f。

推力 F_H 只与三个铰的位置及荷载有关，与各铰间的拱轴线形状无关，即只与矢跨比

f/l 有关。当荷载和拱的跨度不变时，推力 F_H 与拱高 f 成反比，即 f→大则 F_H→小，反之 f→小则 F_H→大。

2. 内力计算

求出支座反力后，即可以用截面法求出拱上任一截面的内力。拱内力正负规定：弯矩以使拱的内侧纤维受拉为正，反之为负；剪力以绕隔离体顺时针转动为正，逆时针为负；轴力以压力为正，拉力为负。

拱指定截面的内力计算仍用截面法。与直杆结构的内力计算不同，拱截面的方向随其在曲线拱轴上的位置而变化。因此，计算拱指定截面上的内力时，确定截面位置需要 x、y 和 φ 三个坐标参变量，用原点在拱的左支座 A 的直角坐标系，见图 12.16 和图 12.17(a)。用截面外法线与 x 轴的夹角 φ 表示截面的方向。

现在计算图 12.16 三铰拱上任一截面 D 的内力。取隔离体如图 12.17(a)所示，D 截面上的内力均按规定正方向绘出。分别建立隔离体在截面法向 n 和切向 τ 的两个投影平衡方程，和以截面形心 D 为矩心的力矩平衡方程，得到三铰拱 D 截面的三个内力：

$$F_{ND} = (F_{Ay} - F_{P1})\sin\varphi + F_H\cos\varphi$$

$$F_{QD} = (F_{Ay} - F_{P1})\cos\varphi - F_H\sin\varphi$$

$$M_D = (F_{Ay}x - F_{P1}(x - a_1)) - F_H y$$

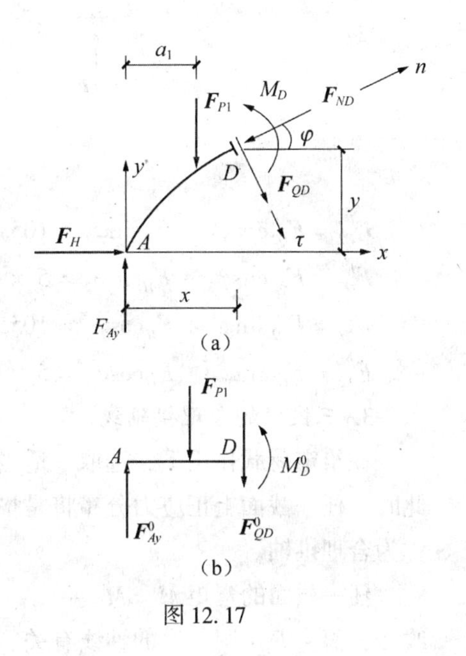

图 12.17

上述公式与相应简支梁 D 截面的内力比较，三铰拱的 D 截面的内力可表示为

$$F_{ND} = F_{QD}^0\sin\varphi + F_H\cos\varphi$$

$$F_{QD} = F_{QD}^0\cos\varphi - F_H\sin\varphi$$

$$M_D = M_D^0 - F_H y$$

由上式可知，三铰拱的内力不仅与竖向荷载和三个铰的位置有关，而且与拱轴线的形状有关。但是要注意，上式只适用于竖向荷载作用，且两个拱趾位于同一高度的三铰拱。

【**例 12.6**】如图 12.18 所示三铰拱，求截面 2 的内力。拱轴方程 $y = \frac{4f}{l^2}x\cdot(l - x)$。

解：(1)求支座反力。

$$F_{Ay} = 105\text{kN},\ F_{By} = 115\text{kN},\ F_H = 82.5\text{kN}。$$

(2)求截面 2 的内力。

$$x_2 = 1.5\text{m}$$

$$y_2 = \frac{4\times4}{12^2}\cdot3\cdot(12 - 3) = 3\text{m}$$

截面 2 处的切线斜率为

$$\tan\varphi_2 = \frac{4f}{l^2}(l - 2x) = \frac{4\times4}{12^2}(12 - 6) = \frac{2}{3}$$

$$M_2 = M_2^0 - F_H y = 67.5\text{kN}$$

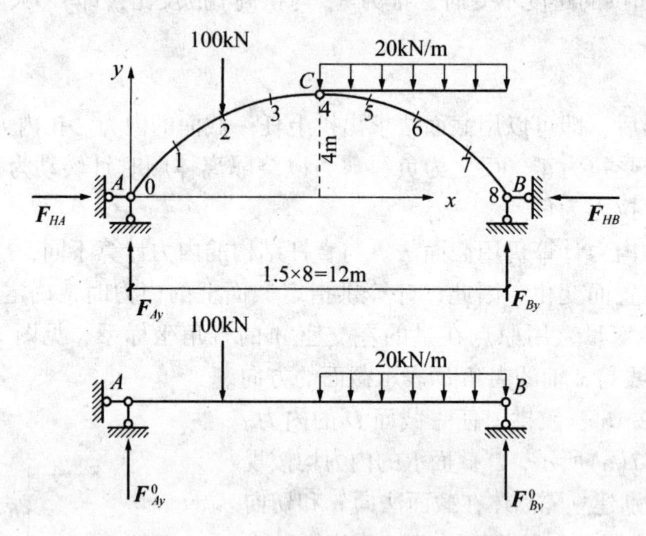

图 12.18

$$F^L_{Q2} = F^{0L}_{Q2}\cos\varphi_2 - F_H\sin\varphi_2 = 105 \times 0.832 - 82.5 \times 0.555 = 41.6\text{kN}$$
$$F^R_{Q2} = F^{0R}_{Q2}\cos\varphi_2 - F_H\sin\varphi_2 = 5 \times 0.832 - 82.5 \times 0.555 = -41.6\text{kN}$$
$$F^L_{N2} = F^{0L}_{Q2}\sin\varphi_2 + F_H\cos\varphi_2 = 105 \times 0.555 + 82.5 \times 0.832 = 126.9\text{kN}$$
$$F^R_{N2} = F^{0R}_{Q2}\sin\varphi_2 + F_H\cos\varphi_2 = 5 \times 0.555 + 82.5 \times 0.832 = 71.4\text{kN}$$

3. 三铰拱的合理拱轴线

在给定荷载作用下，选取一适当的拱轴线，使拱上各截面只承受轴力，而弯矩为零。此时，任一截面上正应力分布将是均匀的，拱体材料能够得到充分的利用，这样的拱轴线称为合理拱轴。

任一截面的弯矩 $M = M^0 - F_H y$。当拱的跨度和荷载为已知时，M^0 不随拱轴线改变而改变，而 $-F_H y$ 则与拱的轴线有关。因此可以在三个铰之间选择拱的轴线形式，使拱中各截面弯矩为零。即 $M = M^0 - F_H y = 0$

故
$$y = \frac{M^0}{F_H}$$

式中：y ——三铰拱的合理拱轴线方程；

M^0——与三铰拱相应的简支梁在竖向荷载作用下的弯矩方程；

F_H ——三铰拱的水平支座反力。

【例 12.7】试求图 12.19 所示对称三铰拱在均布荷载 q 作用下的合理拱轴线。

解：相应简支梁的弯矩方程为

$$M^0 = \frac{1}{2}qlx - \frac{1}{2}qx^2 = \frac{1}{2}qx(l-x)$$

$$F_H = \frac{M^0_C}{f} = \frac{\frac{1}{8}ql^2}{f} = \frac{ql^2}{8f}$$

合理拱轴方程为

$$y=\frac{M^0}{F_H}=\frac{\frac{1}{2}qx(l-x)}{\frac{ql^2}{8f}}=\frac{4f}{l^2}x(l-x)$$

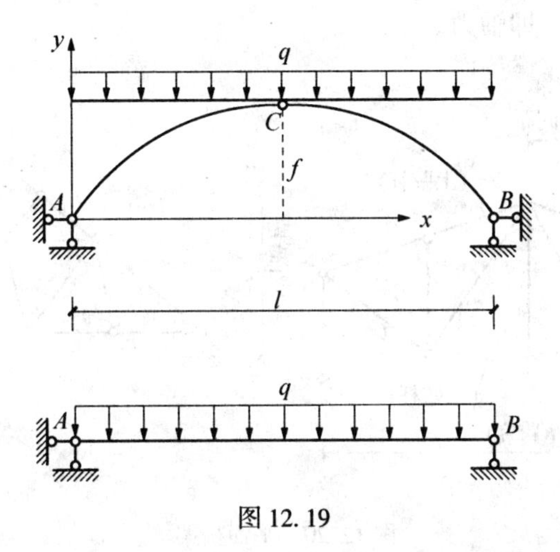

图 12.19

在工程实际中，同一结构往往要受到各种不同荷载作用，通常是以主要荷载作用下的合理轴线作为拱的轴线。这样，一般荷载作用下拱产生的弯矩不大。

12.4　静定平面桁架受力分析

12.4.1　桁架的特点和组成

桁架指由若干根直杆在其两端用铰连接而成的，以承受结点荷载为主的结构。桁架各部的名称如图 12.20(a)所示。在桁架的上、下最外层上的杆件称为上弦杆和下弦杆，上、下弦杆间各杆称为腹杆，分为斜腹杆和竖腹杆，两侧竖杆称为边竖杆。两支座间的水平距离 l 称为跨度。弦杆上相邻两结点的区间称为节间，节间的长度 d 称为节间距。支座连线至桁架最高点的距离 A 称为桁高。桁架广泛应用在大跨度结构中，如屋架、桥梁等。

凡各杆轴线和荷载作用线位于同一平面内的桁架称为平面桁架。实际工程中的桁架一般是空间桁架，但有很多可以简化为平面桁架来分析。

理想桁架假定：

(1)结点为光滑而无摩擦的理想铰结点；

(2)杆轴线平直并通过铰的中心；

(3)荷载和支座反力都作用在结点上。

桁架计算按理想桁架假定时，各杆件中只有轴向力(二力杆)。工程实际中的桁架与理想桁架是有差别的。例如，除木桁架的或螺栓连接比较接近铰结点外，钢桁架和钢筋混凝土桁架的结点实际是刚结点，各杆轴线也不可能达到绝对平直及准确通过杆两端铰心，杆的自重是杆件上的横向荷载等。上述因素将使桁架杆不可避免地要产生弯矩和剪力。但通常桁架用于承受结点荷载，因桁架杆细小其自重对杆的弯曲影响小，因此桁架中产生的内力以轴力为主(称主内力)，弯矩和剪力都很小(称次内力)。又因桁架杆承受弯曲变形的能力差，在设计时主要考虑其轴向承载力。所以，桁架结构计算简图按理想桁架考虑，计算的是桁架的主内力，即轴力。

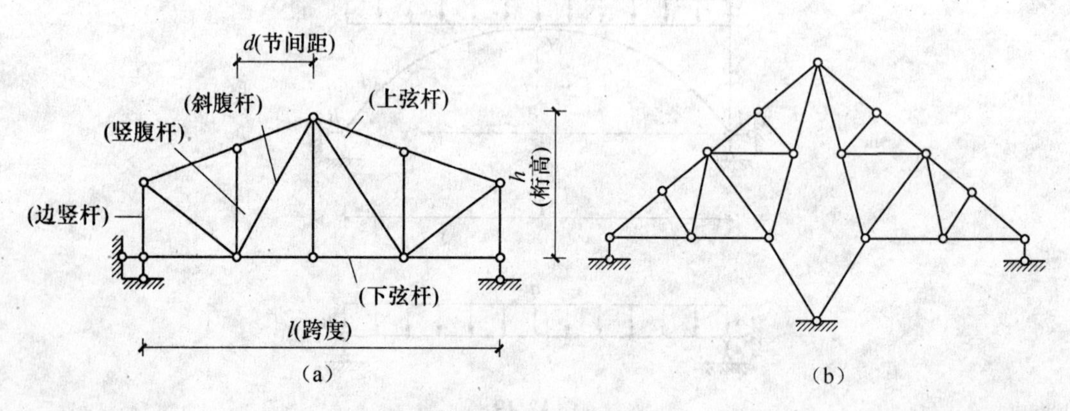

图 12.20 平面桁架

桁架按几何构造特点分类

(1)简单桁架：由一个基本铰结三角形开始，依次增加二元体组成的桁架，如图12.21所示。

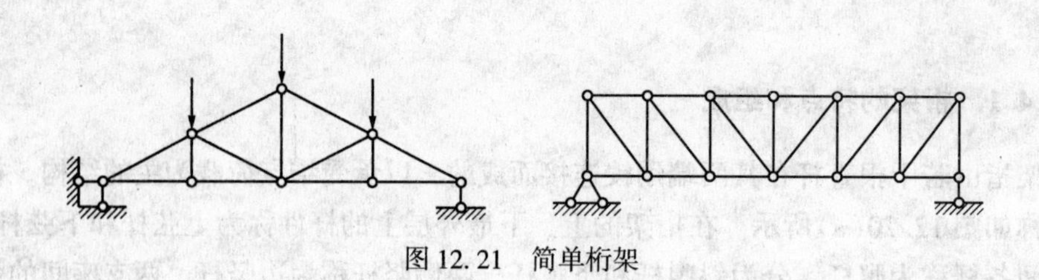

图 12.21 简单桁架

(2)联合桁架：由两个或几个简单桁架按照几何不变体系的简单组成规则联成一个桁架，如图12.22所示。

(3)复杂桁架：不按上述方式组成的其他形式的桁架，如图12.23所示。

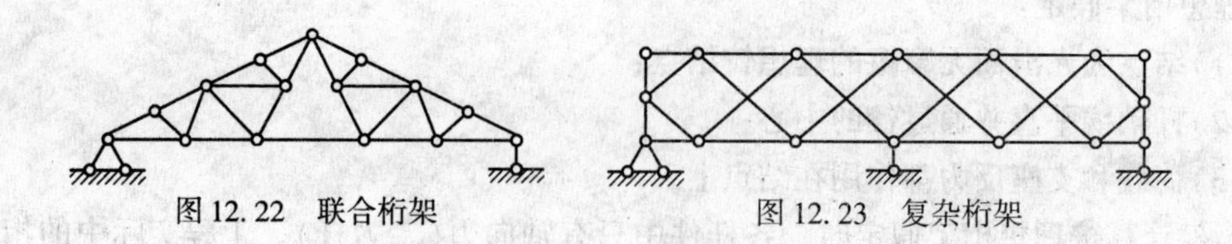

图 12.22 联合桁架　　图 12.23 复杂桁架

12.4.2 静定桁架结构的内力计算

1. 结点法

结点法主要用来求解简单桁架结构，是以桁架的结点作为隔离体，考虑平衡求内力的方法。具体如下：依次取桁架中每一个铰结点为隔离体，由结点隔离体的平衡条件计算结点上各杆的轴力。仅含一个铰结点的隔离体是平面汇交力系，只能列出两个独立的平衡方程。也就是说，所取的结点上若只有两根杆件轴力是未知的，且两杆轴不在一条直线上时，由该结点可求出这两杆轴力。因为简单桁架是由一个铰结三角形依次增加二元体所组成的，因此在求出支座反力后，按照与加二元体相反的顺序，即从最外层上的二元体开始依次取每个结点计算，每次截断的都是两个杆件。所以简单桁架用结点法可求出其全部杆件的轴力。

【例 12.8】 试用结点法求各杆轴力(图 12.24)。

解：(1)求支座反力。

$$F_{Ax}=0\ ,F_{Ay}=20\text{kN}\ (\uparrow)\ ,F_{By}=20\text{kN}\ (\uparrow)$$

(2)依次截取结点 A，G，E，C，画出受力图，由平衡条件求其未知轴力。

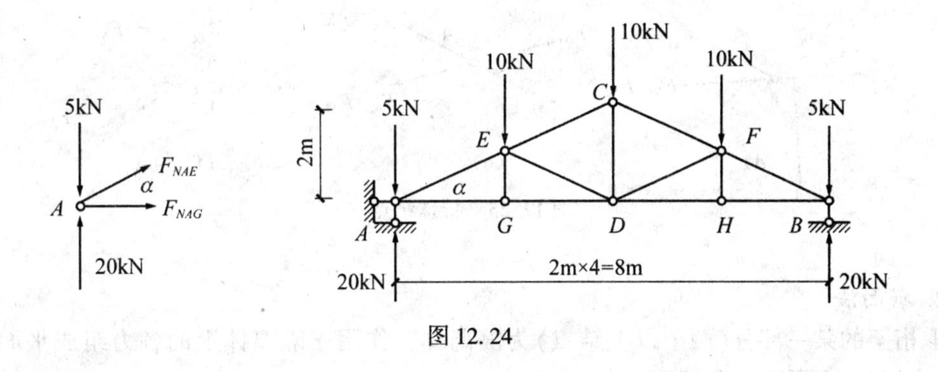

图 12.24

①取 A 点为隔离体。由

$$\sum X=0 \quad F_{NAE}\cos\alpha+F_{NAG}=0$$

$$\sum Y=0 \quad 20\text{kN}-5\text{kN}+F_{NAE}\cos\alpha=0$$

$$F_{NAE}=-15\text{kN}\times\sqrt{5}=-33.54\text{kN}$$

$$F_{NAG}=-F_{NAE}\cos\alpha=33.5\times\frac{2}{\sqrt{5}}=30\text{kN}$$

②取 G 点为隔离体。

$$\sum X=0 \quad F_{NGD}=F_{NGA}=30\text{kN}$$

$$\sum Y=0 \quad F_{NGE}=0$$

其他杆件内力同理可求解得到。

在计算桁架结构的内力时，常常会遇到一些特殊的结点，在这些结点处，可以不经过计算就可以判断某些杆件的轴力为零。把轴力为零的杆件称为零杆。如果事先能把这些零杆剔除，而后再进行计算，将会使计算大为简便。

几种主要的特殊结点列举如下：

(1)“L”形结点：两杆交于一点，若结点无荷载，则两杆的内力都为零。见图12.25(a)。

(2)“T”形结点：三杆交于一点，其中两杆共线，若结点无荷载，则第三杆是零杆，而在直线上的两杆内力大小相等，且性质相同(同为拉力或压力)。见图12.25(b)、(c)。

(3)“X”形结点：四杆交于一点，其中两两共线，若结点无荷载，则在同一直线上的两杆内力大小相等，且性质相同。见图12.25(d)、(e)。

(4)“K”形结点：四杆交于一点，其中两杆共线，另两杆在此直线两侧且交角相等。若结点上无荷载作用，则非共线的两杆轴力异号相等。见图12.25(f)。

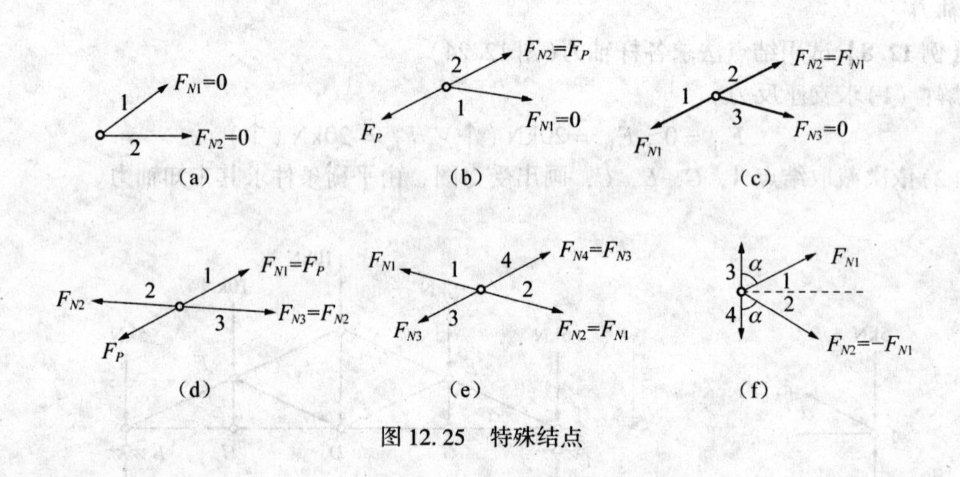

图12.25 特殊结点

2. 截面法

取桁架的某一部分(两个以上结点)为隔离体，作用于隔离体上的各力组成平面一般力系，可列三个平衡方程解算。

计算桁架的轴力时，一般先求出支座反力，然后切断待求杆件(未知轴力)取桁架的某一部分，列平衡方程(力矩方程、投影方程)求出未知轴力。

计算时注意以下方面使计算简化：

(1)适当选取截面(平面、曲面或封闭面)，一般所截断的杆不多于三根。

(2)适当选择矩心，一般以未知轴力的交点为矩心，尽可能使一个方程只含一个未知轴力，方便计算。未知斜杆轴力可移至适当的位置分解，使其中一个分力对着矩心，求另一分力，再利用比例关系求得轴力。

(3)对平行弦桁架求腹杆内力时，注意用投影方程计算。

【例12.9】试用截面法求出25、34、35三杆的内力(图12.26)。

解：(1)计算支座反力。

$$V_1=30\text{kN}(\uparrow),\ V_8=10\text{kN}(\uparrow)。$$

(2)求杆的内力。

隔离体受力图上，假定未知力为拉力，如所得结果为负，则为压力。

设想用截面Ⅰ—Ⅰ将25、34、35三杆截断，取桁架左边部分为隔离体(图12.27)。

由 $\sum M_3 = 0$ 得　$N_{25} = 40\text{kN}$

由 $\sum M_5 = 0$ 得　$N_{34} = -22.36\text{kN}$

由 $\sum M_1 = 0$ 得　$N_{35} = -22.36\text{kN}$

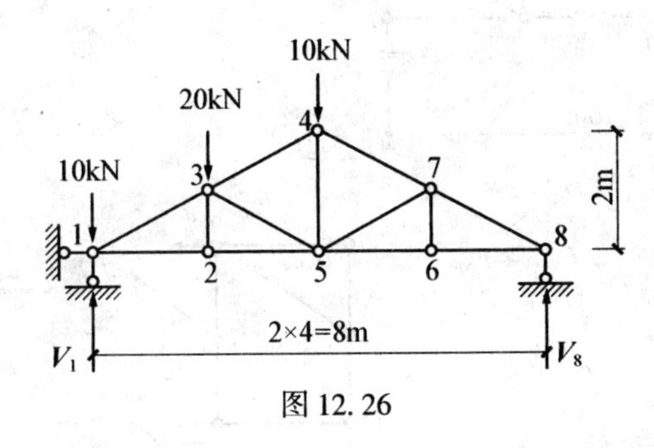

图12.26

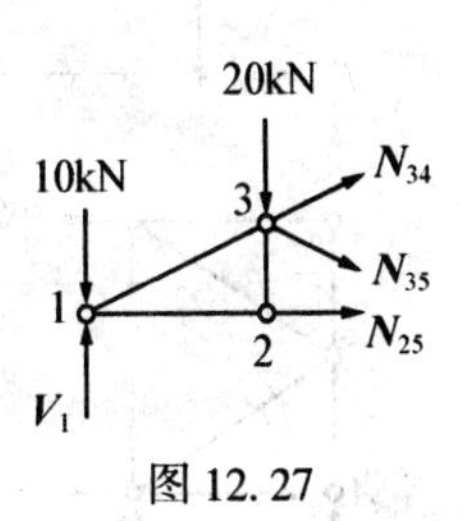

图12.27

【**例12.10**】试求出图12.28所示静定桁架中1、2、3三杆的内力。

解：(1)计算支座反力。

$$V_A = 21\text{kN}(\uparrow),\ V_B = 15\text{kN}(\uparrow)。$$

(2)求杆的内力。

根据零杆判别方法得：$N_1 = 0$。

设想用截面Ⅰ—Ⅰ将2、3等三杆截断，取桁架左边部分为隔离体。

由 $\sum Y = 0$ 得：

$$N_2 = (21 - 12)\frac{5}{3} = 15\text{kN} \qquad 由 \sum M_C = 0 得 \quad N_3 = \frac{12 \times 2}{3} = 8\text{kN}$$

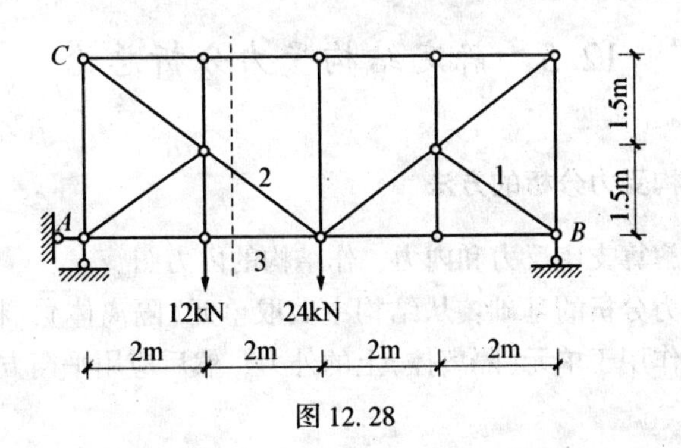

图12.28

3. 结点法与截面法的联合应用

计算中有时联合使用结点法与截面法更为便利。

【**例12.11**】试求出图12.29(a)所示桁架结构 a、b 杆的轴力。

解：已由桁架整体的平衡求出支座反力如图12.29(a)所示。

先解开Ⅰ—Ⅰ截面，取左截面为隔离体如图12.29(b)所示。由 $\sum M_D = 0$ 得

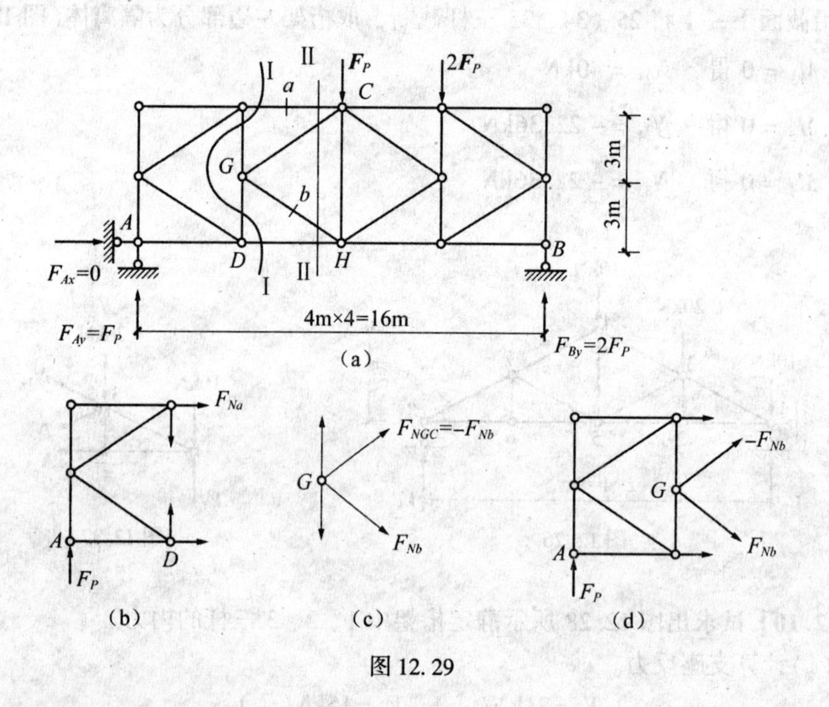

图 12.29

$$F_{Na} \times 6 + F_P \times 4 = 0, \quad F_{Na} = -\frac{2}{3}F_P$$

如图 12.29(b)所示，取结点 G 考虑，其为 K 形结点且其上无结点荷载。杆 GH(即 b 杆)和杆 GC 两杆轴力大小相等，取左边作为隔离体，如图 12.29(d)所示。由 $\sum F_y = 0$ 得

$$F_{Nb} \times \frac{3}{5} - F_P = 0 \quad F_{Nb} = \frac{5}{6}F_P$$

12.5 静定结构受力分析总论

12.5.1 静定结构受力分析的方法

利用用平衡方程解算支座反力和内力，作结构的内力图。

隔离体分析是受力分析的基础：从结构中截取单元(隔离体)，将未知的反力和内力暴露出来，使其成为作用于单元(隔离体)上的外力，然后应用平衡方程计算反力和内力。

受力分析注意：

1. 单元的形式及未知力

从结构中截取的单元：结点、杆件或者从结构中截取一部分。

桁架的结点法——结点为单元，桁架的截面法——截取一部分为单元；多跨静定梁分解为若干单跨梁(杆件)——杆件为单元；刚架分析中常取杆件为单元计算杆端剪力，取结点为单元计算杆端轴力。

在截取的单元上，未知力数目是由所截断处约束性质决定的。在链杆截断处，轴力是

未知力；在梁式杆截断处，轴力、剪力、弯矩是未知力；在铰截断处，有水平未知力和竖向未知力。

2. 计算的简化与截取单元的次序

每一个单元常有几个平衡方程，计算未知力时，要注意选择平衡方程使计算简化。目的在于避免解联立方程，尽可能用一个方程求出一个未知力。

合理选择截取单元的次序，对多跨或多层静定结构，先计算附属部分，然后计算基本部分。对联合桁架，先用截面法求出连接杆轴力，然后计算其他杆件的轴力。

12.5.2 静定结构的一般性质

1. 静定结构与超静定结构的差别

(1)在几何组成方面：都是几何不变体系，静定结构无多余约束，超静定结构有多余约束。

(2)在静力平衡方面：静定结构的内力(反力)可由平衡条件完全确定，超静定结构的内力由平衡条件不能确定，需要同时考虑变形条件才能得唯一的解答。

2. 静定结构的特性

(1)温度改变、支座的位移和制作误差等因素在静定结构中不会引起内力(反力)。

(2)静定结构的局部平衡特性。

在荷载作用下，如果静定结构中的某一局部(最小几何不变部分)可以与荷载维持平衡，则其余部分的内力(反力)必为零。

(3)静定结构的荷载等效特性。

当静定结构的一个内部几何不变部分上的荷载作等效变换时，其余部分的内力不变。等效荷载是指荷载分布虽不同，但其合力彼此相等。

(4)静定结构的构造变换特性。

当静定结构的一个内部几何不变部分作构造变换时，其余部分的内力不变。

(5)计算自由度 $W=0$ 的体系可能存在自内力状态是体系几何可变的标志。

12.5.3 各种结构型式的受力特点

1. 结构型式不同角度的分类方法

(1)无推力结构和有推力结构：梁和梁式桁架为无推力结构；三铰拱、三铰刚架、拱式桁架等为有推力结构。

(2)将杆件分为链杆和梁式杆：桁架的各杆都是链杆；梁、刚架的各杆都是梁式杆；组合结构中的杆件有的是链杆，有的是梁式杆。

链杆中只有轴力作用，杆截面上的正应力均匀分布，能充分利用材料的强度。梁式杆有弯矩作用，杆截面上的正应力为三角形分布，在中性轴附近应力很小，没有充分利用材料的强度。

2. 各种结构型式的特点

(1)在伸臂梁、多跨静定梁中，利用杆端的负弯矩可减小跨中的正弯矩。

(2)在有推力结构中，水平推力的作用使杆截面的弯矩峰值减小。

(3)在桁架中，利用杆件的铰接及荷载的结点传递，可使各杆处于无弯矩状态。在三铰拱中，采用合理轴线可使拱处于无弯矩状态。从力学角度来看，无弯矩状态是一种合理的受力状态。

习　题

12-1　计算下列单跨静定梁(图12.30)，作梁的内力图。

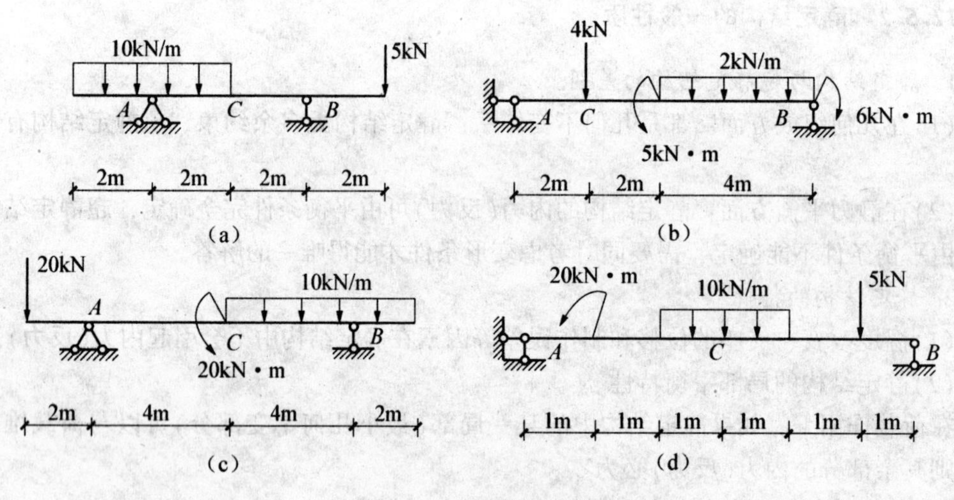

图12.30　习题12-1图

12-2　用叠加法作单跨静定梁的弯矩图(图12.31)。

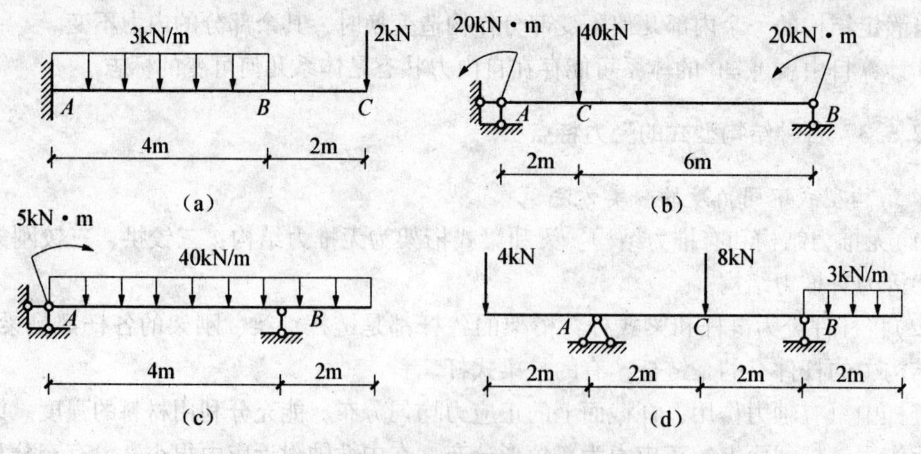

图12.31　习题12-2图

12-3　计算下列多跨静定梁(图 12.32)，作剪力图、弯矩图。

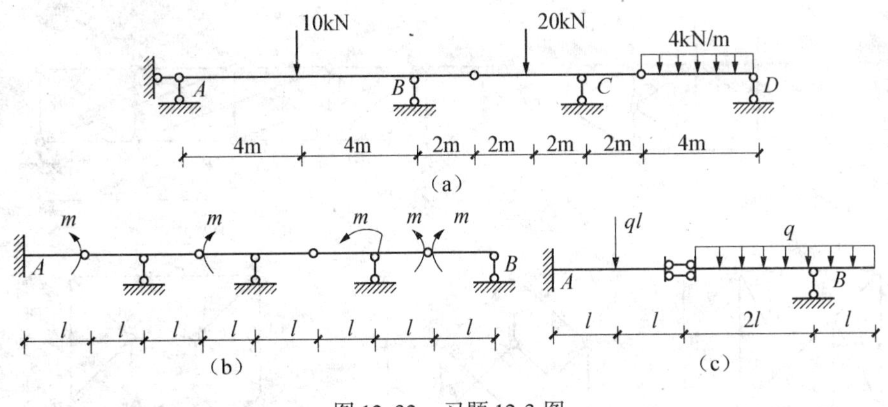

图 12.32　习题 12-3 图

12-4　计算下列静定刚架结构(图 12.33)，作内力图。

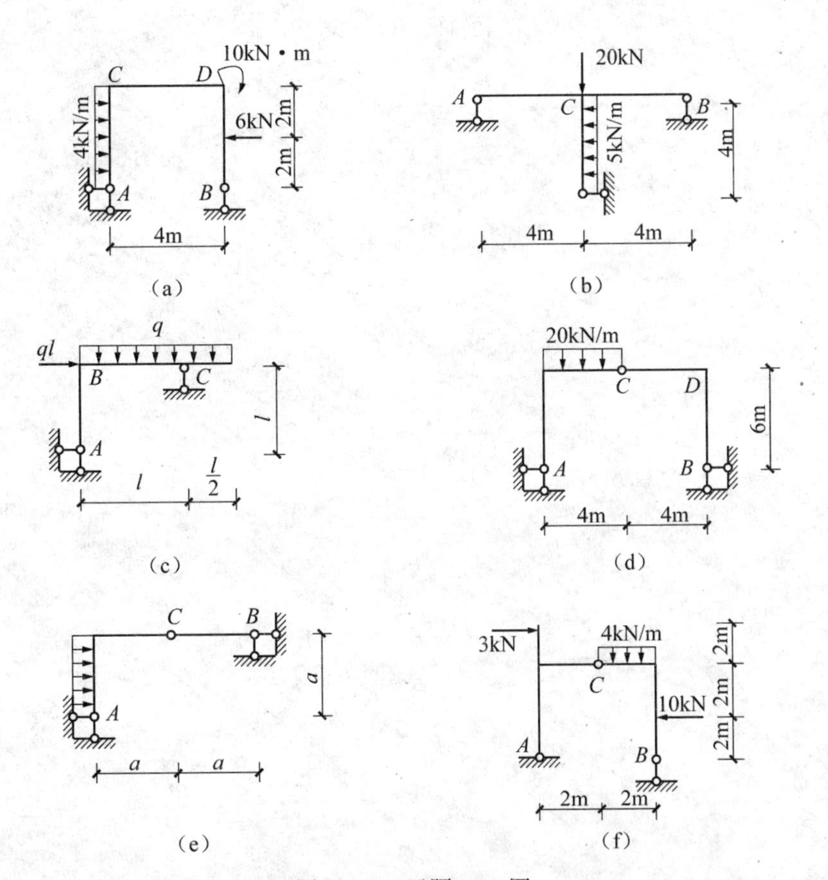

图 12.33　习题 12-4 图

12-5 计算下列静定桁架结构(图 12.34)的内力。

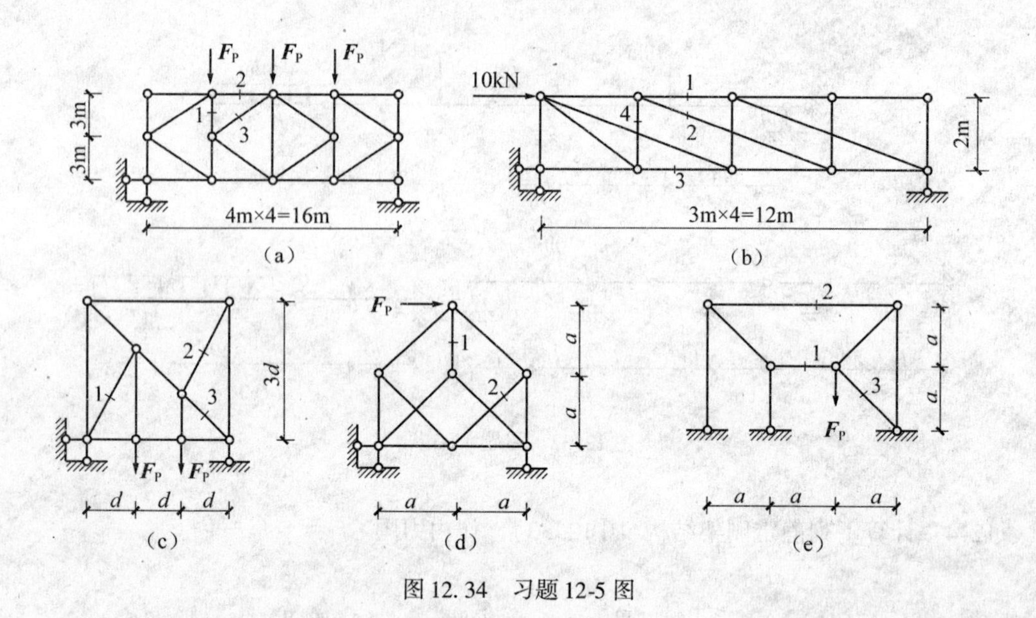

图 12.34 习题 12-5 图

附录 A　平面图形的几何性质

不同受力形式下杆件的应力和变形，不仅取决于外力的大小以及杆件的尺寸，而且与杆件截面的几何性质有关。当研究杆件的应力、变形，以及研究失效问题时，都要涉及与截面形状和尺寸有关的几何量。这些几何量包括：形心、静矩、惯性矩、惯性半径、极惯性矩、惯性积、主轴等，统称为平面图形的几何性质。

研究上述这些几何性质时，完全不考虑研究对象的物理和力学因素，作为纯几何问题加以处理。

A.1　静矩、形心及相互关系

任意平面几何图形如图 A.1 所示。在其上取面积微元 dA，该微元在 xOy 坐标系中的坐标为 x、y。定义下列积分：

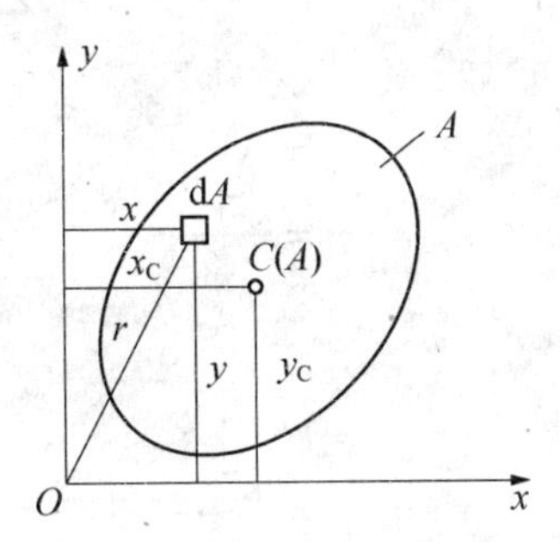

图 A.1　图形的静矩与形心

$$S_x = \int_A y\mathrm{d}A \text{ , } S_y = \int_A y\mathrm{d}A \tag{A-1}$$

分别称为图形对于 x 轴和 y 轴的截面一次矩或静矩，其单位为 m^3。

如果将 dA 视为垂直于图形平面的力，则 $y\mathrm{d}A$ 和 $z\mathrm{d}A$ 分别为 dA 对于 z 轴和 y 轴的力矩；S_x 和 S_y 则分别为 dA 对 z 轴和 y 轴之矩。图 A.1 图形的静矩与形心图形几何形状的中心称为形心，若将面积视为垂直于图形平面的力，则形心即为合力的作用点。

设 x_C、y_C 为形心坐标，则根据合力之矩定理：

$$\left.\begin{aligned} S_x &= Ay_C \\ S_y &= Ax_C \end{aligned}\right\} \tag{A-2}$$

或

$$\left.\begin{aligned} x_C &= \frac{S_y}{A} = \frac{\int_A x\mathrm{d}A}{A} \\ y_C &= \frac{S_x}{A} = \frac{\int_A y\mathrm{d}A}{A} \end{aligned}\right\} \tag{A-3}$$

这就是图形形心坐标与静矩之间的关系。

根据上述定义可以看出：

(1)静矩与坐标轴有关，同一平面图形对于不同的坐标轴有不同的静矩。对某些坐标轴静矩为正；对另外某些坐标轴为负；对于通过形心的坐标轴，图形对其静矩等于零。

(2)如果已经计算出静矩，就可以确定形心的位置；反之，如果已知形心位置，则可计算图形的静矩。

实际计算中，对于简单的、规则的图形，其形心位置可以直接判断。例如，矩形、正方形、圆形、正三角形等的形心位置是显而易见的。对于组合图形，则先将其分解为若干个简单图形(可以直接确定形心位置的图形)；然后由式(A-2)分别计算它们对于给定坐标轴的静矩，并求其代数和；再利用式(A-3)，即可得组合图形的形心坐标。即

$$\left.\begin{aligned} S_x &= A_1 y_{C1} + A_2 y_{C2} + \cdots + A_n y_{Cn} = \sum_{i=1}^{n} A_i y_{Ci} \\ S_y &= A_1 x_{C1} + A_2 x_{C2} + \cdots + A_n x_{Cn} = \sum_{i=1}^{n} A_i x_{Ci} \end{aligned}\right\} \tag{A-4}$$

$$\left.\begin{aligned} x_C &= \frac{S_y}{A} = \frac{\sum_{i=1}^{n} A_i x_{Ci}}{\sum_{i=1}^{n} A_i} \\ y_C &= \frac{S_x}{A} = \frac{\sum_{i=1}^{n} A_i y_{Ci}}{\sum_{i=1}^{n} A_i} \end{aligned}\right\} \tag{A-5}$$

A.2 惯性矩、极惯性矩、惯性积、惯性半径

图 A.1 中的任意图形，以及给定的 xOy 坐标，定义下列积分：

$$I_x = \int_A y^2 \mathrm{d}A \tag{A-6}$$

$$I_y = \int_A x^2 \mathrm{d}A \tag{A-7}$$

分别为图形对于 x 轴和 y 轴的截面二次轴矩或惯性矩。

定义积分：

$$I_P = \int_A r^2 \mathrm{d}A \tag{A-8}$$

为图形对于点 O 的截面二次极矩或极惯性矩。

定义积分：

$$I_{xy} = \int_A xy\mathrm{d}A \tag{A-9}$$

为图形对于通过点 O 的一对坐标轴 x、y 的惯性积。

定义：

$$i_x = \sqrt{\frac{I_x}{A}}\quad ,\ i_y = \sqrt{\frac{I_y}{A}}$$

分别为图形对于 x 轴和 y 轴的惯性半径。

根据上述定义可知：

(1)惯性矩和极惯性矩恒为正；而惯性积则由于坐标轴位置的不同，可能为正，也可能为负。三者的单位均为 m^4 或 mm^4。

(2)因为 $r^2 = y^2 + x^2$，所以由上述定义不难得出

$$I_P = I_x + I_y \tag{A-10}$$

(3)根据极惯性矩的定义式(A-8)，以及图 A.2 中所示的微面积取法，不难得到圆截面对其中心的极惯性矩为

$$I_P = \frac{\pi d^4}{32} \tag{A-11}$$

$$I_P = \frac{\pi R^4}{2} \tag{A-12}$$

式中：d 为圆的直径；R 为半径。

类似地，还可以得圆环截面对于圆环中心的极惯性矩为

$$I_P = \frac{\pi D^4}{32}(1 - \alpha^4)\ ,\qquad \alpha = \frac{d}{D} \tag{A-13}$$

式中：D 为圆环外径；d 为内径。

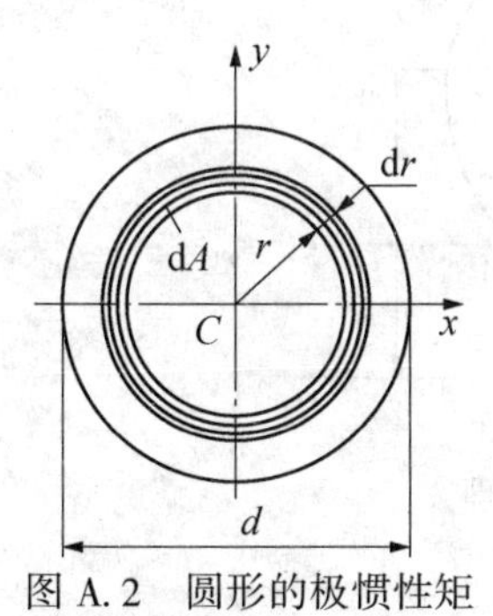

图 A.2 圆形的极惯性矩

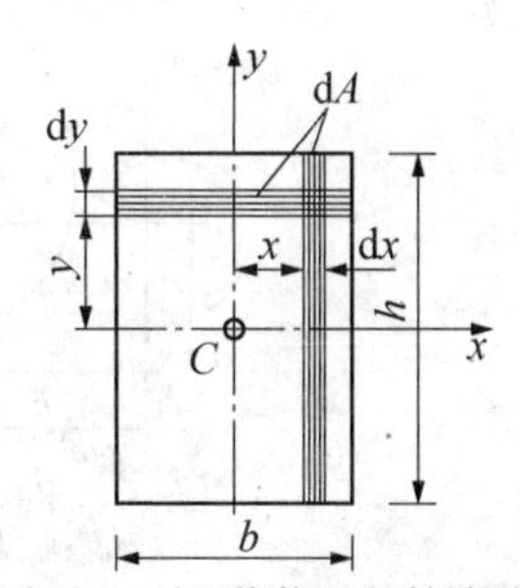

图 A.3 矩形微面积的取法

(4)根据惯性矩的定义式(A-6)、(A-7)，注意微面积的取法(图 A.3)，不难求得矩形对于平行其边界的轴的惯性矩：

$$I_x = \frac{bh^3}{12},\qquad I_y = \frac{hb^3}{12} \tag{A-14}$$

根据式(A-10)、(A-11)，注意到圆形对于通过其中心的任意两根轴具有相同的惯性

矩，便可得到圆截面对于通过其中心的任意轴的惯性矩均为

$$I_x = I_y = \frac{\pi d^4}{64} \tag{A-15}$$

对于外径为 D、内径为 d 的圆环截面有

$$I_x = I_y = \frac{\pi D^4}{64}(1 - \alpha^4)$$

$$\alpha = \frac{d}{D} \tag{A-16}$$

应用上述积分，还可以计算其他各种简单图形对于给定坐标轴的惯性矩。

必须指出，对于由简单几何图形组合成的图形，为避免复杂数学运算，一般都不采用积分的方法计算它们的惯性矩。而是利用简单图形的惯性矩计算结果以及图形对于平行轴惯性矩之间的关系，由求和的方法求得。

A.3 惯性矩与惯性积的移轴定理

图 A.4 中所示之任意图形，在坐标系 xOy 中，对于 x、y 轴的惯性矩和惯性积为

$$I_x = \int_A y^2 \mathrm{d}A$$

$$I_y = \int_A x^2 \mathrm{d}A$$

$$I_{xy} = \int_A xy \mathrm{d}A$$

另有一坐标系 x_1Oy_1，其中 x_1 和 y_1 分别平行于 x 和 y 轴，且二者之间的距离为 a 和 b。

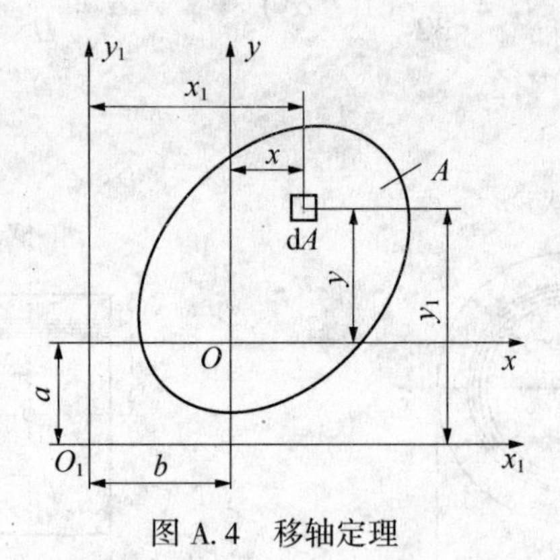

图 A.4 移轴定理

所谓移轴定理是指图形对于互相平行轴的惯性矩、惯性积之间的关系。即通过已知对一对坐标轴的惯性矩、惯性积，求图形对另一对坐标轴的惯性矩与惯性积。

下面推证二者间的关系。

根据平行轴的坐标变换：

$$x_1 = x + b$$

$$y_1 = y + a$$

将其代入下列积分：

$$I_{x1}=\int_A y_1^2\mathrm{d}A,\quad I_{y1}=\int_A x_1^2\mathrm{d}A$$

$$I_{x1y1}=\int_A x1y1\mathrm{d}A$$

得

$$I_{x1}=\int_A(y+a)^2\mathrm{d}A$$

$$I_{y1}=\int_A(x+b)^2\mathrm{d}A$$

$$I_{x1y1}=\int_A(y+a)(x+b)\mathrm{d}A$$

展开后，并利用式(A-2)、(A-3)中的定义，得

$$\left.\begin{aligned}I_{x1}&=I_x+2aS_x+a^2A\\I_{y1}&=I_y+2bS_y+b^2A\\I_{x1y1}&=\int_A I_{xy}+aS_y+bS_x+abA\end{aligned}\right\}\tag{A-17}$$

如果 x、y 轴通过图形形心，则上述各式中的 $S_x=S_y=0$。于是得

$$\left.\begin{aligned}I_{x1}&=I_x+a^2A\\I_{y1}&=I_y+b^2A\\I_{x1y1}&=I_{xy}+abA\end{aligned}\right\}\tag{A-18}$$

此即关于图形对于平行轴惯性矩与惯性积之间关系的移轴定理。其中，式(A-18)表明：

(1)图形对任意轴的惯性矩，等于图形对于与该轴平行的形心轴的惯性矩，加上图形面积与两平行轴间距离平方的乘积。

(2)图形对于任意一对直角坐标轴的惯性积，等于图形对于平行于该坐标轴的一对通过形心的直角坐标轴的惯性积，加上图形面积与两对平行轴间距离的乘积。

(3)因为面积及 a^2、b^2项恒为正，故自形心轴移至与之平行的任意轴，惯性矩总是增加的。

a、b 为原坐标系原点在新坐标系中的坐标，故二者同号时 abA 为正，异号时为负。所以，移轴后惯性积有可能增加也可能减少。

A.4 惯性矩与惯性积的转轴定理

所谓转轴定理是研究坐标轴绕原点转动时，图形对这些坐标轴的惯性矩和惯性积的变化规律。

图 A.5 所示的图形对于 x、y 轴的惯性矩和惯性积分别为 I_x、I_y 和 I_{xy}。

现将 xOy 坐标系绕坐标原点反时针方向转过 α 角，得到一新的坐标系，记为 x_1Oy_1。要考察的是图形对新坐标系的 I_{x1}、I_{y1}、I_{x1y1} 与 I_x、I_y、I_{xy} 之间的关系。

根据转轴时的坐标变换：

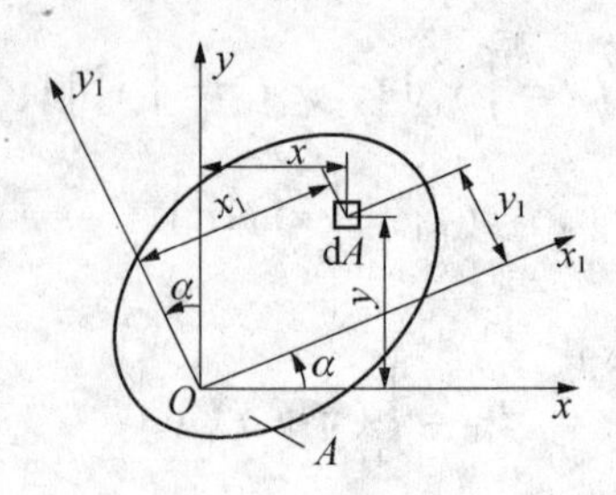

图 A.5 转轴定理

$$x_1 = x\cos\alpha + y\sin\alpha$$
$$y_1 = y\cos\alpha - x\sin\alpha$$

于是有

$$I_{x1} = \int_A y_1^2 \mathrm{d}A = \int_A (y\cos\alpha - x\sin\alpha)^2 \mathrm{d}A$$
$$I_{y1} = \int_A x_1^2 \mathrm{d}A = \int_A (x\cos\alpha + y\sin\alpha)^2 \mathrm{d}A$$
$$I_{x1y1} = \int_A x_1 y_1 \mathrm{d}A = \int_A (x\cos\alpha + y\sin\alpha)(y\cos\alpha - x\sin\alpha)\mathrm{d}A$$

将积分记号内各项展开，得

$$\left.\begin{aligned} I_{x1} &= I_x\cos^2\alpha + I_y\sin^2\alpha - I_{xy}\sin 2\alpha \\ I_{y1} &= I_x\sin^2\alpha + I_y\cos^2\alpha + I_{xy}\sin 2\alpha \\ I_{x1y1} &= \frac{I_x - I_y}{2}\sin 2\alpha + I_{xy}\cos 2\alpha \end{aligned}\right\} \tag{A-19}$$

改写后，得

$$\left.\begin{aligned} I_{x1} &= \frac{I_x + I_y}{2} + \frac{I_x - I_y}{2}\cos 2\alpha - I_{xy}\sin 2\alpha \\ I_{y1} &= \frac{I_x + I_y}{2} - \frac{I_x - I_y}{2}\cos 2\alpha + I_{xy}\sin 2\alpha \end{aligned}\right\} \tag{A-20}$$

上述式(A-19)和(A-20)即为转轴时惯性矩与惯性积之间的关系。

若将上述 I_{x1} 与 I_{y1} 相加，不难得到

$$I_{x1} + I_{y1} = I_x + I_y = \int_A (x^2 + y^2)\mathrm{d}A = I_p$$

这表明：图形对一对垂直轴的惯性矩之和与 α 角无关，即在轴转动时，其和保持不变。

上述式(A-19)、(A-20)，与移轴定理所得到的式(A-18)不同，它不要求 x、y 通过形心。当然，对于绕形心转动的坐标系也是适用的，而且也是实际应用中最感兴趣的。

A.5 主轴与形心主轴、主矩与形心主矩

从式(A-19)的第三式可以看出，对于确定的点(坐标原点)，当坐标轴旋转时，随着

角度 α 的改变，惯性积也发生变化，并且根据惯性积可能为正，也可能为负的特点，总可以找到一角度 α_0以及相应的 x_0、y_0轴，图形对于这一对坐标轴的惯性积等于零。为确定 α_0，令式(A-19)中的第三式为零，即

$$I_{x0,\ y0} = \frac{I_x - I_y}{2}\sin 2\alpha_0 + I_{xy}\cos 2\alpha_0 = 0$$

由此解得

$$\tan 2\alpha_0 = -\frac{2I_{xy}}{I_x - I_y} \tag{A-21}$$

或

$$\alpha_0 = \frac{1}{2}\arctan\left(-\frac{2I_{xy}}{I_x - I_y}\right) \tag{A-22}$$

如果将式(A-20)对 α 求导数并令其为零，即

$$\frac{\mathrm{d}I_{x1}}{\mathrm{d}\alpha} = 0,\quad \frac{\mathrm{d}I_{y1}}{\mathrm{d}\alpha} = 0$$

同样可以得到式(A-21)或(A-22)的结论。这表明：当 α 改变时，I_{x1}、I_{y1} 的数值也发生变化；而当 $\alpha=\alpha_0$时，二者分别为极大值和极小值。

定义　过一点存在这样一对坐标轴，图形对于其惯性积等于零，这一对坐标轴便称为过这一点的主轴。图形对主轴的惯性矩称为主轴惯性矩，简称主惯性矩。显然，主惯性矩具有极大或极小的特征。

根据式(A-20)和(A-21)，即可得到主惯性矩的计算式：

$$\begin{matrix} I_{x0} = I_{\max} \\ I_{y0} = I_{\min} \end{matrix} = \frac{I_x + I_y}{2} \pm \frac{1}{2}\sqrt{(I_x - I_y)^2 + 4I_{xy}^2} \tag{A-23}$$

需要指出的是对于任意一点(图形内或图形外)都有主轴，而通过形心的主轴称为形心主轴，图形对形心主轴的惯性矩称为形心主惯性矩。工程计算中有意义的是形心主轴和形心主矩。

当图形有一根对称轴时，对称轴及与之垂直的任意轴即为过二者交点的主轴。例如图 A. 6 所示的具有一根对称轴的图形，位于对称轴 y 一侧的部分图形对 x、y 轴的惯性积与位于另一侧的图形的惯性积，二者数值相等，但反号。所以，整个图形对于 x、y 轴的惯性积 $I_{xy}=0$，故图 A. 6 对称轴为主轴 x、y。又因为 C 为形心，故 x、y 为形心主轴。

A. 6　组合图形的形心、形心主轴

工程计算中应用最广泛的是组合图形的形心主惯性矩，即图形对于通过其形心的主轴之惯性矩。为此必须首先确定图形的形心以及形心主轴的位置。

因为组合图形都是由一些简单的图形(如矩形、正方形、圆形等)所组成，所以在确定其形心、形心主轴以及形心主惯性矩的过程中，均不采用积分，而是利用简单图形的几何性质以及移轴和转轴定理。一般应按下列步骤进行。

(1)将组合图形分解为若干简单图形，并应用式(A-5)确定组合图形的形心位置。

(2)以形心为坐标原点，设 xOy 坐标系 x、y 轴一般与简单图形的形心主轴平行。确

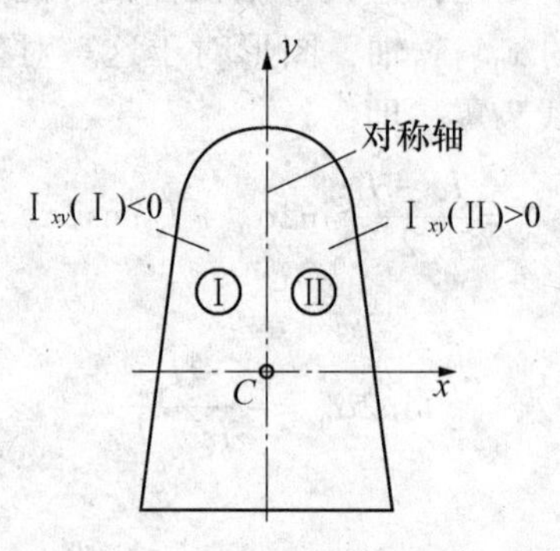

图 A.6 对称轴为主轴

定简单图形对自身形心轴的惯性矩，利用移轴定理(必要时用转轴定理)确定各个简单图形对 x、y 轴的惯性矩和惯性积，相加(空洞时则减)后便得到整个图形的 I_x、I_y 和 I_{xy}。

(3)应用式(A-21)和(A-22)确定形心主轴的位置，即形心主轴与 x 轴的夹角 α_0。

(4)利用转轴定理或直接应用式(A-23)计算形心主惯性矩 I_{x0} 和 I_{y0}。

可以看出，确定形心主惯性矩的过程就是综合应用本章 A.2 ~ A.6 节全部知识的过程。

A.7 例 题

【例题 A.1】 截面图形的几何尺寸如图 A.7 所示。试求图中具有断面线部分的 I_x、I_y。

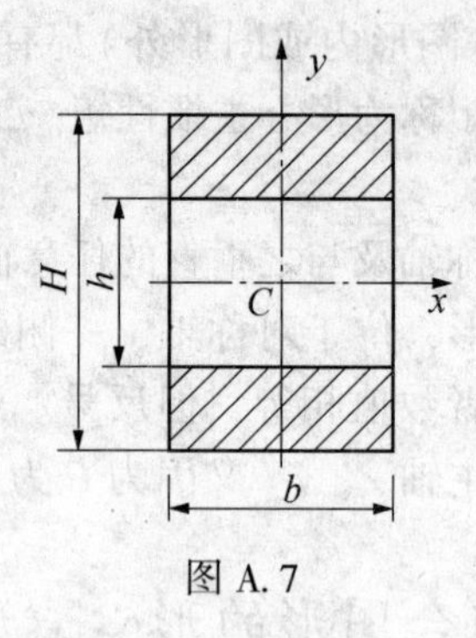

图 A.7

解： 根据积分定义，具有断面线的图形对于 x、y 轴的惯性矩，等于高为 h、宽为 b 的矩形对于 x、y 轴的惯性矩减去高为 h' 的矩形对于相同轴的惯性矩，即

$$I_x = \frac{bh^3}{12} - \frac{bh'^3}{12} = \frac{b}{12}(h^3 - h'^3)$$

$$I_y = \frac{hb^3}{12} - \frac{h'b^3}{12} = \frac{(h - h')}{12}b^3$$

上述方法称为负面积法。用于图形中有挖空部分的情形，计算比较简捷。

【例题 A.2】 T 形截面尺寸如图 A.8(a)所示。试求其形心主惯性矩。

解：(1)分解为简单图形的组合。

将 T 形分解为如图 A. 8(b)所示的两个矩形Ⅰ和Ⅱ。

(2)确定形心位置。

首先，以矩形Ⅰ的形心 C_1 为坐标原点建立如图 A. 8(b)所示的 xC_1y 坐标系。因为 y 轴为 T 字形的对称轴，故图形的形心必位于该轴上。因此，只需要确定形心在 y 轴上的位置，即确定 y_C。根据式(A-5)的第二式，形心 C 的坐标：

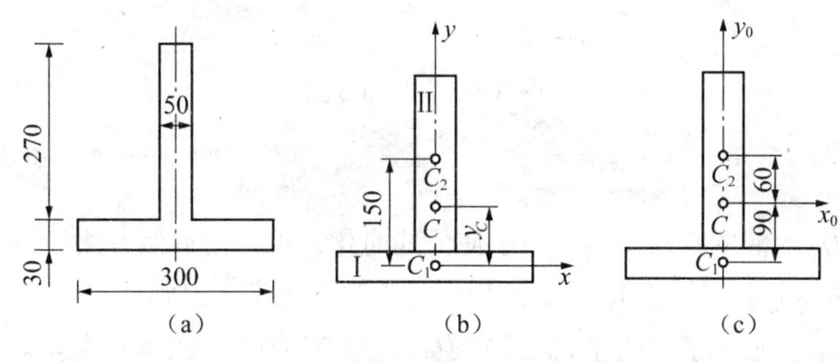

图 A. 8　例题 A-2 图

$$y_C = \frac{\sum_{i=1}^{2} A_i y_{C_i}}{\sum_{i=1}^{2} A_i} = \left[\frac{0 + (270 \times 10^{-3} \times 50 \times 10^{-3}) \times 150 \times 10^{-3}}{300 \times 10^{-3} \times 30 \times 10^{-3} + 270 \times 10^{-3} \times 50 \times 10^{-3}}\right] \text{m}$$

$$= 90 \times 10^{-3}\,\text{m} = 90\text{mm}$$

(3)确定形心主轴。

因为对称轴及与其垂直的轴即为通过二者交点的主轴，所以以形心 C 为坐标原点建立如图 A. 12(c)所示的 x_0Cy_0 坐标系，其中 y_0 通过原点且与对称轴重合，则 x_0、y_0 即为形心主轴。

(4)采用叠加法及移轴定理计算形心主惯性矩 I_{x0} 和 I_{y0}

根据惯性矩的积分定义，有

$$I_{x0} = I_{x0}(\text{Ⅰ}) + I_{x0}(\text{Ⅱ}) = \Big[\frac{300 \times 10^{-3} \times 30^3 \times 10^{-9}}{12} + 90^2 \times 10^{-6} \times (270 \times 10^{-3} \times 30 \times 10^{-3}) + \frac{50 \times 10^{-3} \times 270^3 \times 10^{-9}}{12} + 60^2 \times 10^{-6} \times (270 \times 10^{-3} \times 50 \times 10^{-3})\Big]\text{m}^4 = 2.04 \times 10^{-4}\text{m}^4 = 2.04 \times 10^8\text{mm}^4$$

$$I_{y0} = I_{y0}(\text{Ⅰ}) + I_{y0}(\text{Ⅱ}) = \left(\frac{300 \times 10^{-3} \times 30^3 \times 10^{-9}}{12} + \frac{270 \times 10^{-3} \times 50^3 \times 10^{-9}}{12}\right)\text{m}^4$$

$$= 7.03 \times 10^7\text{mm}^4$$

【例题 A. 3】 图 A. 9(a)所示为一薄壁圆环截面，D_0 为其平均直径，δ 为厚度，若 δ、D_0 均为已知，试求薄壁圆环截面对其直径轴的惯性矩。

解：求圆环截面对其直径轴的惯性矩可采用负面积法，即

$$I_x = I_y = \frac{\pi}{64}(D_0^4 - d^4) = \frac{\pi D_0^4}{64}(1 - \alpha^4)$$

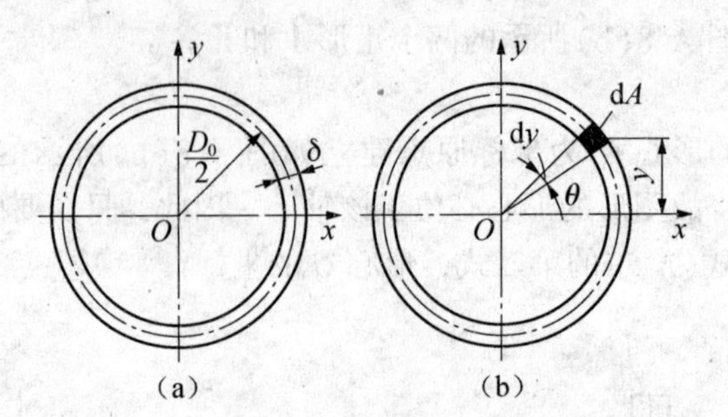

图 A.9　例题 A-3 图

式中：$\alpha = d/D_0$。

对于 $\delta \ll D_0$ 的薄壁圆环截面，为了使公式简化，可采用近似方法计算。

取积分微元 dA 如图 A.9(b)所示。根据惯性矩的定义，得到

$$I_x = \int_A y^2 \mathrm{d}A = \int_0^{2\pi} \left(\frac{D_0}{2}\sin\theta\right)^2 \frac{D_0}{2}\mathrm{d}\theta\delta = \int_0^{2\pi} \frac{D_0^3\delta}{8}\sin^2\theta\mathrm{d}\theta = \frac{\pi}{8}D_0^3\delta$$

附录 B　常用型钢规格表

普通工字钢

符号：h—高度；
b—宽度；
t_w—腹板厚度；
t—翼缘平均厚度；
I—惯性矩；
W—截面模量

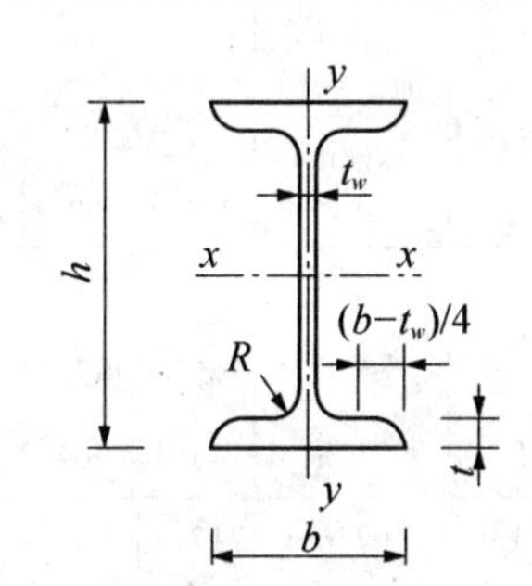

i—回转半径；
Sx—半截面的面积矩；
长度：
型号 10～18，长 5～19m；
型号 20～63，长 6～19m。

型号		尺寸(mm)					截面积	理论重量	x—x 轴				y—y 轴		
		h (mm)	b (mm)	t_w (mm)	t (mm)	R (mm)	(cm²)	(kg/m)	I_x (cm⁴)	W_x (cm³)	i_x (cm)	I_x/S_x (cm)	I_y (cm⁴)	W_y (cm³)	I_y (cm)
10		100	68	4.5	7.6	6.5	14.3	11.2	245	49	4.14	8.69	33	9.6	1.51
12.6		126	74	5	8.4	7	18.1	14.2	488	77	5.19	11	47	12.7	1.61
14		140	80	5.5	9.1	7.5	21.5	16.9	712	102	5.75	12.2	64	16.1	1.73
16		160	88	6	9.9	8	26.1	20.5	1127	141	6.57	13.9	93	21.1	1.89
18		180	94	6.5	10.7	8.5	30.7	24.1	1699	185	7.37	15.4	123	26.2	2.00
20	a	200	100	7	11.4	9	35.5	27.9	2369	237	8.16	17.4	158	31.6	2.11
	b		102	9			39.5	31.1	2502	250	7.95	17.1	169	33.1	2.07
22	a	220	110	7.5	12.3	9.5	42.1	33	3406	310	8.99	19.2	226	41.1	2.32
	b		112	9.5			46.5	36.5	3583	326	8.78	18.9	240	42.9	2.27
25	a	250	116	8	13	10	48.5	38.1	5017	401	10.2	21.7	280	48.4	2.4
	b		118	10			53.5	42	5278	422	9.93	21.4	297	50.4	2.36
28	a	280	122	8.5	13.7	10.5	55.4	43.5	7115	508	11.3	24.3	344	56.4	2.49
	b		124	10.5			61	47.9	7481	534	11.1	24	364	58.7	2.44
32	a	320	130	9.5	15	11.5	67.1	52.7	11080	692	12.8	27.7	459	70.6	2.62
	b		132	11.5			73.5	57.7	11626	727	12.6	27.3	484	73.3	2.57
	c		134	13.5			79.9	62.7	12173	761	12.3	26.9	510	76.1	2.53

续表

符号：h—高度；

b—宽度；

t_w—腹板厚度；

t—翼缘平均厚度；

I—惯性矩；

W—截面模量

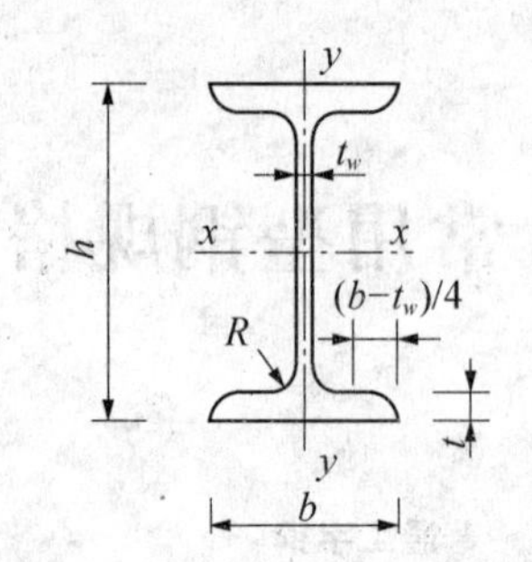

i—回转半径；

Sx—半截面的面积矩；

长度：

型号10～18，长5～19m；

型号20～63，长6～19m。

型号		尺寸(mm)					截面积	理论重量	x—x轴				y—y轴		
		h (mm)	b (mm)	t_w (mm)	t (mm)	R (mm)	(cm²)	(kg/m)	I_x (cm⁴)	W_x (cm³)	i_x (cm)	I_x/S_x (cm)	I_y (cm⁴)	W_y (cm³)	I_y (cm)
	a		136	10			76.4	60	15796	878	14.4	31	555	81.6	2.69
36	b	360	138	12	15.8	12	83.6	65.6	16574	921	14.1	30.6	584	84.6	2.64
	c		140	14			90.8	71.3	17351	964	13.8	30.2	614	87.7	2.6
	a		142	10.5			86.1	67.6	21714	1086	15.9	34.4	660	92.9	2.77
40	b	400	144	12.5	16.5	12.5	94.1	73.8	22781	1139	15.6	33.9	693	96.2	2.71
	c		146	14.5			102	80.1	23847	1192	15.3	33.5	727	99.7	2.67
	a		150	11.5			102	80.4	32241	1433	17.7	38.5	855	114	2.89
45	b	450	152	13.5	18	13.5	111	87.4	33759	1500	17.4	38.1	895	118	2.84
	c		154	15.5			120	94.5	35278	1568	17.1	37.6	938	122	2.79
	a		158	12			119	93.6	46472	1859	19.7	42.9	1122	142	3.07
50	b	500	160	14	20	14	129	101	48556	1942	19.4	42.3	1171	146	3.01
	c		162	16			139	109	50639	2026	19.1	41.9	1224	151	2.96
	a		166	12.5			135	106	65576	2342	22	47.9	1366	165	3.18
56	b	560	168	14.5	21	14.5	147	115	68503	2447	21.6	47.3	1424	170	3.12
	c		170	16.5			158	124	71430	2551	21.3	46.8	1485	175	3.07
	a		176	13			155	122	94004	2984	24.7	53.8	1702	194	3.32
63	b	630	178	15	22	15	167	131	98171	3117	24.2	53.2	1771	199	3.25
	c		780	17			180	141	102339	3249	23.9	52.6	1842	205	3.2

H 型钢

符号：h—高度；

b—宽度；

t_1—腹板厚度；

t_2—翼缘厚度；

I—惯性矩；

W—截面模量

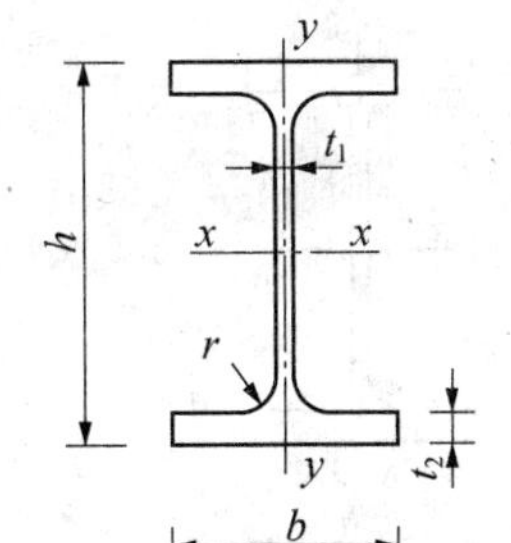

i—回转半径；

Sx—半截面的面积矩。

类别	H 型钢规格 ($h \times b \times t_1 \times t_2$)	截面积 A(cm^2)	质量 $q$kg/m	x—x 轴			y—y 轴		
				I_x (cm^4)	W_x (cm^3)	i_x (cm)	I_y (cm^4)	W_y (cm^3)	I_y (cm)
	100×100×6×8	21. 9	17. 22	383	76. 576. 5	4. 18	134	26. 7	2. 47
	125×125×6. 5×9	30. 31	23. 8	847	136	5. 29	294	47	3. 11
	150×150×7×10	40. 55	31. 9	1660	221	6. 39	564	75. 1	3. 73
	175×175×7. 5×11	51. 43	40. 3	2900	331	7. 5	984	112	4. 37
HW	200×200×8×12	64. 28	50. 5	4770	477	8. 61	1600	160	4. 99
	#200×204×12×12	72. 28	56. 7	5030	503	8. 35	1700	167	4. 85
	250×250×9×14	92. 18	72. 4	10800	867	10. 8	3650	292	6. 29
	#250×255×14×14	104. 7	82. 2	11500	919	10. 5	3880	304	6. 09
	#294×302×12×12	108. 3	85	17000	1160	12. 5	5520	365	7. 14
	300×300×10×15	120. 4	94. 5	20500	1370	13. 1	6760	450	7. 49
	300×305×15×15	135. 4	106	21600	1440	12. 6	7100	466	7. 24
	#344×348×10×16	146	115	33300	1940	15. 1	11200	646	8. 78
	350×350×12×19	173. 9	137	40300	2300	15. 2	13600	776	8. 84
HW	#388×402×15×15	179. 2	141	49200	2540	16. 6	16300	809	9. 52
	#394×398×11×18	187. 6	147	56400	2860	17. 3	18900	951	10
	400×400×13×21	219. 5	172	66900	3340	17. 5	22400	1120	10. 1
	#400×408×21×21	251. 5	197	71100	3560	16. 8	23800	1170	9. 73
	#414×405×18×28	296. 2	233	93000	4490	17. 7	31000	1530	10. 2
	#428×407×20×35	361. 4	284	119000	5580	18. 2	39400	1930	10. 4
	148×100×6×9	27. 25	21. 4	1040	140	6. 17	151	30. 2	2. 35
	194×150×6×9	39. 76	31. 2	2740	283	8. 3	508	67. 7	3. 57
	244×175×7×11	56. 24	44. 1	6120	502	10. 4	985	113	4. 18
	294×200×8×12	73. 03	57. 3	11400	779	12. 5	1600	160	4. 69
	340×250×9×14	101. 5	79. 7	21700	1280	14. 6	3650	292	6
HM	390×300×10×16	136. 7	107	38900	2000	16. 9	7210	481	7. 26
	440×300×11×18	157. 4	124	56100	2550	18. 9	8110	541	7. 18
	482×300×11×15	146. 4	115	60800	2520	20. 4	6770	451	6. 8
	488×300×11×18	164. 4	129	71400	2930	20. 8	8120	541	7. 03
	582×300×12×17	174. 5	137	103000	3530	24. 3	7670	511	6. 63
	588×300×12×20	192. 5	151	118000	4020	24. 8	9020	601	6. 85
	#594×302×14×23	222. 4	175	137000	4620	24. 9	10600	701	6. 9

续表

符号：h—高度；

b—宽度；

t_1—腹板厚度；

t_2—翼缘厚度；

I—惯性矩；

W—截面模量

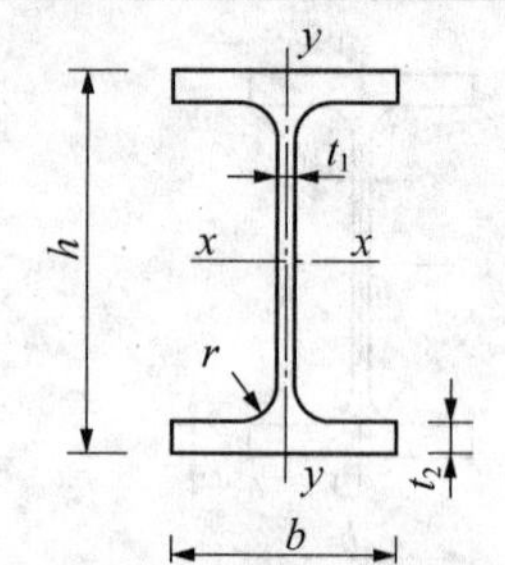

i—回转半径；

Sx—半截面的面积矩。

类别	H 型钢规格 ($h \times b \times t_1 \times t_2$)	截面积 $A(cm^2)$	质量 $q$kg/m	x—x 轴			y—y 轴		
				I_x (cm^4)	W_x (cm^3)	i_x (cm)	I_y (cm^4)	W_y (cm^3)	I_y (cm)
	100×50×5×7	12.16	9.54	192	38.5	3.98	14.9	5.96	1.11
	125×60×6×8	17.01	13.3	417	66.8	4.95	29.3	9.75	1.31
	150×75×5×7	18.16	14.3	679	90.6	6.12	49.6	13.2	1.65
	175×90×5×8	23.21	18.2	1220	140	7.26	97.6	21.7	2.05
	198×99×4.5×7	23.59	18.5	1610	163	8.27	114	23	2.2
	200×100×5.5×8	27.57	21.7	1880	188	8.25	134	26.8	2.21
	248×124×5×8	32.89	25.8	3560	287	10.4	255	41.1	2.78
	250×125×6×9	37.87	29.7	4080	326	10.4	294	47	2.79
	298×149×5.5×8	41.55	32.6	6460	433	12.4	443	59.4	3.26
	300×150×6.5×9	47.53	37.3	7350	490	12.4	508	67.7	3.27
	346×174×6×9	53.19	41.8	11200	649	14.5	792	91	3.86
	350×175×7×11	63.66	50	13700	782	14.7	985	113	3.93
HN	#400×150×8×13	71.12	55.8	18800	942	16.3	734	97.9	3.21
	396×199×7×11	72.16	56.7	20000	1010	16.7	1450	145	4.48
	400×200×8×13	84.12	66	23700	1190	16.8	1740	174	4.54
	#450×150×9×14	83.41	65.5	27100	1200	18	793	106	3.08
	446×199×8×12	84.95	66.7	29000	1300	18.5	1580	159	4.31
	450×200×9×14	97.41	76.5	33700	1500	18.6	1870	187	4.38
	#500×150×10×16	98.23	77.1	38500	1540	19.8	907	121	3.04
	496×199×9×14	101.3	79.5	41900	1690	20.3	1840	185	4.27
	500×200×10×16	114.2	89.6	47800	1910	20.5	2140	214	4.33
	#506×201×11×19	131.3	103	56500	2230	20.8	2580	257	4.43
	596×199×10×15	121.2	95.1	69300	2330	23.9	1980	199	4.04
	600×200×11×17	135.2	106	78200	2610	24.1	2280	228	4.11
	#606×201×12×20	153.3	120	91000	3000	24.4	2720	271	4.21
	#692×300×13×20	211.5	166	172000	4980	28.6	9020	602	6.53
	700×300×13×24	235.5	185	201000	5760	29.3	10800	722	6.78

注：“#”表示的规格为非常用规格。

普通槽钢

符号：

同普通工字钢

但 W_y 为对应翼缘肢尖

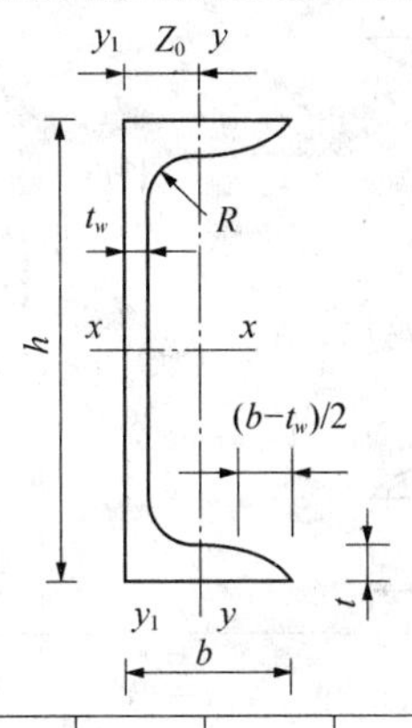

长度：

型号 5～8，长 5～12m；

型号 10～18，长 5～19m；

型号 20～20，长 6～19m。

型号	尺寸(mm) h	b	t_w	t	R	截面积 (cm²)	理论重量 (kg/m)	x—x 轴 I_x (cm⁴)	W_x (cm³)	i_x (cm)	y—y 轴 I_y (cm⁴)	W_y (cm³)	I_y (cm)	y—y_1 轴 I_{y1} (cm⁴)	Z_0 (cm)
5	50	37	4.5	7	7	6.92	5.44	26	10.4	1.94	8.3	3.5	1.1	20.9	1.35
6.3	63	40	4.8	7.5	7.5	8.45	6.63	51	16.3	2.46	11.9	4.6	1.19	28.3	1.39
8	80	43	5	8	8	10.24	8.04	101	25.3	3.14	16.6	5.8	1.27	37.4	1.42
10	100	48	5.3	8.5	8.5	12.74	10	198	39.7	3.94	25.6	7.8	1.42	54.9	1.52
12.6	126	53	5.5	9	9	15.69	12.31	389	61.7	4.98	38	10.3	1.56	77.8	1.59
14 a	140	58	6	9.5	9.5	18.51	14.53	564	80.5	5.52	53.2	13	1.7	107.2	1.71
14 b		60	8	9.5	9.5	21.31	16.73	609	87.1	5.35	61.2	14.1	1.69	120.6	1.67
16 a	160	63	6.5	10	10	21.95	17.23	866	108.3	6.28	73.4	16.3	1.83	144.1	1.79
16 b		65	8.5	10	10	25.15	19.75	935	116.8	6.1	83.4	17.6	1.82	160.8	1.75
18 a	180	68	7	10.5	10.5	25.69	20.17	1273	141.4	7.04	98.6	20	1.96	189.7	1.88
18 b		70	9	10.5	10.5	29.29	22.99	1370	152.2	6.84	111	21.5	1.95	210.1	1.84
20 a	200	73	7	11	11	28.83	22.63	1780	178	7.86	128	24.2	2.11	244	2.01
20 b		75	9	11	11	32.83	25.77	1914	191.4	7.64	143.6	25.9	2.09	268.4	1.95
22 a	220	77	7	11.5	11.5	31.84	24.99	2394	217.6	8.67	157.8	28.2	2.23	298.2	2.1
22 b		79	9	11.5	11.5	36.24	28.45	2571	233.8	8.42	176.5	30.1	2.21	326.3	2.03
25 a	250	78	7	12	12	34.91	27.4	3359	268.7	9.81	175.9	30.7	2.24	324.8	2.07
25 b		80	9	12	12	39.91	31.33	3619	289.6	9.52	196.4	32.7	2.22	355.1	1.99
25 c		82	11	12	12	44.91	35.25	3880	310.4	9.3	215.9	34.6	2.19	388.6	1.96
28 a	280	82	7.5	12.5	12.5	40.02	31.42	4753	339.5	10.9	217.9	35.7	2.33	393.3	2.09
28 b		84	9.5	12.5	12.5	45.62	35.81	5118	365.6	10.59	241.5	37.9	2.3	428.5	2.02
28 c		86	11.5	12.5	12.5	51.22	40.21	5484	391.7	10.35	264.1	40	2.27	467.3	1.99

续表

符号：

同普通工字钢

但 W_y 为对应翼缘肢尖

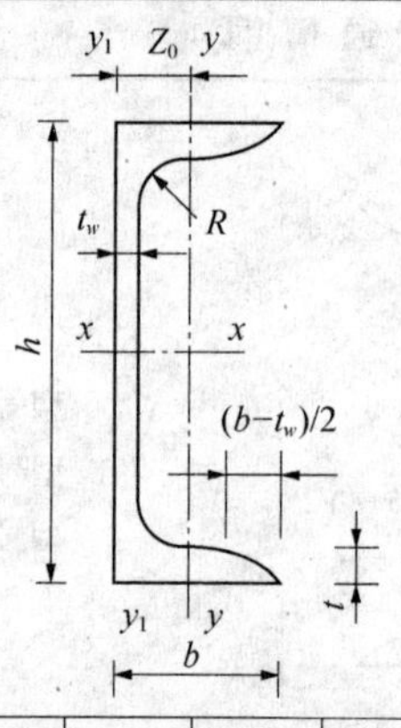

长度：

型号 5 ~ 8，长 5 ~ 12m；

型号 10 ~ 18，长 5 ~ 19m；

型号 20 ~ 20，长 6 ~ 19m。

型号		尺寸(mm) h	b	t_w	t	R	截面积 (cm²)	理论重量 (kg/m)	x—x 轴 I_x (cm⁴)	W_x (cm³)	i_x (cm)	y—y 轴 I_y (cm⁴)	W_y (cm³)	I_y (cm)	y—y_1 轴 I_{y1} (cm⁴)	Z_0 (cm)
32	a	320	88	8	14	14	48.5	38.07	7511	469.4	12.44	304.7	46.4	2.51	547.5	2.24
	b		90	10	14	14	54.9	43.1	8057	503.5	12.11	335.6	49.1	2.47	592.9	2.16
	c		92	12	14	14	61.3	48.12	8603	537.7	11.85	365	51.6	2.44	642.7	2.13
36	a	360	96	9	16	16	60.89	47.8	11874	659.7	13.96	455	63.6	2.73	818.5	2.44
	b		98	11	16	16	68.09	53.45	12652	702.9	13.63	496.7	66.9	2.7	880.5	2.37
	c		100	13	16	16	75.29	59.1	13429	746.1	13.36	536.6	70	2.67	948	2.34
40	a	400	100	10.5	18	18	75.04	58.91	17578	878.9	15.3	592	78.8	2.81	1057.9	2.49
	b		102	12.5	18	18	83.04	65.19	18644	932.2	14.98	640.6	82.6	2.78	1135.8	2.44
	c		104	14.5	18	18	91.04	71.47	19711	985.6	14.71	687.8	86.2	2.75	1220.3	2.42

等边角钢

型号		单角钢 圆角 R (mm)	重心矩 Z_0 (mm)	截面积 A (cm²)	质量 (kg/m)	惯性矩 I_x (cm⁴)	截面模量 W_{xmax} (cm³)	W_{xmin} (cm³)	回转半径 i_x (cm)	i_{x0} (cm)	i_{y0} (cm)	双角钢 i_y，当 a 为下列数值 6mm (cm)	8mm	10mm	12mm	14mm
20×	3	3.5	6	1.13	0.89	0.40	0.66	0.29	0.59	0.75	0.39	1.08	1.17	1.25	1.34	1.43
	4		6.4	1.46	1.15	0.50	0.78	0.36	0.58	0.73	0.38	1.11	1.19	1.28	1.37	1.46
L25×	3	3.5	7.3	1.43	1.12	0.82	1.12	0.46	0.76	0.95	0.49	1.27	1.36	1.44	1.53	1.61
	4		7.6	1.86	1.46	1.03	1.34	0.59	0.74	0.93	0.48	1.30	1.38	1.47	1.55	1.64

续表

型号		单角钢										双角钢				
		圆角	重心矩	截面积	质量	惯性矩	截面模量		回转半径			i_y,当 a 为下列数值				
		R	Z_0	A		I_x	W_{xmax}	W_{xmin}	i_x	i_{x0}	i_{y0}	6mm	8mm	10mm	12mm	14mm
		(mm)		(cm^2)	(kg/m)	(cm^4)	(cm^3)		(cm)			(cm)				
L30×	3	4.5	8.5	1.75	1.37	1.46	1.72	0.68	0.91	1.15	0.59	1.47	1.55	1.63	1.71	1.8
	4		8.9	2.28	1.79	1.84	2.08	0.87	0.90	1.13	0.58	1.49	1.57	1.65	1.74	1.82
L36×	3	4.5	10	2.11	1.66	2.58	2.59	0.99	1.11	1.39	0.71	1.70	1.78	1.86	1.94	2.03
	4		10.4	2.76	2.16	3.29	3.18	1.28	1.09	1.38	0.70	1.73	1.8	1.89	1.97	2.05
	5		10.7	2.38	2.65	3.95	3.68	1.56	1.08	1.36	0.70	1.75	1.83	1.91	1.99	2.08
L40×	3	5	10.9	2.36	1.85	3.59	3.28	1.23	1.23	1.55	0.79	1.86	1.94	2.01	2.09	2.18
	4		11.3	3.09	2.42	4.60	4.05	1.60	1.22	1.54	0.79	1.88	1.96	2.04	2.12	2.2
	5		11.7	3.79	2.98	5.53	4.72	1.96	1.21	1.52	0.78	1.90	1.98	2.06	2.14	2.23
L45×	3	5	12.2	2.66	2.09	5.17	4.25	1.58	1.39	1.76	0.90	2.06	2.14	2.21	2.29	2.37
	4		12.6	3.49	2.74	6.65	5.29	2.05	1.38	1.74	0.89	2.08	2.16	2.24	2.32	2.4
	5		13	4.29	3.37	8.04	6.20	2.51	1.37	1.72	0.88	2.10	2.18	2.26	2.34	2.42
	6		13.3	5.08	3.99	9.33	6.99	2.95	1.36	1.71	0.88	2.12	2.2	2.28	2.36	2.44
L50×	3	5.5	13.4	2.97	2.33	7.18	5.36	1.96	1.55	1.96	1.00	2.26	2.33	2.41	2.48	2.56
	4		13.8	3.90	3.06	9.26	6.70	2.56	1.54	1.94	0.99	2.28	2.36	2.43	2.51	2.59
	5		14.2	4.80	3.77	11.21	7.90	3.13	1.53	1.92	0.98	2.30	2.38	2.45	2.53	2.61
	6		14.6	5.69	4.46	13.05	8.95	3.68	1.51	1.91	0.98	2.32	2.4	2.48	2.56	2.64
L56×	3	6	14.8	3.34	2.62	10.19	6.86	2.48	1.75	2.2	1.13	2.50	2.57	2.64	2.72	2.8
	4		15.3	4.39	3.45	13.18	8.63	3.24	1.73	2.18	1.11	2.52	2.59	2.67	2.74	2.82
	5		15.7	5.42	4.25	16.02	10.22	3.97	1.72	2.17	1.10	2.54	2.61	2.69	2.77	2.85
	8		16.8	8.37	6.57	23.63	14.06	6.03	1.68	2.11	1.09	2.60	2.67	2.75	2.83	2.91
L63×	4	7	17	4.98	3.91	19.03	11.22	4.13	1.96	2.46	1.26	2.79	2.87	2.94	3.02	3.09
	5		17.4	6.14	4.82	23.17	13.33	5.08	1.94	2.45	1.25	2.82	2.89	2.96	3.04	3.12
	6		17.8	7.29	5.72	27.12	15.26	6.00	1.93	2.43	1.24	2.83	2.91	2.98	3.06	3.14
	8		18.5	9.51	7.47	34.45	18.59	7.75	1.90	2.39	1.23	2.87	2.95	3.03	3.1	3.18
	10		19.3	11.66	9.15	41.09	21.34	9.39	1.88	2.36	1.22	2.91	2.99	3.07	3.15	3.23

续表

型号	单角钢 圆角 R (mm)	重心矩 Z_0 (mm)	截面积 A (cm^2)	质量 (kg/m)	惯性矩 I_x (cm^4)	截面模量 W_{xmax} (cm^3)	截面模量 W_{xmin} (cm^3)	回转半径 i_x (cm)	回转半径 i_{x0} (cm)	回转半径 i_{y0} (cm)	双角钢 i_y,当 a 为下列数值 6mm (cm)	8mm	10mm	12mm	14mm
L70× 4	8	18.6	5.57	4.37	26.39	14.16	5.14	2.18	2.74	1.4	3.07	3.14	3.21	3.29	3.36
5		19.1	6.88	5.40	32.21	16.89	6.32	2.16	2.73	1.39	3.09	3.16	3.24	3.31	3.39
6		19.5	8.16	6.41	37.77	19.39	7.48	2.15	2.71	1.38	3.11	3.18	3.26	3.33	3.41
7		19.9	9.42	7.40	43.09	21.68	8.59	2.14	2.69	1.38	3.13	3.2	3.28	3.36	3.43
8		20.3	10.67	8.37	48.17	23.79	9.68	2.13	2.68	1.37	3.15	3.22	3.30	3.38	3.46
L75× 5	9	20.3	7.41	5.82	39.96	19.73	7.30	2.32	2.92	1.5	3.29	3.36	3.43	3.5	3.58
6		20.7	8.80	6.91	46.91	22.69	8.63	2.31	2.91	1.49	3.31	3.38	3.45	3.53	3.6
7		21.1	10.16	7.98	53.57	25.42	9.93	2.30	2.89	1.48	3.33	3.4	3.47	3.55	3.63
8		21.5	11.50	9.03	59.96	27.93	11.2	2.28	2.87	1.47	3.35	3.42	3.50	3.57	3.65
10		22.2	14.13	11.09	71.98	32.40	13.64	2.26	2.84	1.46	3.38	3.46	3.54	3.61	3.69
L80× 5	9	21.5	7.91	6.21	48.79	22.70	8.34	2.48	3.13	1.6	3.49	3.56	3.63	3.71	3.78
6		21.9	9.40	7.38	57.35	26.16	9.87	2.47	3.11	1.59	3.51	3.58	3.65	3.73	3.8
7		22.3	10.86	8.53	65.58	29.38	11.37	2.46	3.1	1.58	3.53	3.60	3.67	3.75	3.83
8		22.7	12.30	9.66	73.50	32.36	12.83	2.44	3.08	1.57	3.55	3.62	3.70	3.77	3.85
10		23.5	15.13	11.87	88.43	37.68	15.64	2.42	3.04	1.56	3.58	3.66	3.74	3.81	3.89
L90× 6	10	24.4	10.64	8.35	82.77	33.99	12.61	2.79	3.51	1.8	3.91	3.98	4.05	4.12	4.2
7		24.8	12.3	9.66	94.83	38.28	14.54	2.78	3.5	1.78	3.93	4	4.07	4.14	4.22
8		25.2	13.94	10.95	106.5	42.3	16.42	2.76	3.48	1.78	3.95	4.02	4.09	4.17	4.24
10		25.9	17.17	13.48	128.6	49.57	20.07	2.74	3.45	1.76	3.98	4.06	4.13	4.21	4.28
12		26.7	20.31	15.94	149.2	55.93	23.57	2.71	3.41	1.75	4.02	4.09	4.17	4.25	4.32
L100× 6	12	26.7	11.93	9.37	115	43.04	15.68	3.1	3.91	2	4.3	4.37	4.44	4.51	4.58
7		27.1	13.8	10.83	131	48.57	18.1	3.09	3.89	1.99	4.32	4.39	4.46	4.53	4.61
8		27.6	15.64	12.28	148.2	53.78	20.47	3.08	3.88	1.98	4.34	4.41	4.48	4.55	4.63
10		28.4	19.26	15.12	179.5	63.29	25.06	3.05	3.84	1.96	4.38	4.45	4.52	4.6	4.67
12		29.1	22.8	17.9	208.9	71.72	29.47	3.03	3.81	1.95	4.41	4.49	4.56	4.64	4.71
14		29.9	26.26	20.61	236.5	79.19	33.73	3	3.77	1.94	4.45	4.53	4.6	4.68	4.75
16		30.6	29.63	23.26	262.5	85.81	37.82	2.98	3.74	1.93	4.49	4.56	4.64	4.72	4.8

续表

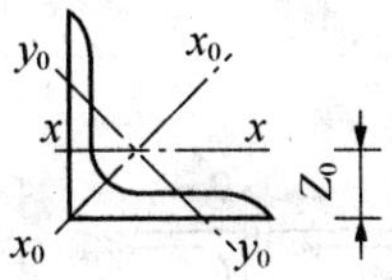

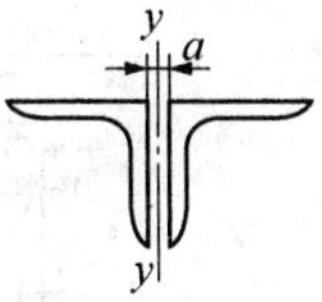

型号	单角钢										双角钢				
	圆角	重心矩	截面积	质量	惯性矩	截面模量		回转半径			i_y,当 a 为下列数值				
	R	Z_0	A		I_x	$W_{x\max}$	$W_{x\min}$	i_x	i_{x0}	i_{y0}	6mm	8mm	10mm	12mm	14mm
	(mm)		(cm^2)	(kg/m)	(cm^4)	(cm^3)		(cm)			(cm)				
7		29.6	15.2	11.93	177.2	59.78	22.05	3.41	4.3	2.2	4.72	4.79	4.86	4.94	5.01
8		30.1	17.24	13.53	199.5	66.36	24.95	3.4	4.28	2.19	4.74	4.81	4.88	4.96	5.03
L110×10	12	30.9	21.26	16.69	242.2	78.48	30.6	3.38	4.25	2.17	4.78	4.85	4.92	5	5.07
12		31.6	25.2	19.78	282.6	89.34	36.05	3.35	4.22	2.15	4.82	4.89	4.96	5.04	5.11
14		32.4	29.06	22.81	320.7	99.07	41.31	3.32	4.18	2.14	4.85	4.93	5	5.08	5.15
8		33.7	19.75	15.5	297	88.2	32.52	3.88	4.88	2.5	5.34	5.41	5.48	5.55	5.62
L125×10	14	34.5	24.37	19.13	361.7	104.8	39.97	3.85	4.85	2.48	5.38	5.45	5.52	5.59	5.66
12		35.3	28.91	22.7	423.2	119.9	47.17	3.83	4.82	2.46	5.41	5.48	5.56	5.63	5.7
14		36.1	33.37	26.19	481.7	133.6	54.16	3.8	4.78	2.45	5.45	5.52	5.59	5.67	5.74
10		38.2	27.37	21.49	514.7	134.6	50.58	4.34	5.46	2.78	5.98	6.05	6.12	6.2	6.27
L140×12	14	39	32.51	25.52	603.7	154.6	59.8	4.31	5.43	2.77	6.02	6.09	6.16	6.23	6.31
14		39.8	37.57	29.49	688.8	173	68.75	4.28	5.4	2.75	6.06	6.13	6.2	6.27	6.34
16		40.6	42.54	33.39	770.2	189.9	77.46	4.26	5.36	2.74	6.09	6.16	6.23	6.31	6.38
10		43.1	31.5	24.73	779.5	180.8	66.7	4.97	6.27	3.2	6.78	6.85	6.92	6.99	7.06
L160×12	16	43.9	37.44	29.39	916.6	208.6	78.98	4.95	6.24	3.18	6.82	6.89	6.96	7.03	7.1
14		44.7	43.3	33.99	1048	234.4	90.95	4.92	6.2	3.16	6.86	6.93	7	7.07	7.14
16		45.5	49.07	38.52	1175	258.3	102.6	4.89	6.17	3.14	6.89	6.96	7.03	7.1	7.18
12		48.9	42.24	33.16	1321	270	100.8	5.59	7.05	3.58	7.63	7.7	7.77	7.84	7.91
L180×14	16	49.7	48.9	38.38	1514	304.6	116.3	5.57	7.02	3.57	7.67	7.74	7.81	7.88	7.95
16		50.5	55.47	43.54	1701	336.9	131.4	5.54	6.98	3.55	7.7	7.77	7.84	7.91	7.98
18		51.3	61.95	48.63	1881	367.1	146.1	5.51	6.94	3.53	7.73	7.8	7.87	7.95	8.02
14		54.6	54.64	42.89	2104	385.1	144.7	6.2	7.82	3.98	8.47	8.54	8.61	8.67	8.75
16		55.4	62.01	48.68	2366	427	163.7	6.18	7.79	3.96	8.5	8.57	8.64	8.71	8.78
L200×18	18	56.2	69.3	54.4	2621	466.5	182.2	6.15	7.75	3.94	8.53	8.6	8.67	8.75	8.82
20		56.9	76.5	60.06	2867	503.6	200.4	6.12	7.72	3.93	8.57	8.64	8.71	8.78	8.85
24		58.4	90.66	71.17	3338	571.5	235.8	6.07	7.64	3.9	8.63	8.71	8.78	8.85	8.92

不等边角钢

角钢型号 B×b×t		单角钢								双角钢							
		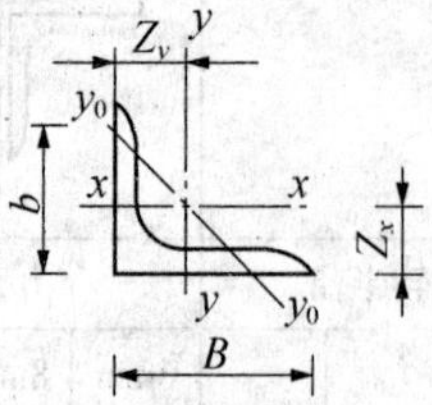								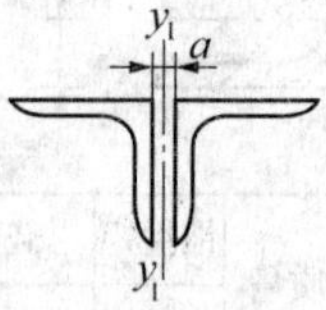				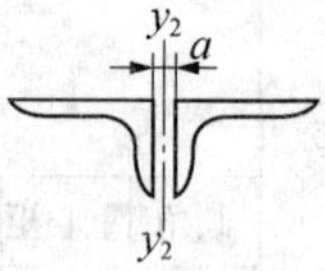			
		圆角	重心矩		截面积	质量	回转半径			i_y,当 a 为下列数值				i_y,当 a 为下列数值			
		R	Z_x	Z_y	A		i_x	i_y	i_{y0}	6mm	8mm	10mm	12mm	6mm	8mm	10mm	12mm
		(mm)			(cm^2)	(kg/m)	(cm)			(cm)				(cm)			
L25×16×	3	3.5	4.2	8.6	1.16	0.91	0.44	0.78	0.34	0.84	0.93	1.02	1.11	1.4	1.48	1.57	1.65
	4		4.6	9.0	1.50	1.18	0.43	0.77	0.34	0.87	0.96	1.05	1.14	1.42	1.51	1.6	1.68
L32×20×	3	3.5	4.9	10.8	1.49	1.17	0.55	1.01	0.43	0.97	1.05	1.14	1.23	1.71	1.79	1.88	1.96
	4		5.3	11.2	1.94	1.52	0.54	1	0.43	0.99	1.08	1.16	1.25	1.74	1.82	1.9	1.99
L40×25×	3	4	5.9	13.2	1.89	1.48	0.7	1.28	0.54	1.13	1.21	1.3	1.38	2.07	2.14	2.23	2.31
	4		6.3	13.7	2.47	1.94	0.69	1.26	0.54	1.16	1.24	1.32	1.41	2.09	2.17	2.25	2.34
L45×28×	3	5	6.4	14.7	2.15	1.69	0.79	1.44	0.61	1.23	1.31	1.39	1.47	2.28	2.36	2.44	2.52
	4		6.8	15.1	2.81	2.2	0.78	1.43	0.6	1.25	1.33	1.41	1.5	2.31	2.39	2.47	2.55
L50×32×	3	5.5	7.3	16	2.43	1.91	0.91	1.6	0.7	1.38	1.45	1.53	1.61	2.49	2.56	2.64	2.72
	4		7.7	16.5	3.18	2.49	0.9	1.59	0.69	1.4	1.47	1.55	1.64	2.51	2.59	2.67	2.75
L56×36×	3	6	8.0	17.8	2.74	2.15	1.03	1.8	0.79	1.51	1.59	1.66	1.74	2.75	2.82	2.9	2.98
	4		8.5	18.2	3.59	2.82	1.02	1.79	0.78	1.53	1.61	1.69	1.77	2.77	2.85	2.93	3.01
	5		8.8	18.7	4.42	3.47	1.01	1.77	0.78	1.56	1.63	1.71	1.79	2.8	2.88	2.96	3.04
L63×40×	4	7	9.2	20.4	4.06	3.19	1.14	2.02	0.88	1.66	1.74	1.81	1.89	3.09	3.16	3.24	3.32
	5		9.5	20.8	4.99	3.92	1.12	2	0.87	1.68	1.76	1.84	1.92	3.11	3.19	3.27	3.35
	6		9.9	21.2	5.91	4.64	1.11	1.99	0.86	1.71	1.78	1.86	1.94	3.13	3.21	3.29	3.37
	7		10.3	21.6	6.8	5.34	1.1	1.96	0.86	1.73	1.8	1.88	1.97	3.15	3.23	3.3	3.39
L70×45×	4	7.5	10.2	22.3	4.55	3.57	1.29	2.25	0.99	1.84	1.91	1.99	2.07	3.39	3.46	3.54	3.62
	5		10.6	22.8	5.61	4.4	1.28	2.23	0.98	1.86	1.94	2.01	2.09	3.41	3.49	3.57	3.64
	6		11.0	23.2	6.64	5.22	1.26	2.22	0.97	1.88	1.96	2.04	2.11	3.44	3.51	3.59	3.67
	7		11.3	23.6	7.66	6.01	1.25	2.2	0.97	1.9	1.98	2.06	2.14	3.46	3.54	3.61	3.69
L75×50×	5	8	11.7	24.0	6.13	4.81	1.43	2.39	1.09	2.06	2.13	2.2	2.28	3.6	3.68	3.76	3.83
	6		12.1	24.4	7.26	5.7	1.42	2.38	1.08	2.08	2.15	2.23	2.3	3.63	3.7	3.78	3.86
	8		12.9	25.2	9.47	7.43	1.4	2.35	1.07	2.12	2.19	2.27	2.35	3.67	3.75	3.83	3.91
	10		13.6	26.0	11.6	9.1	1.38	2.33	1.06	2.16	2.24	2.31	2.4	3.71	3.79	3.87	3.96

续表

角钢型号 B×b×t		单角钢								双角钢							
		圆角	重心矩		截面积	质量	回转半径			i_y,当 a 为下列数值				i_y,当 a 为下列数值			
		R	Z_x	Z_y	A		i_x	i_y	i_{y0}	6mm	8mm	10mm	12mm	6mm	8mm	10mm	12mm
		(mm)			(cm²)	(kg/m)	(cm)			(cm)				(cm)			
L80×50×	5	8	11.4	26.0	6.38	5	1.42	2.57	1.1	2.02	2.09	2.17	2.24	3.88	3.95	4.03	4.1
	6		11.8	26.5	7.56	5.93	1.41	2.55	1.09	2.04	2.11	2.19	2.27	3.9	3.98	4.05	4.13
	7		12.1	26.9	8.72	6.85	1.39	2.54	1.08	2.06	2.13	2.21	2.29	3.92	4	4.08	4.16
	8		12.5	27.3	9.87	7.75	1.38	2.52	1.07	2.08	2.15	2.23	2.31	3.94	4.02	4.1	4.18
L90×56×	5	9	12.5	29.1	7.21	5.66	1.59	2.9	1.23	2.22	2.29	2.36	2.44	4.32	4.39	4.47	4.55
	6		12.9	29.5	8.56	6.72	1.58	2.88	1.22	2.24	2.31	2.39	2.46	4.34	4.42	4.5	4.57
	7		13.3	30.0	9.88	7.76	1.57	2.87	1.22	2.26	2.33	2.41	2.49	4.37	4.44	4.52	4.6
	8		13.6	30.4	11.2	8.78	1.56	2.85	1.21	2.28	2.35	2.43	2.51	4.39	4.47	4.54	4.62
L100×63×	6	10	14.3	32.4	9.62	7.55	1.79	3.21	1.38	2.49	2.56	2.63	2.71	4.77	4.85	4.92	5
	7		14.7	32.8	11.1	8.72	1.78	3.2	1.37	2.51	2.58	2.65	2.73	4.8	4.87	4.95	5.03
	8		15	33.2	12.6	9.88	1.77	3.18	1.37	2.53	2.6	2.67	2.75	4.82	4.9	4.97	5.05
	10		15.8	34	15.5	12.1	1.75	3.15	1.35	2.57	2.64	2.72	2.79	4.86	4.94	5.02	5.1
L100×80×	6	10	19.7	29.5	10.6	8.35	2.4	3.17	1.73	3.31	3.38	3.45	3.52	4.54	4.62	4.69	4.76
	7		20.1	30	12.3	9.66	2.39	3.16	1.71	3.32	3.39	3.47	3.54	4.57	4.64	4.71	4.79
	8		20.5	30.4	13.9	10.9	2.37	3.15	1.71	3.34	3.41	3.49	3.56	4.59	4.66	4.73	4.81
	10		21.3	31.2	17.2	13.5	2.35	3.12	1.69	3.38	3.45	3.53	3.6	4.63	4.7	4.78	4.85
L110×70×	6	10	15.7	35.3	10.6	8.35	2.01	3.54	1.54	2.74	2.81	2.88	2.96	5.21	5.29	5.36	5.44
	7		16.1	35.7	12.3	9.66	2	3.53	1.53	2.76	2.83	2.9	2.98	5.24	5.31	5.39	5.46
	8		16.5	36.2	13.9	10.9	1.98	3.51	1.53	2.78	2.85	2.92	3	5.26	5.34	5.41	5.49
	10		17.2	37	17.2	13.5	1.96	3.48	1.51	2.82	2.89	2.96	3.04	5.3	5.38	5.46	5.53
L125×80×	7	11	18	40.1	14.1	11.1	2.3	4.02	1.76	3.11	3.18	3.25	3.33	5.9	5.97	6.04	6.12
	8		18.4	40.6	16	12.6	2.29	4.01	1.75	3.13	3.2	3.27	3.35	5.92	5.99	6.07	6.14
	10		19.2	41.4	19.7	15.5	2.26	3.98	1.74	3.17	3.24	3.31	3.39	5.96	6.04	6.11	6.19
	12		20	42.2	23.4	18.3	2.24	3.95	1.72	3.21	3.28	3.35	3.43	6	6.08	6.16	6.23

续表

角钢型号 B×b×t		单角钢								双角钢							
		圆角	重心矩		截面积	质量	回转半径			i_y，当 a 为下列数值				i_y，当 a 为下列数值			
		R	Z_x	Z_y	A		i_x	i_y	i_{y0}	6mm	8mm	10mm	12mm	6mm	8mm	10mm	12mm
		(mm)			(cm^2)	(kg/m)	(cm)			(cm)				(cm)			
L140×90×	8	12	20.4	45	18	14.2	2.59	4.5	1.98	3.49	3.56	3.63	3.7	6.58	6.65	6.73	6.8
	10		21.2	45.8	22.3	17.5	2.56	4.47	1.96	3.52	3.59	3.66	3.73	6.62	6.7	6.77	6.85
	12		21.9	46.6	26.4	20.7	2.54	4.44	1.95	3.56	3.63	3.7	3.77	6.66	6.74	6.81	6.89
	14		22.7	47.4	30.5	23.9	2.51	4.42	1.94	3.59	3.66	3.74	3.81	6.7	6.78	6.86	6.93
L160×100×	10	13	22.8	52.4	25.3	19.9	2.85	5.14	2.19	3.84	3.91	3.98	4.05	7.55	7.63	7.7	7.78
	12		23.6	53.2	30.1	23.6	2.82	5.11	2.18	3.87	3.94	4.01	4.09	7.6	7.67	7.75	7.82
	14		24.3	54	34.7	27.2	2.8	5.08	2.16	3.91	3.98	4.05	4.12	7.64	7.71	7.79	7.86
	16		25.1	54.8	39.3	30.8	2.77	5.05	2.15	3.94	4.02	4.09	4.16	7.68	7.75	7.83	7.9
L180×110×	10	14	24.4	58.9	28.4	22.3	3.13	8.56	5.78	2.42	4.16	4.23	4.3	4.36	8.49	8.72	8.71
	12		25.2	59.8	33.7	26.5	3.1	8.6	5.75	2.4	4.19	4.33	4.33	4.4	8.53	8.76	8.75
	14		25.9	60.6	39	30.6	3.08	8.64	5.72	2.39	4.23	4.26	4.37	4.44	8.57	8.63	8.79
	16		26.7	61.4	44.1	34.6	3.05	8.68	5.81	2.37	4.26	4.3	4.4	4.47	8.61	8.68	8.84
L200×125×	12	14	28.3	65.4	37.9	29.8	3.57	6.44	2.75	4.75	4.82	4.88	4.95	9.39	9.47	9.54	9.62
	14		29.1	66.2	43.9	34.4	3.54	6.41	2.73	4.78	4.85	4.92	4.99	9.43	9.51	9.58	9.66
	16		29.9	67.8	49.7	39	3.52	6.38	2.71	4.81	4.88	4.95	5.02	9.47	9.55	9.62	9.7
	18		30.6	67	55.5	43.6	3.49	6.35	2.7	4.85	4.92	4.99	5.06	9.51	9.59	9.66	9.74

注：一个角钢的惯性矩 $I_x = Ai_x^2, I_y = Ai_y^2$；一个角钢的截面模量 $W_x^{max} = I_x/Z_x, W_x^{min} = I_x/(b - Z_x)$；$W_y^{ax} = I_y Z_y W_x^{min} = I_y(b - Z_y)$。

附录 C　希腊字母发音对照表

小　写

α	β	γ	δ	ε	ζ
Alpha	Beta	Gamma	Delta	Epsilon	Zeta
ν	ξ	ο	π	ρ	σ
Nu	Xi	Omicron	Pi	Rho	Sigma
η	θ	ι	κ	λ	μ
Eta	Theta	Iota	Kappa	Lambada	Mu
τ	υ	φ	χ	ψ	ω
Tau	Upsilon	Phi	Chi	Psi	Omega

大　写

A	B	Γ	Δ	E	Z
Alpha	Beta	Gamma	Delta	Epsilon	Zeta
N	E	O	Π	P	Σ
Nu	Xi	Omicron	Pi	Rho	Sigma
H	θ	I	K	Λ	M
Eta	Theta	Iota	Kappa	Lambada	Mu
T	Y	ϕ	X	ψ	Ω
Tau	Upsilon	Phi	Chi	Psi	Omega

参考文献

[1] 周国谨，等著．建筑力学[M]．4版．上海：同济大学出版社，2011.
[2] 吕令毅，吕子华，等著．建筑力学[M]．2版．北京：中国建筑工业出版社，2010.
[3] 李廉锟，等著．结构力学[M]．5版上册．北京：高等教育出版社，2010.
[4] 龙驭球，等著．结构力学教程[M]．北京：高等教育出版社，2001.
[5] 潘丽娜，刘东星，等著．材料力学(1)[M]．北京：中国水利水电出版社，2011.
[6] 潘丽娜，刘东星，等著．材料力学(2)[M]．北京：中国水利水电出版社，2011.
[7] 陶秋帆，等著．理论力学[M]．2版．北京：高等教育出版社，2010.
[8] 陈平，等著．理论力学[M]．7版．南京：东南大学出版社，2012.
[9] 全国钢标准化技术委员会．GB/T 7314—2005. 金属材料室温压缩试验方法[S]．北京：中国标准出版社，2005.
[10] 全国量和单位标准化技术委员会第八分委员会．GB 3100—3102—1993[S]．北京：中国标准出版社，1993.
[11] 熊跃华，等著．建筑力学[M]．武汉：中国地质大学出版社，2011.
[12] 龚良贵，等著．工程力学[M]．北京：中国水利水电出版社，2007.